Erklärungen:

…ge (von 6 Uhr früh bis 6 Uhr abends).
…**Nachtzüge** (von 6 Uhr abends bis 6 Uhr früh),
…durch Unterstreichung der Minuten ausgedrückt.

…iertagen.
…gen über Pottendorf.

…Sonn- und Feiertag folgenden Wochentage.
…nd Freitag.
…t verkehrt **von Wien** jeden **Dienstag, Triest an** jeden
…den **Mittwoch, Wien an Donnerstag.**
…nen in Kilometern.
…nen zur sofortigen Auffindung der Ankunfts-, resp. Abfahrts-
…bezeichneten Züge.
…lag nebst den Anschlüssen sind in dem Local-Fahrplane
…lag—Triest sind **alle Züge** und **alle Stationen**, auf den
…ge angegeben.

Die rothen Zahlen I– …
aufgedru…

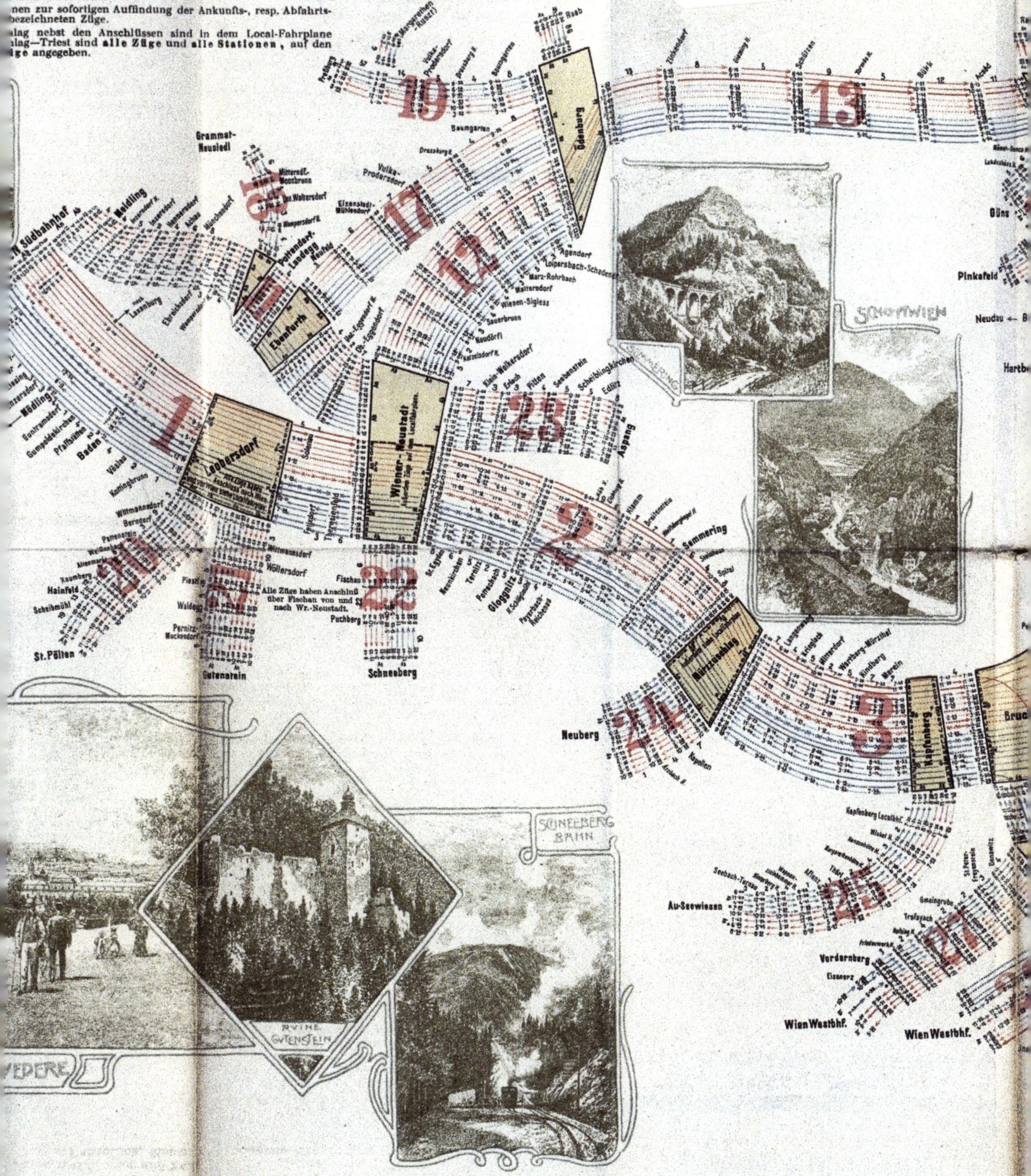

Auf Schienen
durch das alte Österreich

Johannes Sachslehner

Auf Schienen durch das alte Österreich

Erinnerungen an die k.u.k. Eisenbahnwelt

styria premium

Inhalt

Links: Die Schafbergbahn, ein rauchendes Ungetüm.
Vorherige Doppelseite: Dampflokomotive der Donauuferbahn (Wachaubahn), um 1910.

WIEN

Das Flügelrad der Freiheit

Im berühmten Kapitel „Kakanien“ seines Romans *Der Mann ohne Eigenschaften* sinniert Robert Musil über den metaphorisch verstandenen „Zug der Zeit“, mit dem der Mensch der Gegenwart gezwungenermaßen Tag und Nacht in rasender Fahrt unterwegs sei, und meint: „Und eines Tages ist das stürmische Bedürfnis da: Aussteigen! Abspringen! Ein Heimweh nach Aufgehaltenwerden, Nichtsichentwickeln, Steckenbleiben, Zurückkehren zu einem Punkt, der vor der falschen Abzweigung liegt!“ – ein vehementer Aufschrei nach *slow motion*, dem der Dichter den kryptisch-schönen Satz folgen lässt: „Und in der guten alten Zeit, als es das Kaisertum Österreich noch gab, konnte man in einem solchen Falle den Zug der Zeit verlassen, sich in einen gewöhnlichen Zug einer gewöhnlichen Eisenbahn setzen und in die Heimat zurückfahren.“ Es ist eine bemerkenswerte Opposition, die Musil hier beschwört: Auf der einen Seite die Moderne mit ihren „losdonnernden Geschwindigkeiten“, verkörpert durch das Automobil, auf der anderen Seite die „gewöhnliche Eisenbahn“, die in die „Heimat“ zurückfahre, in jene Länder zwischen „Gletscher und Meer“, die vom „papierweißen Arm“ der kaiserlich-königlichen Verwaltung umschlungen werden – eine kontrapunktische Sicht zweier Verkehrsmittel, die uns einiges verrät: Auch für Robert Musil, der seinen großen Roman in den 1920er-Jahren zu schreiben begann, waren die k. k. Eisenbahnen bereits vom Flair des Nostalgischen umgeben, sie waren in der dichterischen Imagination der k. u. k. Zeit zum unverzichtbaren „Versatzstück“ geworden, zum Bestandteil einer versunkenen Welt, in der „nicht zu viel Tempo“ herrschte, untrennbar waren sie mit der Idee „Kakanien“, jener „Heimat“, verbunden. Und verbunden waren die Pioniertage der Eisenbahn in Österreich nicht zuletzt mit Musils eigener Familiengeschichte: Seine Mutter Hermine Musil, geborene Bergauer, war die Enkelin Franz Xaver Bergauers (1805–1886), des Projekt- und Bauleiters und späteren *Betriebs-Oberinspektors* der ersten Pferdeeisenbahn zwischen Budweis und Linz.

Heute, knapp ein Jahrhundert nach dem Untergang des Habsburgerstaats, ist uns die Musil'sche Perspektive noch immer eine geläufige: Eisenbahnen und das alte Österreich bilden ein nostalgisches Ensemble, das noch immer eine wunderbare Sehnsucht evoziert, den Wunsch, in diesen „gewöhnlichen Zug“ zu steigen, abzufahren und ... anzukommen in jenem merkwürdigen Land unter dem Doppeladler.

Vorherige Doppelseite:
Eine neue Reisekultur überholt die alte: Eisenbahnzug der Südbahn. Aquarell von Leander Ruß, 1847.
Die Lokomotive „Wien“ wurde in der Maschinenwerkstätte der Wien-Raaber Bahn unter Leitung von John Haswell gebaut und am 6. Juni 1841 in Dienst gestellt.

Ein providencielles Ereignis ...

In den fernen Pioniertagen des Eisenbahnzeitalters im Kaisertum Österreich trug eine Generation fortschrittlich und liberal denkender Männer jene gewaltige Entwicklung mit, die von England ausgehend den europäischen

Oben: Ein eiserner Schienenweg, Maschine, Tempo und Geschwindigkeit: Der „Flügelschlag des Dampfes“ (Hermann Bahr) verändert das Antlitz des Kaiserstaates Österreich in tiefgreifender Weise. Zinkätzung nach einer Zeichnung von Karl Römer.

Kontinent ergriffen hatte und diesen in wenigen Jahrzehnten tiefgreifend verändern sollte. Weitblickend und risikofreudig hatten sie erkannt, dass der Eisenbahnbau zur absoluten Notwendigkeit geworden war, wollte man nicht der ohnehin moderaten Dynamik der „industriellen Revolution“ im Habsburgerstaat die wichtigste Grundlage entziehen: die Möglichkeit zur beschleunigten Zirkulation von Waren und Menschen. Man tat es freilich nicht aus Idealismus: Kalkulation um Kalkulation ging den ersten Konzessionsansuchen an den Kaiser voraus, großzügig-optimistisch in Aussicht gestellte Renditen lockten mächtige Bankhäuser an, die schließlich zu treibenden Kräften der Entwicklung wurden. Unter den Argusaugen eines Regimes, das sich die „Utopie des Stillstands und der Geistesmüdigkeit“ (Robert Prutz) an die Fahnen geheftet hatte, begann der hektische Wettlauf um die lukrativen Verkehrswege der Zukunft; kapitalstarke Aktiengesellschaften wurden gegründet, um den Bau der Strecken finanzieren zu können – Vorgänge, die eine Massierung von Geldmitteln nach sich zogen, wie man sie bisher kaum gekannt hatte: „Die Welt wäre noch ohne Eisenbahnen, hätte sie so lange warten müssen, bis die Akkumulation einige Einzelkapitale dahin gebracht hätte, dem Bau einer Eisenbahn gewachsen zu sein“, stellte Karl Marx dazu im *Kapital* ebenso lakonisch wie treffend fest.

Dem nüchternen Kalkül der Eisenbahnaktionäre, die auf baldige pekuniäre Vergütung ihres Engagements hofften, stand als idealistischer „Überbau“ der Eisenbahn-Diskurs der Biedermeier-Gesellschaft gegenüber: Die neue „revolutionäre“ Verkehrstechnologie war bei weitem nicht nur elementarer Wirtschaftsfaktor – als die *new economy* des Biedermeier wurde sie auch zum Bannerträger freiheitlich-demokratischer Hoffnungen, zu jenem „providenciellen Ereignis, das der Menschheit einen neuen Umschwung gibt, das die

Links: Das revolutionäre maschinelle Ensemble „Dampf-Wagen“: Schiene, Lokomotive, Waggons. Lithografie, um 1835.

Farbe und Gestalt des Lebens verändert“, wie Heinrich Heine 1843 in seinem scharfsinnigen Kommentar zur Eröffnung der Linie Paris–Orléans schrieb.

Der Eisenbahn, Speerspitze der technischen Entwicklung im 19. Jahrhundert, kam so von Beginn an bedeutende emanzipatorische Wirkkraft zu, man sah in ihr einen Garanten für Demokratie, Freiheit und Fortschritt. Voll der schwärmerischen Begeisterung für die neue Technologie schrieb der französische saint-simonistische Ökonom Constantin Pecqueur, den die französische Regierung nach Belgien geschickt hatte, um hier das neue Verkehrsmittel zu studieren, in seiner *Economie sociale* (Paris 1839): „Die gemeinschaftlichen Reisen in der Eisenbahn und auf den Dampfschiffen sowie die großen Ansammlungen der Arbeiter in den Fabriken befördern außerordentlich das Gefühl und die Gewohnheiten der Gleichheit und Freiheit. Die Eisenbahnen werden in wunderbarer Weise für die Herrschaft wahrhaft brüderlicher sozialer Beziehungen wirken und mehr leisten für die Gleichheit als die übertriebenen Prophezeiungen der Volksredner der Demokratie; und all dies wird

Oben: Die „großen Ansammlungen der Arbeiter in den Fabriken befördern außerordentlich das Gefühl und die Gewohnheiten der Gleichheit und Freiheit": Schmiedewerkstätte der k. k. Oesterreichischen Staatsbahnen in Neu-Sandec (Nowy Sącz), Galizien.

möglich werden, weil man gemeinsam reist, weil alle Klassen der Gesellschaft hier zusammenkommen, weil sich eine Art lebendiges Mosaik bildet, das sich zusammensetzt aus den verschiedensten Schicksalen, gesellschaftlichen Positionen, Charakteren, Verhaltensweisen, Gebräuchen und Trachten, die jede Nation beisteuert. So verringern sich nicht nur die Entfernungen zwischen den Orten, sondern gleichermaßen die Abstände zwischen den Menschen." (Zit. nach Schivelbusch.) Dieser Überzeugung konnte der Wiener Humorist und Satiriker Moritz Gottlieb Saphir durchaus beipflichten: „Die Erfindung der Eisenbahnen, meine lieben Leser und Leserinnen, ist doch im Grunde nichts als eine Verkleinerung der Erde. Die Welt wird ganz klein werden: (...) In der Schule wird die Stunde ‚Geographie' nicht gelesen, sondern gereist werden; der Professor wird sich mit seinen Zöglingen auf die Eisenbahn setzen, und alle Tage jenen Theil bereisen, der gerade docirt werden soll." Und, so die pointierte „Zukunftsvision" Saphirs, der Mensch würde „zum Briefe" werden: „Bevor man sich die Zeit nehmen wird, erst eine Feder zu schneiden,

Cosmopolitische Eisenbahn

In der *Österreichisch-ungarischen Eisenbahn-Zeitung* vom 2. September 1870 – in Frankreich feierten die preußischen Truppen eben ihre ersten Siege – nahm der Feuilletonist des Blatts zum Thema „Eisenbahn-Discurse" Stellung; bemerkenswert sein Hinweis auf die dafür notwendige Lautstärke der Gesprächsführung, ein Indiz dafür, dass der Lärmpegel in den Abteilen beträchtlich höher war als heute:

Die Gespräche in den Coupés beginnen, wie die Gespräche überhaupt, beim Wetter, und gehen dann auf die mannigfaltigsten Sachen über; den heurigen Touristen haben König Wilhelm und Kaiser Napoleon den Gefallen erwiesen, auf Kosten von mehr als hunderttausend Menschenleben einen unerschöpflichen Stoff zur Conversation zu geben.
Die Eisenbahn-Discurse unterscheiden sich vom gewöhnlichen geselligen Verkehr nicht nur dadurch, dass sie sehr laut geführt werden müssen, sondern auch dadurch, dass sie eine entschieden cosmopolitische Färbung haben. Sind doch die Eisenbahnen ihrem ganzen Wesen und ihrer Bestimmung nach cosmopolitisch; und zudem sind im Waggon gewöhnlich die verschiedensten Nationen und Nationalitäten vertreten, worauf jeder intelligente Mensch, der im Coupé – zum Schaden seiner Lungen – das große Wort führt, Rücksicht nehmen muss.

zu schreiben und zu siegeln, wird man sich selbst auf die Eisenbahn legen, und es wird nicht lange dauern, so wird man uns von den Eisenbahnen die frankierten Menschen ins Haus bringen; wir werden den Menschen lesen und ihn retour schicken."
Allen Unkenrufen zum Trotz wurde der Siegeszug des maschinellen Ensembles Lokomotive, Waggon und Schiene, das in beliebiger Weise räumliche Veränderung produziert, von den politisch noch immer unmündigen Bürgern des Metternich'schen Staats begeistert mitgetragen. Die als Sensation aller Sinne erlebte Fahrt mit dem „Dampfwagen" und der faszinierende Kontrast zu der mit allen „Schwächen des Fleisches" behafteten „animalisch hergestellten Bewegung" (Schivelbusch) boten zumindest die Möglichkeit, der Realität ein Stück imaginierter Freiheit entgegenzusetzen, den bisher unbekannten Rausch der Geschwindigkeit zu genießen und darüber für die Dauer einer amüsanten „Lustfahrt" den grauen Alltag zu vergessen. Der explosive „neue Umschwung" der Menschheit, von dem Heine so begeistert sprach, wurde hinter dem Faszinosum Eisenbahn jedoch nicht immer in seiner vollen Tragweite erkannt – tatsächlich veränderten der Bau der Schienenwege, die rasch steigenden Produktionsziffern in den Lokomotiv- und Waggonfabri-

ken sowie der enorme Personalbedarf zur Aufrechterhaltung eines regulären Fahrbetriebs Arbeitswelt und Gesellschaft von Grund auf. Die ständische Ordnung der vorindustriellen Zeit gehörte bald endgültig der Vergangenheit an, die bürgerliche Gesellschaft des „goldenen“ Eisenbahnzeitalters sah neue Oppositionen: „Eisenbahnbarone“ und „die Eisenbahner“, nach Belieben „exploitable“ Massen wandernder Eisenbahn-Bauarbeiter, die „leichte Infanterie des Kapitals“ (Karl Marx), und die Know-how-Eliten – Techniker, Ingenieure und Konstrukteure. Mobilität und Beschleunigung, die wesentlichen Konstanten der industriellen Gesellschaft, fanden in der Eisenbahn ihr ureigenstes „Medium“. Wenn daher Theodor Mundt (1808–1861), der Eisenbahnfanatiker unter den Autoren des „Jungen Deutschland“, in der Eisenbahn jenes „einzig welthistorische Gesicht“, das in Zeiten politischer Stagnation Fortschritt und Bewegung bringe, erblicken wollte, so hatte er grundsätzlich Recht, sah allerdings wohl kaum voraus, dass gerade die Eisenbahn in vielfacher Weise von den „Mächtigen“ „instrumentalisiert“ und „zum rascheren Morde von tausenden gesunden und intelligenten Kräften verwendet“ (*Österr.-ungarische Eisenbahn-Zeitung*, 26. August 1870) werden würde, dass die „Eisenbahnpolitik“ – auch in kakanischen Gefilden – nicht selten die Interessen des Staates vor jene seiner Bürger stellen und damit heftigste Diskussionen auslösen sollte; von „wahrhaft brüderlichen sozialen Beziehungen“ konnte keine Rede sein – soziale Ungleichheiten wurden vielmehr von der „bürgerlichen“ Eisenbahn mit nüchterner Konsequenz abgebildet: „Gleich“ war Armen und Reichen möglicherweise nur das gemeinsame Reiseziel, ansonsten ratterte man in einer „Vier-Klassen-Gesellschaft“ dahin; auch die Qualität des Service war eine Frage des Geldes.

Vor dem Hintergrund dieser politisch-sozialen Dimension der Eisenbahn veränderte sich das Verhältnis des Reisenden zu seinem „Dampfross“ kontinuierlich: Nach den Sensationen der Pioniertage, in denen Tempo und Geschwindigkeit erstmals mit allen Sinnen ausgekostet wurden, wuchsen allmählich die Wünsche: nach mehr Komfort und Sicherheit, nach Beleuchtung und Heizung der „Coupés“, nach komfortabler Schlafgelegenheit und ausreichender Verpflegung. Und es änderten sich die Reiseziele: Aus Deutsch-Wagram, Gänserndorf und dem Semmering wurden der Arlberg und Abbazia, Meran und Triest.

Als am 23. November 1837 die „dampfestolle“ Zeit (Justinus Kerner) auch in den habsburgischen Landen mit einer ersten öffentlichen Probefahrt auf dem bereits fertig trassierten Streckenabschnitt der Kaiser Ferdinands-Nordbahn von Floridsdorf nach Deutsch-Wagram begann, war dies der glanzvolle Auftakt zu einer dynamischen Entwicklung, die die Monarchie an die Spitze der europäischen Eisenbahnstaaten führen sollte. Damals sah man den in Ehren ergrauten Erzherzog Carl, gefeierter Sieger von Aspern, seine Kinder Erzherzog Wilhelm und Erzherzogin Maria Carolina sowie zahlreiche Militärs

und Würdenträger des Habsburgerstaats in die acht Waggons klettern, die im „Eisenbahn-Hof“ Floridsdorf bereitstanden, auf den Gesichtern der zahlreichen Zuseher „glänzte die ungeteilte Freude einer schönen Zukunft“ (*Der Humorist*, 27. November 1837) und sechs Böllerschüsse begleiteten die ächzende und stöhnende Lokomotive „Austria“, produziert in der Stephenson'schen Maschinenfabrik in Newcastle, auf ihrem Schienenweg – ein Ereignis von bemerkenswerter Symbolkraft: Die alte feudale Elite, Stütze des

Oben: Erste Versuchsfahrten im November 1837: Die „Austria“ verlässt mit zwei Wagen den Bahnhof Wagram. Aquarell nach einer Lithografie von F. Kaiser.

Metternich-Regimes, war gekommen, um sich auf dem „Dampfwagen" bestaunen und bejubeln zu lassen – tatsächlich manifestierten sich auf diesem „industriellen Bürgerfeste" *(Der Humorist)* ein neuer Geist und eine neue Zeit, die Fahrt der „Austria", ihre wundersam-verblüffende Geschwindigkeit wurde zum Signal für Beschleunigung, Dynamik und Mobilität: Am 6. Jänner 1838, pünktlich um 9 Uhr 30, verließ der erste fahrplanmäßige Zug mit 218 Fahrgästen den „Wiener Eisenbahn-Hof" in der Leopoldstadt, im April 1838 erreichte das stählerne Schienenband Gänserndorf, ein Jahr später die mährische Metropole Brünn.

Ein Mythos wird beschworen ...

All jenen Zeitgenossen, die befürchteten, dass mit der „Inthronisierung" der Eisenbahn die klassische Reisepoesie à la Eichendorff zu Grabe getragen werden würde, setzten vor allem liberal denkende österreichische Autoren wortgewaltigen Widerstand entgegen – so Karl Isidor Beck (1817–1879), aus Baja in Ungarn stammender Lyriker, mit seinem erstmals 1837 in der *Zeitung für die elegante Welt* abgedruckten Gedicht *Die Eisenbahn,* in dem er die dampfspeiende Lokomotive kühn als Maschine des Zeitgeists identifiziert:

Rechts: Mythisierung der Eisenbahn: Im stählernen Prometheus der Schiene hat nun auch Hermes ein bequemes Reisevehikel gefunden. Zeichnung, 1884.

Rasend rauschen rings die Räder,
Rollend, grollend, stürmisch sausend,
Tief im innersten Geäder
Kämpft der Zeitgeist freiheitsbrausend.
Stemmen Steine sich entgegen
Reibt er sie zu Sand zusammen,
seinen Fluch und seinen Segen
Speit er aus in Rauch und Flammen.

Beck, der sich in diesen Versen als „Dichter“ die Verpflichtung auferlegt, „mit jedem Herzensschlage“ nach „neuen Welten“ zu tasten, sieht in den Schienen „Hochzeitsbänder, Trauungsringe blankgegossen“, die Länder und Städte verbinden würden – schwärmerische Vergleiche, die in ihrem grenzenlosen Enthusiasmus die gewaltigen Hoffnungen erkennen lassen, die auf das „Dampfross“ gesetzt wurden. Einen Verbündeten fand er in Anastasius Grün (1806–1876), dem nationalliberalen Aristokraten, Metternich-Kritiker und Dichter aus Laibach, der seine programmatische Hymne an die Eisenbahn mit dem bezeichnenden Titel *Poesie des Dampfes* überschrieb und einen originellen Vergleich für das Erscheinungsbild eines Zuges fand:

Schon seh' ich dort entlang des Gaues Straßen
Die dampfgetrieben Wagenburgen fliegen,
Wie scheugewordene Elefantenmassen
Türm' und Geschwader tragen fort zu Siegen;
Der schwarzen Rüssel Schlote hoch erhoben,
Dampfschnaubend, rollend wie die Wetterwolke!
Die Mannen, siegestrunken, jauchzend oben!
Weitum gelichtet alle Bahn dem Volke! (...)

Auch Anastasius Grün spricht von „Freiheit“ und vom „Siegfest“ des „hohen Geists“, sein Bild von den „scheugewordenen Elefantenmassen“ evoziert Erinnerungen an die heroischen Kämpfe im antiken Heldenepos, schafft eine Parallele zum düsteren Mythos von Prometheus und stellt damit die Eisenbahn in einen mythologischen Kontext.

Genau diese spezifische Aura, die von Grün und anderen Autoren so vehement beschworen wurde, sollte den Eisenbahn-Diskurs von Beginn an begleiten und „beschweren“; sachlich-nüchterne Darstellungen sahen sich konfrontiert mit einer „Mythisierung“ der Bahn, die jedoch selbst von den Technikern und Konstrukteuren gerne mitgetragen wurde – bezeichnend dafür etwa war die Namensgebung bei Lokomotiven in den Pioniertagen der k. k. priv. Kaiser Ferdinands-Nordbahn: „Hercules“, „Vulcan“, „Atlas“, „Jupiter“, „Ajax“, „Cyclop“, „Theseus“, „Prometheus“, „Aeneas“ oder „Jason“ hießen die „schönen Ungeheuer“, auf diese Weise versehen mit dem Signum antiker Größe und göttlicher Urkraft. Ein sehr individuelles Verhältnis zur Eisenbahn entwickelte Anastasius Grüns Freund Nikolaus Lenau (1802–1850). Vom Leben und seinem Aufenthalt im geschäftigen Amerika enttäuscht, ein melancholisch-schwermütiger Beobachter der Zeitereignisse, thematisierte er in einem Gedicht, entstanden im Jahre 1838, in bewegender Weise Ängste und Hoffnungen, die sich aus seiner Perspektive an das Erscheinen des „Dampfrosses“ knüpften:

Nikolaus Lenau

An den Frühling

Lieber Frühling, sage mir,
Denn du bist Prophet,
Ob man auf dem Wege hier
Einst zum Heile geht?

Mitten durch den grünen Hain,
Ungestümer Hast,
Frißt die Eisenbahn herein,
Dir ein schlimmer Gast.

Bäume fallen links und rechts,
Wo sie vorwärtsbricht,
Deines blühenden Geschlechts
Schont die rauhe nicht. (...)

Pfeilgeschwind und schnurgerad
Nimmt der Wagen bald
Blüt und Andacht unters Rad,
sausend durch den Wald.

Lieber Lenz, ich frage dich,
Holt, wie er vertraut,
Hier der Mensch die Freiheit sich,
Die ersehnte Braut?

Lohnt ein schöner Freudenkranz
Deine Opfer einst,
Wenn du mit dem Sonnenglanz
Über Freie scheinst?

Oder ist dies Wort ein Wahn,
Und erjagen wir
Nur auf unsrer Sturmesbahn
Gold und Sinnengier?

Zieht der alte Fesselschmied
Jetzt von Land zu Land,
Hämmernd, schweißend
Glied an Glied,
Unser Eisenband?

Braust dem Zug dein Segen zu,
Wenn's vorüberschnaubt?
Oder, Frühling, schüttelst du
Traurig einst dein Haupt?

Doch du lächelst freudenvoll
Auf das Werk des Beils,
Daß ich lieber glauben soll
An die Bahn des Heils.

Amselruf und Finkenschlag
Jubeln drein so laut,
Daß ich lieber hoffen mag
Die ersehnte Braut.

Lenau, der zu diesen wunderbar poetischen Versen durch die riesigen Arbeiterkolonnen im Marchfeld inspiriert wurde, die die Trasse der Kaiser Ferdinands-Nordbahn rasch nach Norden vorantrieben, ist sich über das, was ihn erwarten wird, nicht ganz sicher. Im Dialog mit dem Frühling, der romantisch-verklärenden Allegorie der Natur schlechthin, ringt er sich schließlich – obwohl er die Schattenseiten des Eisenbahnbaus wie die Zerstörung von

Naturlandschaften deutlich sieht – zu Optimismus durch: Auch Lenau setzt, wenn auch nicht ohne Zweifel, auf die Eisenbahn als Vehikel zur ersehnten Freiheit, ja, mit dem Epitheton „Bahn des Heils“ legt er geradezu messianische Dimensionen in seine Hoffnungen; auch er spricht dem „Dampfross“ prinzipiell gesellschaftsverändernde Kraft zu – ein Aspekt, der in der Beurteilung der „größten Errungenschaft der Zivilisation des 19. Jahrhunderts“ (Hugh Thomas) eine entscheidende Rolle spielte. Die Eisenbahn wird gleichsam geschichtsphilosophisch überhöht und mit Vorschusslorbeeren bedacht, man sieht sie als Instrument des Hegel'schen „Weltgeists“, der die Menschheit näher zu Freiheit und Glück bringt.

Es war diese „Metaphysik der Eisenbahn“ – geistesgeschichtlich gesehen – eine besondere Premiere: Erstmals wurde einer Maschine, oder besser: einem maschinellen Ensemble, bestehend aus Lokomotive, Waggons und Schienen, diese „welthistorische“ Größe zugeschrieben, nicht auf den Menschen baute man, sondern auf die von ihm konstruierte Maschine. Moritz Gottlieb Saphir, aufmerksamer Beobachter und satirisch-spöttischer Kommentator des Zeitgeschehens im Vormärz, veröffentlicht am 17. Jänner 1838 ein Gedicht, das exakt die Sicht Lenaus dupliziert: Vom „Riesen-Genius des neunzehnten Jahrhunderts“ ist da die Rede, der „Flamme speit über die engherzigen Zweifler, und hohnlächelt über die Trägheit und Schläfrigkeit der vorigen Jahrhunderte“, vom „Reservoir einer neuen Zukunft“, das die Nationen nun so sehr betonen.

Vorwärts, heizet die Maschinen ...

1899 bilanzierte Christian Lüders, Herausgeber der in Gmunden am Traunsee erscheinenden *Allgemeinen österreichischen Eisenbahn-Zeitung*, in einem enthusiastischen Leitartikel die Leistung der Bahn für das vergangene Jahrhundert und entwarf dabei in seiner Begeisterung gleich so etwas wie einen „geschichtsphilosophischen“ Rahmen für sie, indem er – den aus der Vormärzzeit stammenden Eisenbahnmythos aufgreifend – das „geflügelte Rad“ mit flammenden Worten zur historischen Wirkkraft par excellence erklärte, das schließlich „sieghaft“ glänzend über alle Widersacher triumphieren würde: „Es ist lächerlich, die Eisenbahn materiell zu nennen, sie ist geistiger Natur. Zwar ist sie an den Stoff gebunden, aber an ihn gebunden ist ja eben der menschliche Geist. Die Eisenbahn wird ja nicht einzig durch die Dampfkraft und durch physische Kräfte vermittelt: Sie ist zuvörderst der Ausfluß der Denkkraft. Die Eisenbahn zwingt sogar zu Forschungen im geheimsten Haushalt der Natur, sie lauscht den Anfängen und Ausläufen jedweden Seins, sie schließt von der Ursache auf die Wirkung und zwingt von der letzteren auf die erstere zurück. Die Eisenbahn zwingt zur Erwerbung von Kenntnissen,

Oben: K. k. Eisenbahn-Alltag abseits der großen Linien: vor der Abfahrt eines Personenzugs im Bahnhof Winzendorf, um 1905.

sie hebt den Menschen vom Staube zum Lichte. Die Eisenbahn, fortan sich zu belehren strebend, ist seine Lehrmeisterin alles Nützlichen und Segensreichen. Die Eisenbahn ist eine Schöpferin des Wohlstands und des Reichthums und als solche die Wiege der Bildung und Moral. Sie eröffnet dem Menschen Paradiese und der weltenverbindende Schienenstrang bringt dem Wilden die Cultur. Sie führt uns durch das schöne Gotteswerk Natur und bringt uns dem Fernsten nahe und dem Nahesten ferne. (...) Das Banner der Eisenbahn, das geflügelte Rad, ist das Banner der Freiheit, weil es eben nichts weiter, als die Berechtigung des Geistes und der Arbeit erkennt. Die Eisenbahn ist das Heldenthum des Friedens und vor ihr muß das Heldenthum des Krieges sich beugen. Wie viel höher steht aber auch der Eisenbahner als der Mann des Schwertes! (...)

Es lebe die Eisenbahn! Und ist uns auch ihren endlichen, vollen, reinen Sieg zu schauen nicht vergönnt, sind wir verurtheilt, die unheimliche Zeit des Überganges, des Kampfes und des Ringens durchzumachen, die Überzeugung einer besseren Zukunft muß uns stärken und erfreuen.“ Lüders scheute sich nicht, diesem fanatischen Appell an seine Eisenbahner-Kollegen auch leise

Oben: Die Eisenbahn „eröffnet dem Menschen Paradiese" und „führt uns durch das schöne Gotteswerk Natur": die Semmeringbahn, weltberühmtes Denkmal der Ingenieurskunst Carl Ghegas.

Kritik am Herrscherhaus beizumengen und anzudeuten, dass der endgültige „Sieg" der Eisenbahn zugleich das Ende der habsburgischen Herrschaft bedeuten müsse: „Vorwärts schreitet das Erkennen, das Wissen und Walten – und der Bannerträger dieses Fortschritts ist die Eisenbahn, ist das geflügelte Rad! Mag manches Schöne auch zusammenbrechen, Schöneres wird aus dem Schutt erstehen. Die Kronen, welche heutzutage noch der Gewaltschaaren bedürfen, um zu glänzen, werden Kronen des Segens, echte rechte Bürgerkronen werden und ihre Träger die Schirmherrn und Vertheidiger der Arbeit durch die Eisenbahn die Herren der Industrie und Freiheit sein."

So politisch „weltfremd" Texte wie dieser auch sein mögen: Eindrucksvoll dokumentieren sie, dass die Gedanken aus den Vierzigerjahren noch immer eine Rolle spielten, ja, dass sich der „harte Kern" der Eisenbahner und Eisenbahngewerkschafter aus den Hoffnungen der Pionierzeit und den neuen Parolen der Sozialdemokratie geradezu eine „Ideologie des Flügelrads" zurechtgezimmert hatte, in der die Erlösung zur Freiheit durch die Bahn festgeschrieben war. Sie spiegeln die spezifische Welt der k. k. Staatsbahnen, in der dieser anachronistische Mythos leben konnte und politisch instrumentalisiert wurde. 1912, zur Zwanzigjahrfeier der sozialdemokratischen Eisenbahnerorganisation, brachte ein unter dem Pseudonym „Juvavius" im *Eisenbahner,* dem „Zentralorgan des Österreichischen Eisenbahn-Personales", schreibender Poet dieses Credo der k k. Eisenbahner in einer wortgewaltigen Kapuzinerpredigt für die Eisenbahner noch einmal auf den Punkt – daraus der Schlussappell:

Vorwärts, heizet die Maschinen,
Daß sie auf den freien Schienen,
Dampfen in die Zukunftsferne,
Wo uns leuchten unsre Sterne,
Bess'rer Lebensmöglichkeit,
Endstation ist Neue Zeit!

Das Flügelrad der Freiheit

Der Bau der ersten Eisenbahnen

In der verklärenden historischen Rückschau gilt die Zeit nach den napoleonischen Kriegen und der Neuordnung Europas durch den Wiener Kongress vielfach als beschaulich, erstarrt, biedermeierlich-ruhig – tatsächlich war es eine Welt im Auf- und Umbruch: In knapp über drei Jahrzehnten, von 1815 bis 1848, vollzog sich jener spektakuläre Wandel der Verkehrstechnik, der sich mit rasch zunehmender Dynamik belebend auf Handel und Industrie, Geldwirtschaft und Investitionsfreude auswirkte, der eine bisher unbekannte Mobilität gestattete und damit das Freizeitverhalten der Menschen von Grund auf veränderte: Dampfschifffahrt und Eisenbahn eroberten die Länder des habsburgischen Reichs, setzten neue Maßstäbe für Transportgeschwindigkeiten und trugen so zur immer deutlicher spürbar werdenden Beschleunigung der Abläufe im öffentlichen Leben bei.

Vorherige Doppelseite: Romantischer erster Schienenweg: die „Pferdebahnpromenade" bei St. Magdalena. Aus dem Skizzenbuch von Isidor Neumann, 1865.

Am Anfang stand der nachdrückliche Wunsch der aufblühenden Wirtschaft nach höheren Geschwindigkeiten und größeren Transportkapazitäten – die Eisenbahn musste unter diesen Aspekten zwangsläufig in den Mittelpunkt der Debatten über zukünftige Verkehrslösungen rücken, stieß allerdings auch auf heftige Ablehnung all jener, die mit Recht um ihre Existenz fürchteten: der Fuhrwerker und Postillione, Hufschmiede und Wagner, Gastwirte und Pferdehändler. Immerhin konnten sie stolz darauf verweisen, dass auch die Postkutsche längst nicht mehr so gemütlich durch die Lande rollte: Seit 1823 brausten „Eilwagen" auf den Hauptverbindungsstrecken des Reiches dahin, leicht gebaute Kutschen, deren Fahrplan nur mehr kürzeste Aufenthalte zum Wechseln der Pferde vorsah. Mit diesen „Special-Coursen", der „Expressverbindung" der Biedermeierzeit, durchgesetzt von Maximilian Ritter von Ottenfeld, dem Direktor der „fahrenden Posten", konnte man etwa die Strecke von Wien nach Graz in 26 Stunden bewältigen, von Wien nach Brünn brauchte man gar nur mehr 12 Stunden (durchschnittliche Reisegeschwindigkeit etwa 12,7 km/h).

Die Pferdeeisenbahn Linz–Budweis

Für den Güterverkehr, insbesondere den Transport von Kohle, Holz oder Salz, und das „industrielle" Reisen waren jedoch innovative Konzepte notwendig, die von den zeitgenössischen Fachleuten auch prompt geliefert wurden. Zu ihnen gehörte als führender Kopf Franz Anton von Gerstner (1796–1840), Professor für praktische Geometrie am Wiener Polytechnikum, der vom Präsidenten der Wiener Kommerz-Hofkommission, einem Ritter von Stahl, Anfang der 1820er-Jahre damit beauftragt wurde, erste Pläne für eine Eisenbahnlinie von der Donau nach Böhmen zu erarbeiten. Hintergrund für diesen Auftrag war das enorme Ansteigen der Salz- und Eisenwarentransporte aus dem Raum Linz nach Böhmen, das mit „normalen" Pferdefuhr-

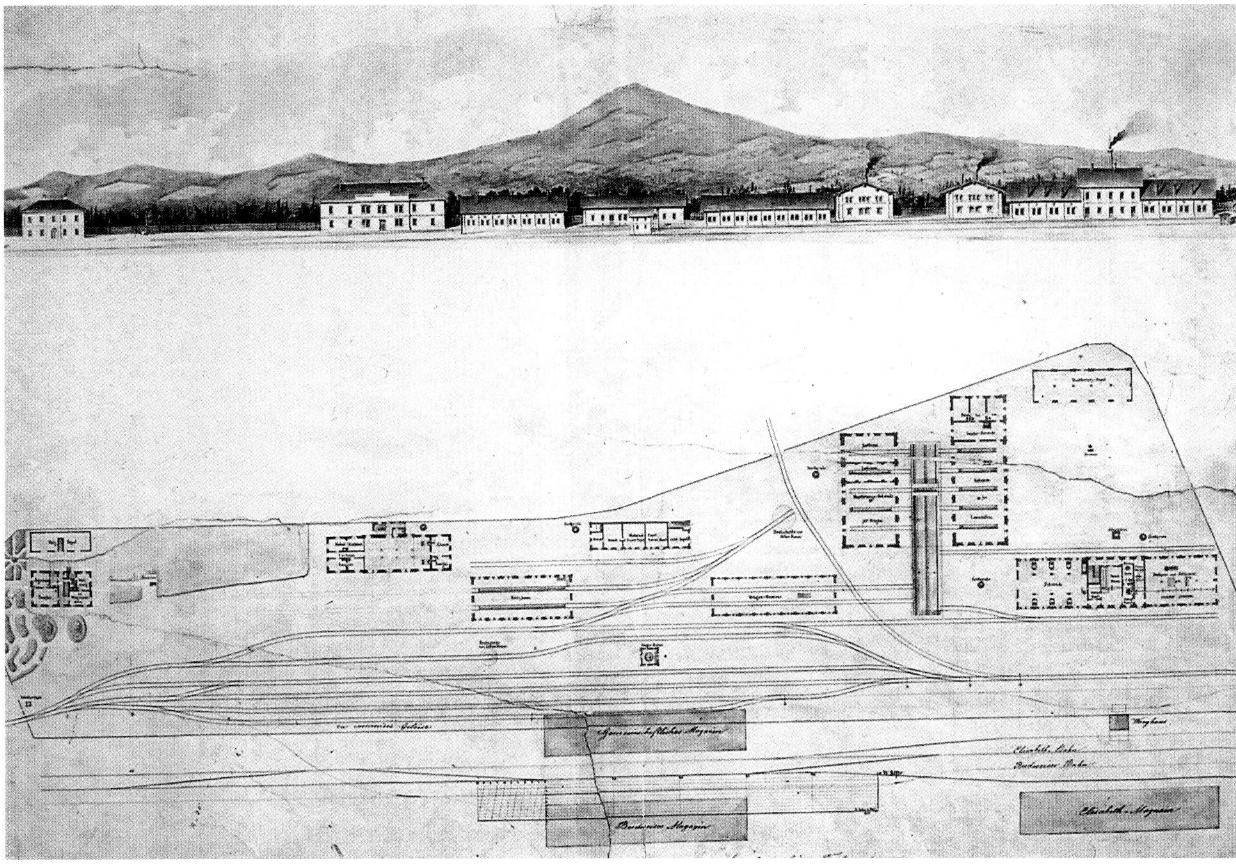

Oben: Bahnhof der Pferdeeisenbahn in Linz mit Gleisanlage der Kaiserin Elisabeth-Bahn. Aquarellierte Tuschfederzeichnung.

werken kaum mehr zu bewältigen war – so zuckelten Tag für Tag bis zu 350 Salztransporte auf der „Salzroute“ nach Norden. Franz Anton von Gerstner nahm seine Aufgabe ernst und reiste 1822 nach England, um hier bereits existierende Eisenbahnen in Augenschein zu nehmen. Auf Basis dieser Erfahrungen präsentierte er einen detailliert ausgearbeiteten Vorschlag, der einen 114 km langen Schienenweg von Mauthausen nach Budweis vorsah. Die „Vereinigte Hofkanzlei“, zentrale Verwaltungsbehörde des Habsburgerreichs, ebenso stockkonservativ wie Kaiser Franz I., stand zwar dem Projekt ablehnend gegenüber, aber schließlich erteilte der Herrscher am 7. September 1824 Gerstner doch die Konzession zum Bau einer Holz- und Eisenbahn Budweis–Linz, als Termin für die Fertigstellung wurde der 7. September 1830 festgelegt. Damit war das Eis gebrochen, der „harte, glatte, ebene und gerade“ Schienenweg, der seinen Lauf unbeirrt durch die Landschaft sucht, konnte jetzt beweisen, dass ihm die Zukunft gehörte – auch wenn vorerst nur Pferde zum Ziehen der Wagen eingesetzt werden sollten.
An Gerstner lag es nun, Kapital für den Bau der Strecke aufzubringen: Eine 227,5 m lange Schaubahn im Wiener Prater, errichtet noch im Herbst 1824,

sollte Interessenten anlocken – und tatsächlich konnte er mit den Bankhäusern Geymüller & Co., J. H. Stametz & Co. und Georg Simon Sina finanzkräftige Partner finden. Sie erwarben 1825 das Privileg von ihm und gründeten die „k. k. priv. erste Eisenbahn-Gesellschaft"; durch die Ausgabe von Aktien wurde das notwendige Startkapital beschafft, Franz Anton von Gerstner zum verantwortlichen Bauführer bestellt. Der erste Spatenstich fand am 28. Juli 1825 bei Netrowitz in Böhmen statt – es war der Beginn des Eisenbahnbaus in den habsburgischen Ländern. Auf Gerstner und seine Bautrupps – zwischen 4.000 und 6.000 Personen arbeiteten an der Trassierung der Strecke – warteten enorme Schwierigkeiten, da zahlreiche technische Probleme gelöst, Irrtümer korrigiert und immerhin ein Höhenunterschied von 540 m bewältigt werden mussten.

Dazu kam, dass die Aktionäre angesichts des langsamen Baufortschritts und der steigenden Kosten allmählich ungeduldig wurden – für Gerstner wurde das Projekt zum Fiasko: Anfang 1828 kam es zum Bruch mit seinen Ingenieuren, vor allem mit dem jungen Sektorenbauführer Mathias Schönerer (1807–1881), der sich bei diesem Pionierwerk seine ersten Sporen verdiente und als einer der hervorragendsten Eisenbahnbauer in die Geschichte der k. k. Bahnen eingehen sollte. Die höchst verunsicherte Gesellschaft vertraute dem jungen Kritiker, entließ Gerstner und beauftragte Schönerer mit dem Weiterbau der Strecke, die schließlich am 1. August 1832 dem Verkehr übergeben werden konnte. Der Betrieb auf dem Teilabschnitt von Trojerhof bei Zartels-

Oben: Das eiserne Schienenband verknüpft Stadt und Land: Urfahr und Pöstlingberg mit Pferdeeisenbahn. Kolorierter Stahlstich, um 1840.

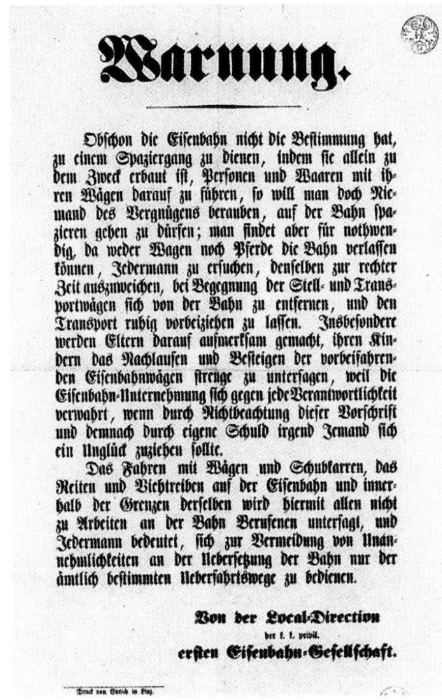

Warnung.

Obschon die Eisenbahn nicht die Bestimmung hat, zu einem Spaziergang zu dienen, indem sie allein zu dem Zweck erbaut ist, Personen und Waaren mit ihren Wägen darauf zu führen, so will man doch Niemand des Vergnügens berauben, auf der Bahn spazieren gehen zu dürfen; man findet aber für nothwendig, da weder Wagen noch Pferde die Bahn verlassen können, Jedermann zu ersuchen, denselben zur rechter Zeit auszuweichen, bei Begegnung der Stell- und Transportwägen sich von der Bahn zu entfernen, und den Transport ruhig vorbeiziehen zu lassen. Insbesondere werden Eltern darauf aufmerksam gemacht, ihren Kindern das Nachlaufen und Besteigen der vorbeifahrenden Eisenbahnwägen strenge zu untersagen, weil die Eisenbahn-Unternehmung sich gegen jede Verantwortlichkeit verwahrt, wenn durch Nichtbeachtung dieser Vorschrift und demnach durch eigene Schuld irgend Jemand sich ein Unglück zuziehen sollte.

Das Fahren mit Wägen und Schubkarren, das Reiten und Viehtreiben auf der Eisenbahn und innerhalb der Grenzen derselben wird hiermit allen nicht zu Arbeiten an der Bahn Berufenen untersagt, und Jedermann bedeutet, sich zur Vermeidung von Unannehmlichkeiten an der Uebersetzung der Bahn nur der ämtlich bestimmten Ueberfahrtswege zu bedienen.

Von der Local-Direction
der k. k. privil.
ersten Eisenbahn-Gesellschaft.

Links: Der Visionär des Eisenbahnbaus: Geologe und Hüttenfachmann Franz Xaver Riepl präsentierte 1829 sein kühnes Konzept, das den Bau einer Nord-Süd-Magistrale von der russischen Grenze bis nach Triest vorsah. Lithografie nach einer Zeichnung von Josef Kriehuber.

Rechts: Noch war das Spazierengehen auf der Eisenbahntrasse ein erlaubtes Vergnügen …

dorf nach Budweis war allerdings bereits am 7. September 1827 aufgenommen worden – wenn man so will, markiert dieses Datum die Geburtsstunde des Eisenbahnverkehrs in Österreich. Ein aus sieben Wagen bestehender Zug, beladen mit 14 Tonnen (!) Gips, Ziegeln und Eisenwaren, gezogen von zwei Pferden, verließ um 3 Uhr nachmittags die Station Trojerhof und kam am nächsten Tag um 9 Uhr – nach Übernachtung in Holkau – in Budweis an.
Mathias Schönerer hatte in seiner Bauführung darauf verzichtet, die Bahntrasse für den Lokomotivbetrieb vorzubereiten, und damit Zeit und Geld gespart; mit Gesamtkosten von 1,65 Millionen Gulden hatte man den Voranschlag Gerstners (700.000 Gulden) jedoch um mehr als das Doppelte überschritten. Da sich die Gesellschaft bereits 1829 im Hinblick auf die notwendige Auslastung der Bahn das Monopol für den Salztransport nach Böhmen gesichert hatte, war es nur sinnvoll, auch die Verlängerung über 68 km von Linz nach Gmunden zu bauen, die am 1. Mai 1836 eröffnet wurde und für eine mögliche Umstellung der Traktion auf „Dampfrösser" vorbereitet war. Das längste zusammenhängende Pferdebahnnetz der Welt mit etwa 200 Kilometern Streckenlänge – eine erste „Ferneisenbahn" – ging damit in Betrieb: 800 Pferde, 762 Güter- und 59 Personenwagen standen im Einsatz, neben den Gütertransporten wurden erstmals auch fahrplanmäßige „Reisezüge" geführt.
Die „Tragik" der Pferdeeisenbahn Budweis–Linz–Gmunden lag darin, dass sie bereits zum Zeitpunkt der Fertigstellung technisch veraltet war: Mit der

Schiene war zwar der neue zukunftsweisende Verkehrsweg gefunden worden, es fehlte aber noch jenes Verkehrsmittel, das die Eisenbahn endgültig zum erfolgreichen „maschinellen Ensemble“ (Wolfgang Schivelbusch) der Moderne zusammenschweißen sollte. Die Pferdeeisenbahn bot entschiedene Vorteile gegenüber herkömmlichen Transportmitteln, sie war aber keinesfalls eine Revolution – diese stand nun aber bereits unmittelbar bevor.

Die Kaiser Ferdinands-Nordbahn

Während zwischen Gmunden und Budweis die schweren Rösser unter der Last der Salz- und Eisenfrachten dahintrotteten, plante man in der Residenzstadt Wien die erste Lokomotiveisenbahn des Reichs. Treibende Kraft des Projekts war wiederum ein Professor des Polytechnischen Instituts: Franz Xaver Riepl (1790–1857), ein hervorragender Mineraloge, beseelt von dem Gedanken, die Kohle, den Energieträger der industriellen Revolution, aus dem Ostrauer Kohlenrevier ins Zentrum des Reichs verbringen zu lassen, legte 1829 ein Konzept vor, das den Bau einer Eisenbahn von Brody an der galizisch-russischen Grenze über Wien bis nach Triest vorsah. Riepls kühne Vision, aus heutiger Sicht ein ungemein weitblickendes Projekt, stieß wie erwartet auf wenig Begeisterung, allerdings lernte er durch Vermittlung eines Freunds dann jenen Mann kennen, der bereit war, ihn vorbehaltlos zu unterstützen: den Bankier Salomon Freiherr von Rothschild (1774–1855). Ein erstes Ansuchen um ein Privilegium zum Bau einer Eisenbahn von Wien nach Bochnia in Galizien im Jahre 1830, eingereicht von Rothschild, wurde abgelehnt; Franz I., engstirnig wie eh und je, fand es angeblich „zu dumm vom Rothschild, wo doch kaum jemand mit der Postkutsche von Wien nach Brünn fährt“. Riepl überarbeitete seine Pläne und Kostenvoranschläge und

Unten: Berühmt für ihre Leistungsfähigkeit: die 1B-n2-Lokomotive „Koloss“, gebaut 1844 nach amerikanischem Vorbild in der Fabrik Günther in Wiener Neustadt für die Kaiser Ferdinands-Nordbahn. Sie stand – nachdem man sie mit einem neuen Kessel versehen hatte – bis 1871 in Betrieb und fand später noch Verwendung als Baulokomotive bei der Errichtung der Kronprinz Rudolf-Bahn.

Alles athmete Poesie ...

1853 veröffentlichte der Linzer Gustav Fobbe (1816–1854), Beamter der ständischen Buchhaltung, unter dem Titel *Heimisches und Fremdes* seine Eindrücke über eine Reise von Linz nach Böhmen und Sachsen, wobei er den ersten Abschnitt dieser Fahrt auf der Pferdeeisenbahn bewältigte. Unterwegs mit dem „Frühzug“, schildert er seine Impressionen von der Strecke zwischen Schloss Riedeck und Kerschbaum:
In den Waldschluchten hingen noch Nebelschleier, die den sumpfigen Boden des „Rieds“ überzogen. Auch diese grauen Massen schwanden, durch den warmen Kuß der Sonne, wie die Falten des Kummers von der Stirne des Unglücklichen entweichen, wenn sie der Hauch einer Geliebten berührt. Die Sonne war aufgestiegen im blauen Meere des Firmaments wie ein goldener Schwan, und die Wolken, „eilige Segler“, schifften darüber hin, Alles athmete Poesie! Die mit Millionen Demantstiften am frühen Morgen ausgeschmückten, balsamisch duftenden Fichten hatten jetzt ihren glänzenden Schmuck, die Wiesenblumen ihre Thauperlen verloren – die Sonne hatte Alles weggeküsst. Sylphen, buntgefiederte Seelenbilder schwebten herab von ihren grünen Rastplätzchen, das leuchtende Weltgestirn zog fort im Azur. Die Glocke einer Ortschaft tönte, unterbrochen wurde die Stille der Waldeinsamkeit später nur durch das Rollen des Wagens – diese Partien hätten an Ruysdael den würdigsten Maler gefunden.

reiste auf Kosten Rothschilds nach Belgien und England, um die neuesten Entwicklungen zu studieren. Die große Chance für Rothschild und Riepl kam mit dem Amtsantritt Kaiser Ferdinands, dem nachgesagt wurde, dem neuen Verkehrsmittel aufgeschlossen gegenüberzustehen: Ein neuerliches Ansuchen vom 15. April 1835 wurde schließlich mit 4. März 1836 positiv beschieden, ein Privilegium auf 50 Jahre erteilt, u. a. mit folgenden Bedingungen: Innerhalb von zwei Jahren musste die erste Meile der Bahn errichtet sein, innerhalb von zehn Jahren die ganze Strecke, gleichzeitig wurde die Genehmigung zur Errichtung von Flügelbahnen – etwa der Strecke von Lundenburg *(Breclav)* nach Brünn – erteilt.
Nun ging es Schlag auf Schlag: Bereits vor Ausstellung des Privilegiums hatte Rothschild im *Allgemeinen Intelligenzblatt,* der Beilage zur *Wiener Zeitung,* das „Programm über die Bildung einer Actien-Gesellschaft“ bekannt gegeben; dem provisorischen Komitee der Gesellschaft gehörten die wichtigsten Köpfe der Wiener Finanzwelt an: Daniel Eskeles, Heinrich Geymüller, Georg Simon von Sina und Leopold von Wertheimstein. Der Kostenvoranschlag für die 455 km (60 Meilen) lange Trasse Wien–Bochnia sah einen

Betrag von 11, 360.000 Gulden vor, der durch die Ausgabe von 12.000 Aktien zu je 1.000 Gulden mit garantierter vierprozentiger Dividende für die Jahre bis zur Inbetriebnahme der Bahn aufgebracht werden sollte – 8.000 Aktien

431

Allgemeines Intelligenzblatt

zur Oesterreichisch-Kaiserlichen privilegirten Wiener Zeitung.

93. Samstag, den 23. April 1836.

[4054] Kundmachung. [2]

Nachdem Se. k. k. Majestät mit Allerhöchster Entschließung vom 9. d. M. allergnädigst zu bewilligen geruhten, daß der von Wien bis Bochnia führenden Eisenbahn von nun an der Nahme

Kaiser Ferdinands-Nord-Bahn

beygelegt werde, dadurch aber die Ausfertigung der Actien-Interimsscheine verzögert wurde, so findet sich das Comité veranlaßt, hiermit zur öffentlichen Kenntniß zu bringen, daß die Einzahlung der ersten Rate mit 10 pCt. vom 27. April a. c. angefangen, im Römischen Kaiser, ersten Stock Nr. 2 und 3 gegen einstweilige Hinausgabe von Casse-Scheinen Statt finden wird, welche letztere vom 13. May a. c. angefangen, in der Liquidatur der Gesellschaft gegen die Actien-Interimsscheine werden umgewechselt werden.

Wien den 18. April 1836.

Vom Comité der ausschließlich privilegirten
Kaiser Ferdinands-Nord-Bahn.

Links: Der erste Schritt Rothschilds: die rasche Kapital-Akkumulation durch Ausgabe von Aktien.

erwarb Rothschild selbst, um den „schon vor Erscheinen des Programms an ihn gelangten vielen Anmeldungen zu genügen“, die restlichen 4.000 Stück konnten im Comptoir Rothschilds im „Römischen Kaiser“ subskribiert werden. Im Falle einer Überzeichnung des vorgesehenen Volumens sollten 6.000 weitere Aktien aufgelegt werden – der Erfolg übertraf jedoch alle Erwartungen: Die 6 Millionen Aktien wurden um mehr als das Vierfache überzeichnet, sodass schließlich ein zusätzlicher Betrag von über 27 Millionen Gulden zur Disposition stand. Geschäftstüchtigkeit und Patriotismus fanden sich in schöner Harmonie: „Die hochwichtigen Resultate, welche die Eisenbahn für die Erhöhung der Production, der Industrie und des Commerzes in den Provinzen Österreich, Mähren, Schlesien und Galizien haben muss, sind eben so einleuchtend, als der anzuhoffende günstige Erfolg für die Interessen der an diesem großen Nationalwerke theilnehmenden Individuen“, konstatierte Rothschild, der – um selbst nachdrücklich Gemeinnützigkeit zu demonstrieren – das Privilegium gegen einfachen Ersatz seiner bisher angelaufenen Kosten der neuen Aktiengesellschaft überließ. Beim Kaiser revanchierte sich Rothschild mit der klugen Bitte, die neue Bahn „Kaiser Ferdinands-Nordbahn“ nennen zu dürfen – in einem Brief an den Monarchen betont er geschickt die Vorteile, die eine solche Namensgebung für das Herrscherhaus bringen würde: „Der unterthänigst treu gehorsamst Gefertigte glaubt nun einen ehrerbietigen

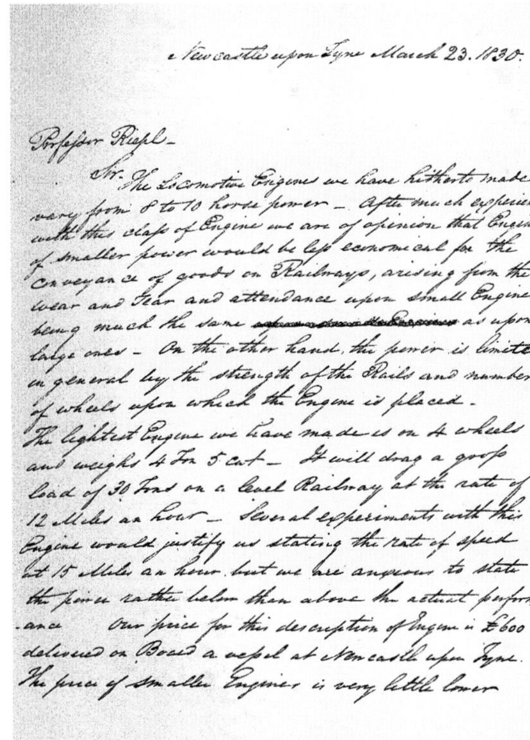

Newcastle upon Tyne March 23. 1830.

Professor Riepl –

Sir. The Locomotive Engines we have hitherto made vary from 8 to 10 horse power – After much experience with this class of Engine we are of opinion that Engines of smaller power would be less economical for the conveyance of goods on Railways, arising from the wear and tear and attendance upon small Engines being much the same as upon large ones – On the other hand, the power is limited in general by the strength of the Rails and number of wheels upon which the Engine is placed.

The lightest Engine we have made is on 4 wheels and weighs 4 Ton 5 cwt – It will drag a gross load of 30 Tons on a level Railway at the rate of 12 Miles an hour – Several experiments with this Engine would justify us stating the rate of speed at 15 Miles an hour, but we are anxious to state the power rather below than above the actual performance. Our price for this description of Engine is £600 delivered on Board a vessel at Newcastle upon Tyne.

The price of smaller Engines is very little lower

Links: Eisenbahn-Finanzier mit Weitblick: Salomon von Rothschild setzte trotz Kritik den Bau der Kaiser Ferdinands-Nordbahn durch. Lithografie von Robert Theer.

Rechts: Die Technologie wurde aus dem „Mutterland“ der Eisenbahn importiert: Brief von George Stephenson an Franz Xaver Riepl vom 23. März 1830.

Schritt wagen zu müssen, welcher darin besteht: Eure Majestät ehrfurchtsvoll zu bitten, daß Allerhöchst dieselbe zu erlauben geruhen mögen, der Wien-Bochnia-Eisenbahn den denkwürdigen Namen Kaiser-Ferdinands-Nordbahn beilegen zu dürfen. Sollte dereinst ein gleiches Communications-Mittel zwischen Wien und Oesterreichisch-Italien hergestellt werden, so würde eine große Eisenbahn zwischen Galizien und Oesterreichisch-Italien als ein bewunderungswürdiges Denkmal der glorreichen Regierung Eurer Majestät dastehen und die dadurch gewonnenen Wohltaten zum höchsten Ruhme auf die späteste Nachwelt übertragen.“ Der erfreute Monarch genehmigte die Bitte des Bankiers mit „allerhöchster Entschließung“ vom 9. April 1836.

Der erfahrene Taktiker beließ es jedoch nicht bei der Einbeziehung des Kaisers und so sah Rothschild auch für Metternich eine Aufgabe vor: Er bat den Fürsten, für das „große Industrial-Werk, welches den Charakter eines National-Unternehmens“ habe, den „ermunternden und schirmenden Namen eines hohen Protectors der Wien-Bochnia-Eisenbahn“ anzunehmen, was der geschmeichelte Staatsmann dann auch gerne tat.

Noch waren aber nicht alle Hürden genommen: Im Sommer 1836 verschärfte sich die Kritik am geplanten Bahnbau, man warf den Rentabilitätsplänen Riepls vor, unrealistisch und damit unwirtschaftlich zu sein, offen wurde die Auflösung der Aktiengesellschaft gefordert. Wortführer dieser „Widerstandsgruppe“ war Ludwig Freiherr von Pereira, der Gesellschafter des Bankhauses Arnstein und Eskeles. In einer umfangreichen Denkschrift bemühte sich Pereira, der im Hintergrund von seinem Bankkollegen und Rothschild-Gegner Georg Simon von Sina unterstützt wurde, die angebliche Undurchführbarkeit der Planungen darzulegen, und brachte dazu einige seltsame Argumente vor, so warnte er etwa vor den Problemen, die jede kleinste Steigung in der Trasse mit sich bringen würde: „Wenn auch vor den Augen eine Ebene liegt, die man auf den ersten Blick für ganz flach hält, kann sie nach genauen Bemessungen leicht mehr Steigung als 1 Grad auf 300 haben. Wenn dieses der Fall ist, so tritt zum Nachteil der Eisenbahnunternehmung ein ungeheurer Schaden ein …“

In dieser heiklen Situation bewies Salomon von Rothschild erneut taktisches Geschick: Er beauftragte zunächst Riepl ‚zur Denkschrift Pereiras ein Gutachten zu verfassen, worin der „Kummer der Opponenten“ als völlig grundlos entlarvt wurde. Dieses Gutachten legte man dem dem Grafen Mittrowsky, dem Obersten Kanzler der k. k. vereinigten Hofkanzlei, vor; dann verlangte Rothschild die Einberufung einer außerordentlichen Generalversammlung für den 19. Oktober 1836, auf der die Aktionäre – durch Vorlage des Gutachtens Riepls, das alle Einwände überzeugend widerlegte, entsprechend „indoktriniert“ – beinahe geschlossen für die Aufnahme der Bauarbeiten eintraten. Von 83 stimmberechtigten Aktionären stimmten 76 für den Gesamtbau der Bahn. Nur mehr Formsache war dann die Wahl einer Direktion im Dezember 1836: Heinrich von Geymüller wurde zum Präsidenten gewählt, auch Rothschild und Riepl gehörten ihr an – das Zeitalter der Dampfeisenbahn im alten Österreich konnte beginnen.

Aus wirtschaftlichen Gründen beschloss man, zunächst die Verbindung von Wien nach Brünn fertigzustellen: Nach umfangreichen Trassenstudien, bei denen man auf das Prinzip *Recta sequi!* („Folge der Geraden!“) setzte und möglichst geringe Steigungen vorsah, begannen am 6. April 1837 die Bauarbeiten am Streckenabschnitt Wien–Lundenburg, jene am Streckenabschnitt Lundenburg–Brünn im Juni dieses Jahres. Geleitet wurde der Bau von k.k. Hofbaurat Hermengild Francesconi, der bis zu 12.000 Arbeiter einsetzte, um den vorgegebenen Termin einhalten zu können, Bauleiter auf dem Streckenabschnitt Lundenburg–Brünn war ein überaus tüchtiger 35-jähriger Oberingenieur aus Venedig: Carl Ghega.

Während an der Strecke fieberhaft gebaut wurde, hatte sich Franz Xaver Riepl um

Unten: Fahrschein der Kaiser Ferdinands-Nordbahn „IIII. Classe“ für die Fahrt von Wien nach Wagram vom 26. März 1840, darunter eine Bahnsteigkarte der KFNB, um 1840. Für 10 Kreuzer konnten damit auch Nichtreisende die Bahnsteigsperre passieren.

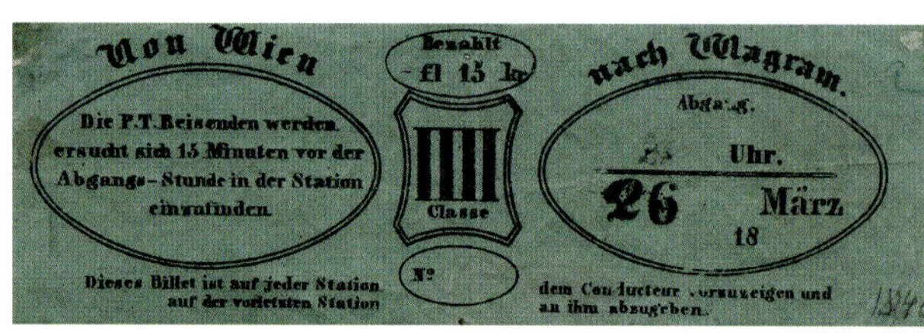

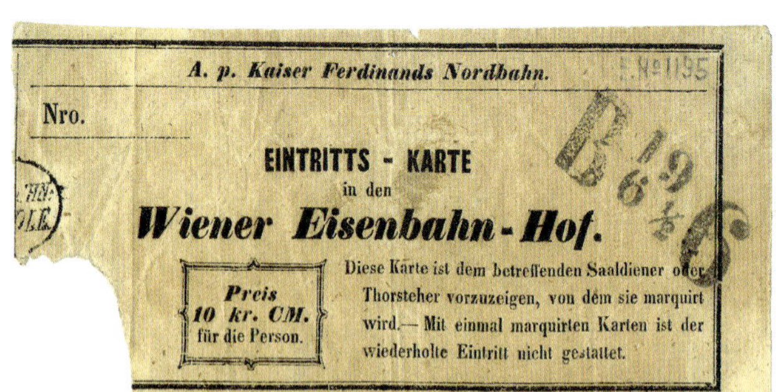

Oben: Die vier Wagenklassen in den Pioniertagen der Kaiser Ferdinands-Nordbahn: Verglaste Fenster hatte nur die 1. Klasse (oben), die Fahrgäste der 4. Klasse reisten ohne Dach über dem Kopf.

die Beschaffung des rollenden Materials zu kümmern, wobei sich nun seine guten Kontakte in England hervorragend bewährten. Eisenbahnlegende George Stephenson selbst beriet ihn bei der Bestellung der ersten sechs Lokomotiven, von denen vier („Austria", „Moravia", „Vindobona", „Vulcan") aus seinem Werk in Newcastle kamen, zwei („Samson", „Hercules") von der Fa. Taylor & Co. in Warrington geliefert wurden. Mühsam gestaltete sich der Transport der Lokomotiven: Sie wurden im zerlegten Zustand per Schiff nach Triest gebracht, dort auf Pferdefuhrwerke verladen und nach Wien befördert. 1837/41 trafen auch vier amerikanische Lokomotiven für die Kaiser Ferdinands-Nordbahn in Wien ein: die „Columbus", „New York", „Virginia" und „Florida", gebaut von der Werkstätte der Fa. Norris in Philadelphia. Im Jahre 1841 sollte die Kaiser Ferdinands-Nordbahn (KFNB) bereits über einen Bestand von 20 Lokomotiven verfügen.

Für den Personenverkehr sah man vier Wagenklassen vor: Die 1. Klasse zeichnete sich durch Abteile mit verglasten Fenstern für 6 Personen aus, die Fahrgäste in der 2. und 3. Klasse mussten sich mit Vorhängen aus Leder oder Zwilch statt der Fenster und mit Abteilen für 8 bzw. 10 Personen begnügen, die Wagen der 4. Klasse waren heutigen Güterwaggons ähnlich – sie wiesen weder ein Dach auf, noch hatten sie seitlich einen Abschluss, Abteile gab es nicht. Zusammengebaut wurden die „Personenwagen", die noch stark an das Design der Postkutschen erinnerten, in einer eigenen Werkstätte der KFNB, die Einzelteile kamen von verschiedenen Wiener Firmen.

Nach einer Bauzeit von knapp acht Monaten war der Streckenabschnitt Floridsdorf–Wagram (13,1 km) fertig, die erste – streng geheim gehaltene – Probefahrt wurde für 13. November 1837 um 3 Uhr nachmittags angesetzt. Alles war bereit – George Stephenson hatte mit den Lokomotiven auch fachkundige Spezialisten zur Verfügung gestellt: den Mechaniker John Baillie, zwei Lokomotivführer und vier Maschinisten, die eifrig bemüht waren, ihre österreichischen Kollegen in die technischen Geheimnisse der„Dampfrösser" einzuweihen. Symbolhaft der Name der ersten Lokomotive, die auf österreichischen Gleisen in Betrieb ging: Der „Austria" blieb es vorbehalten, mit einer 21-minütigen Fahrt nach Wagram den Auftakt zur österreichischen Dampfeisenbahngeschichte zu setzen. Am 14. November wiederholte die „Austria" noch einmal ihr Abenteuer, und für 19. November setzte das Direktorium der Kaiser Ferdinands-Nordbahn die erste Probefahrt an, diesmal bereits mit acht Wagen und 164 geladenen Ehrengästen.

Für die ersten offiziellen, von der Regierung angeordneten Probefahrten am 23. November 1837, die demonstrieren sollten, dass die in der Privilegiumsurkunde festgeschriebene Auflage – innerhalb von zwei Jahren wenigstens eine österreichische Meile (7,586 km) Bahn zu errichten – bereits erfüllt war, wurden drei Termine festgelegt: Abfahrt in Floridsdorf um 10, 12 und 14 Uhr. Franz Carl Weidmann, dem Berichterstatter für die *Wiener allgemeine Theaterzeitung,* blieb es überlassen, der Nachwelt in seiner „Reportage" einen authentischen Eindruck von diesem historischen Ereignis zu geben: „Als ich vor 10 Uhr Floridsdorf betrat und den Seitenweg nach der Eisenbahn einschlug, zeigte sich mir ein ebenso grandioses als reichbewegtes Bild. Eine Wagenburg von zahllosen Equipagen war auf dem geräumigen Platze am Damme aufgefahren. Tausende von Zuschauern bedeckten den Damm, den Abfahrtsplatz und die Bahnstrecke, soweit das Auge reichte. Schon wirbelte hoch auf der Rauch aus der Maschine und die Kolonne setzte sich eben in Bewegung, als ich den Damm betrat. Die schöne Lokomotive ‚Austria' aus der Kunstwerkstätte Stephensons in New-Castle führte die acht Wagen im raschen Fluge dahin auf der Bahn. Das Dahingleiten des Zuges auf der schönen weiten Bahn gewährte einen imposanten Anblick. Jubelgeschrei erscholl ihm von allen Seiten ... Die am fernen Horizont aufsteigende Dampfsäule verkündete später die Rückkehr der Kolonne. Sie kam näher. Schon unterschied man den Wagenzug, lauter und lauter ertönte das Gebrause und Gerassel der arbeitenden Maschine, und endlich flog der imposante Zug mit Sturmeseile an mir vorüber. Ein herrliches, imposantes Schauspiel. Ich folgte der Kolonne und nahm nun zur zweiten Fahrt selbst meinen Platz ein. Jeder dieser Wagen besteht aus drei Abteilungen zu je sechs Personen. Der Bau dieser Wagen und ihre innere Einrichtung lässt nichts zu wünschen übrig; Eleganz und Bequemlichkeit ist auf die ansprechendste Weise in diesen Wagen vereinigt. Die Bewegung selbst ist für den Fahrenden von der angenehmsten Art. In den bequemen Sitzen ruhend, ohne die geringste Erschütterung, so dass man während der Fahrt bequem lesen kann, gewahrt man die außerordentliche Schnelligkeit nur an dem magischen Vorübergleiten der an der Bahn stehenden Zuschauer, welche wie in einer Laterna magica erscheinen und verschwinden."

Es ist das faszinierende Erlebnis der Geschwindigkeit, das auch diesen enthusiastischen Augenzeugenbericht bestimmt, tief beeindruckt genießt man erstmals die ungeheure Präzision der Fortbewegung, den bisher unbekannten Komfort eines ruhigen, gleichmäßigen Dahingleitens. Für heutige Begriffe wäre die Reisegeschwindigkeit von damals kaum mit dem Etikett „Sturmeseile" zu belegen – die „Austria" hatte bei ersten Versuchsfahrten am 13. und 14. November 1837 mit zwei Wagen eine bescheidene Durchschnittsgeschwindigkeit von 37,4 km/h erreicht, mit acht Wagen Belastung im Personenverkehr sank diese bei einer Fahrzeit von 24 Minuten auf 33 km/h!

Oben: Das „Dahingleiten des Zuges auf der schönen weiten Bahn gewährte einen imposanten Anblick": die erste Fahrt über die neue Donaubrücke. Lithografie von Tobias Dionys Raulino, 1837.

Nachdem die Holzbrücken über die Donau und das Kaiserwasser fertig gestellt waren, konnte am 6. Jänner 1838 die feierliche Eröffnung der ersten Dampfeisenbahn Österreichs stattfinden. Die Abfahrt des Zugs erfolgte vom ersten Nordbahnhof in der Nähe des heutigen Pratersterns, die 1A-Lokomotive namens „Moravia" schleppte zehn Wagen mit 218 Reisenden in Richtung Deutsch-Wagram, am Zugschluss hatte man zur Sicherheit noch die 1B-Lokomotive „Hercules" bereitgestellt – auch zu diesem Spektakel erschien zahlreiches Publikum, für die „Lustfahrt" musste bereits bezahlt werden: Ein Sitzplatz Wien–Wagram in der 1. Klasse kostete 50 Kreuzer, in der 2. Klasse 30 und in der 3. Klasse 15 Kreuzer – die „blauen Fleck und der Ruaß san gratis", konstatierte dazu boshaft der bekannte Komiker Wenzel Scholz. Mit Eröffnung der Strecke Wien–Brünn wurde bei Güterzügen mit Personenbeförderung auch die 4. Klasse, der sogenannte „Stehwagen", geführt. Der Fahrpreis für die 20 Meilen nach Brünn im offenen Stehwagen betrug 2 Gulden; in der 1. Klasse zahlte man 6, in der 2. Klasse 4 und in der 3. Klasse 3 Gulden.

Apropos Tarife: Wer in diesen vormärzlichen Tagen Lust bekam, mit der Nordbahn von Wien nach Brünn einen „Eisenbahnausflug" zu unternehmen, konnte sich allerdings nicht einfach am Nordbahnhof zur Kassa begeben und einen Fahrschein lösen, sondern musste folgenden „Amtsweg" einhalten: Zunächst waren zwei Pässe zu besorgen: der „Linienpass" für das Passieren

Rechts:
Die pompöse Eröffnung des Streckenabschnitts Wagram–Brünn für den Personenverkehr am 7. Juli 1839: Ankunft der „Dampfwagenzüge“ am Bahnhof in Brünn. Kolorierte Lithografie von Leopold Müller, 1839. Vier Zugsgarnituren beförderten zusammen 1.200 Fahrgäste in die mährische Hauptstadt. Die Eröffnung der Strecke für den Güterverkehr erfolgte am 2. März 1840.

Ged. bei M. B. Toma in Wien.

Nach der Natur gez. u. Lith. v. Leop. Müller

des städtischen Rayons und ein „normaler" Pass als Reiselegitimation. Hatte man die beiden Dokumente, konnte man zur Polizei gehen und hier eine Bestätigung darüber einholen, dass von Seiten der Behörden kein Einspruch gegen die geplante Reise vorliegt. Ausgestattet mit diesem Papier und den Pässen konnte man endlich die Fahrkarte nach Brünn lösen: einen Tag vor der Abreise im Stadtbüro der Nordbahn im Bellegardehof in der Wollzeile, Ecke Rotenturmstraße; der Kauf eines Billets am Tag der Abreise wurde nur in Ausnahmefällen bewilligt. Damit war jedoch das tiefe Misstrauen des Metternich'schen Staates gegen seine Bahnreisenden noch immer nicht besänftigt: Seine Polizeiorgane kontrollierten in den Waggons noch einmal die Reisedokumente sowie das Gepäck, das mit einer gesiegelten Adresse des „Aufgebers" versehen sein musste. Hatte man das Pech, sich nicht zu den Untertanen Ihrer Apostolischen Majestät zählen zu dürfen, waren die Gepäck- und Zollkontrollen entsprechend rigider – eine Praxis, die darauf schließen lässt, wie sehr man in der Administrierung des Eisenbahnverkehrs noch den Handlungsmustern der Postkutschenzeit verhaftet war. Erst nach einigen Jahren erkannte man, dass der neuen Mobilität der bürgerlichen Gesellschaft und ihrem geliebten „Dampfross" anders entgegenzutreten war: offen, fördernd, den Reiseablauf selbst so wenig wie möglich störend. Mit dem Beitritt Österreichs zur „Passkarten Convention" von 1860 gehörte der „Linienpass" endgültig der Vergangenheit an, mit einem Pass konnte man nun ungehindert durch die ganze Monarchie reisen.

Von jener „Freiheit", die Nikolaus Lenau 1838 besungen hatte, von der „Bahn des Heils" konnte zu Beginn der Vierzigerjahre des 19. Jahrhunderts allerdings keine Rede sein – und dennoch: Mit jedem Kilometer Schiene, der in den Norden und den Süden, in den Osten und den Westen des Habsburgerreichs verlegt wurde, wurde der „Untertan" mehr zum „Bürger": einem Menschen, der frei und ungehindert an den Errungenschaften der neuen Zeit partizipieren wollte, der sich vom engstirnigen Hinterwäldler zum Kosmopoliten wandelte und zunehmend politisches Bewusstsein entwickelte.

Inzwischen kämpfte die Direktion der Kaiser Ferdinands-Nordbahn gegen alle nur möglichen Widrigkeiten an: Aufgrund des strengen Winters anno 1838 musste die Linie bald gesperrt werden; im April 1838 begannen dann regelmäßige Fahrten zur Schulung des Personals, ehe der reguläre Personenverkehr wieder aufgenommen wurde. Der Ausbau der nächsten Streckenabschnitte schritt jedoch rasch voran: Am 7. Juli 1839 konnte die wichtige Verbindung Wien–Brünn *(Brno)* freigegeben werden, die zweigleisige Trasse führte allerdings nur bis Gänserndorf. Die pompöse Eröffnungsfahrt in die mährische Hauptstadt wurde von vier Zugsgarnituren mit 36 Wagen, die zusammen 1.200 Fahrgäste beförderten, bestritten, wobei das 20 österreichische Meilen (144 km) entfernte Brünn in stolzen viereinhalb Stunden erreicht wurde (Durchschnittsgeschwindigkeit 36 km/h). Kurios ist: Auf der Rück-

„Grobe Unordnungen" auf dem Stationsplatze der Eisenbahn zu Wagram

Eine mehrstündige Verspätung des Abendzugs nach Wien versetzte im Sommer 1839 die auf dem Bahnhof (Deutsch-)Wagram wartenden Fahrgäste derart in Wut, dass es zu schweren Krawallen kam. Aus einem Schreiben des Kreisamts Korneuburg an die Herrschaft Schönkirchen vom 5. Juli dieses Jahrs erfahren wir über die unerfreulichen Vorkommnisse:

Die k. k. Polizeidirektion hat der h. Landesstelle angezeigt, dass in der Nacht vom 30. Juni auf den 1. Juli auf dem Stationsplatze der Eisenbahn zu Wagram grobe Unordnungen stattgefunden haben, welche dadurch herbeigeführt wurden, dass bei 30 Personen, welche ihre Billets zur Rückfahrt in Wien gelöst hatten, zur Zeit, welche zur Rückfahrt bestimmt war, nämlich um 1/2 auf 8 Uhr nicht abgeholt, und die Rückfahrt erst um 12 Uhr in der Nacht angetreten worden ist, wodurch das größtenteils vom Weine erhitzte Publikum so erbittert ward, dass bei 60 Fenstertafeln eingeschlagen, Fensterrahmen aus ihren Angeln gerissen, und Türen eingesprengt, die Oliven von den Türen abgesprengt, zwei Fässer Öl hinausgetragen und zertrümmert und der Ofen im Zimmer umgestürzt, endlich gedroht worden sei, das Gebäude in Brand zu stecken.

Es lässt sich zwar nicht verkennen, dass die hier eingetretene Verspätung die Veranlassung zu diesem unangenehmen Ereignisse gegeben habe, und daher die Direktion der k. k. Ferdinands-Nordbahn nicht außer Schuld sei, wogegen die geeigneten Maßregeln für die Zukunft getroffen werden …

fahrt nach Wien kam es im Bahnhof Branowitz *(Vranovice)*, 26 km südlich von Brünn, prompt zu einem ersten Eisenbahnunglück, als einer der englischen Lokomotivführer, ein Mister John Williams aus Newcastle, der seine Maschine stilvoll in Frack und Zylinder sowie mit weißen Handschuhen (!) dirigierte, zu wenig Vorsicht walten ließ und auf den vor ihm stehenden Zug auffuhr, wobei zwei Wagen völlig zertrümmert wurden. Neben zahlreichen Verletzten waren auch acht Schwerverletzte zu beklagen – ein folgenschweres Unglück, das dem Ansehen der Eisenbahn eminent schadete und von ihren Gegnern weidlich ausgeschlachtet wurde. Noch weiter sank das Ansehen des etwas lahmenden „Schienenhufers" allerdings, als es am 30. Oktober 1839 zu einer wahren Horrorfahrt des planmäßigen Personenzugs von Brünn nach Wien kam: Der aus elf Personenwagen und fünf „Bagagewagen" bestehen-

Oben: Ein prachtvolles Werk Carl Ritter von Ghegas: der 637 m lange Viadukt bei Brünn, im Hintergrund links der Spielberg, das berüchtigte Staatsgefängnis der Monarchie. Aquarell von Eduard Gurk, 1839.

de Zug war zu schwer für die vorgesehene Lokomotive „Concordia", die bereits im Bahnhof Brünn durch Anschieben (!) in Bewegung gesetzt werden musste. Als in Lundenburg die Lokomotive gewechselt wurde, erwies sich auch diese als zu schwach – es folgte für die Fahrgäste ein Alptraum von neuerlichen Lokomotivwechseln und Wartezeiten, der schließlich in den Donauauen in einem Auffahrunfall mit zwei Schwerverletzten gipfelte: Wien wurde nach 19 Stunden erreicht; der schadenfrohe Wiener Volksmund prägte das Wort von der „Kaiser Ferdinands-Mordbahn" und Franz Grillparzer, ein notorischer Eisenbahnfeind, sah sich zu einem boshaft-makabren Kommentar die Kaiser Ferdinands-Nordbahn betreffend, animiert: „Zur größeren Bequemlichkeit des Publikums werden auf jeder Anhaltestation der Kaiser Ferdinands-Nordbahn zwei Chirurgen und ein Geistlicher mit dem Viatikum (der letzten Kommunion für Sterbende – Anm. J.S.) fortwährend bereit sein. Die Freiherren von Rothschild und von Sina haben über die Güte der beidseitigen Lokomotive eine Wette eingegangen, zu deren Entscheidung nächsten Sonntag zu derselben Stunde zwei Wagenzüge, der eine von Wien in Richtung nach Brünn, der zweite von Brünn in der Richtung nach Wien abgehen wird. Bei ihrem Zusammentreffen wird sich aus der Zahl der gebrochenen Wagen sowie der jeseitigen Toten und Verwundeten die streitige Kraft der Maschinen am augenfälligsten beurteilen lassen.

Ein schon einmal aus dem Wasser gezogener Selbstmörder soll aus Lebensüberdruß gesonnen sein, die Fahrt auf der Kaiser Ferdinands-Nordbahn mitzumachen. Die für seine Erhaltung besorgte Familie ersucht eine hohe Direktion, ihm gefälligst die Aufnahme zu verweigern.
Aus Billigkeitsgründen wird künftig auf der Eisenbahn das Passagiergeld nicht bei der Abfahrt, sondern bei der Ankunft bezahlt. Auf diese Art bleiben die Toten ganz frei. Die Verwundeten zahlen nur noch nach Verhältnis der übriggebliebenen Gliedmaßen.
Der für Vervollkommnung ihrer Anstalt unablässig bemühten Direktion der Kaiser Ferdinands-Nordbahn ist es endlich gelungen, als technischen Leiter den berühmten englischen Maschinenführer zu gewinnen, der bei der Eröffnung der Birminghamer Eisenbahn den damaligen Handelsminister niedergeführt hat.“ Die Häme Grillparzers konnte allerdings nichts daran ändern, dass die Pannen der Frühzeit bald vergessen waren und die Zahl der beförderten Fahrgäste kontinuierlich stieg: Waren vom 1. Mai bis zum 31. Oktober 1838 angeblich 176.000 Personen auf der Nordbahn unterwegs, so stieg diese Zahl im gleichen Zeitraum 1839 auf beachtliche 205.743 Fahrgäste, vom 1. November 1839 bis zum 31. Oktober 1840 waren es 228.368 (Quelle: Dultinger 1987) – angeblich pilgerten ganze Hausgemeinschaften und Stammtischrunden zum Bellegardehof, um in gemeinsamer Aktion die begehrten Fahrkarten zu „erobern“.
Die Kosten für den Bahnbau explodierten allerdings auch im Bereich der Kaiser Ferdinands-Nordbahn – zum einen durch den notwendigen Umstieg vom billigen amerikanischen Flachschienenoberbau auf den belgischen Stuhlschienenoberbau, zum anderen durch den zweigleisigen Ausbau einzelner Streckenabschnitte und erhebliche Mehrkosten für das rollende Material. So war an eine termingerechte Fertigstellung der Linie bis Bochnia nicht zu denken, und wieder war es Salomon von Rothschild, der durch persönliches Engagement die Situation rettete: Er erklärte sich bereit, vier Millionen Gulden für den Weiterbau von Leipnik *(Lipník)* nach Oderberg *(Bohumín)* vorzuschießen – damit konnte die Lücke zum preußischen Eisenbahnnetz geschlossen werden –, verlangte im Gegenzug dazu allerdings die Verlängerung des Privilegiums um weitere 10 Jahre, was Kaiser Ferdinand am 5. März 1844 schließlich auch genehmigte. Die Strecke Leipnik–Oderberg konnte am 1. Mai 1847 eröffnet werden. Das Engagement Rothschilds macht sich schließlich bezahlt: Stehen die Aktien der Bahn noch 1842 unter pari, so steigt ihr Kurswert 1845 auf 228 Gulden.
Das Revolutionsjahr 1848 wurde für die Direktion der Kaiser Ferdinands-Nordbahn zur Bewährungsprobe – zum ersten Mal zeigte sich die militärisch-strategische Bedeutung von Bahnlinien in hellstem Licht: Am 6. Oktober zerstörten die revolutionären Wiener die hölzernen Donaubrücken, um den Abtransport des beliebten Grenadierregiments Richter nach Ungarn zu

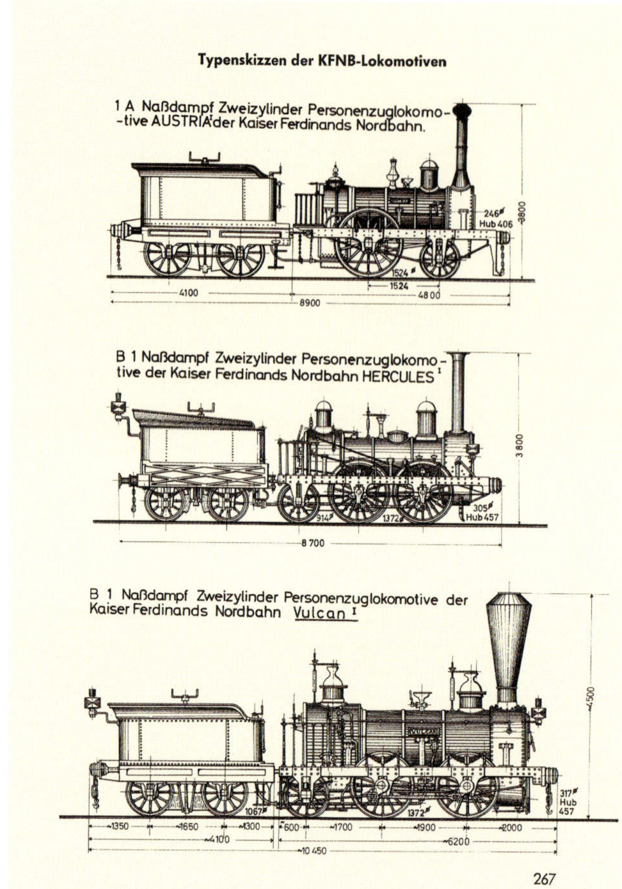

Oben: KFNB-Lokomotive „Koloss“, gebaut 1844 bei Günther.
Mitte: KFNB-Lokomotive „Ganymed“, gebaut 1846 bei Günther.
Unten: Die Nordbahnlokomotive „Oświęcim“ (V d 466, kkStB 51.76), gebaut 1884 in der Lokomotivfabrik der Österreichisch-ungarischen Staatseisenbahngesellschaft *(StEG)*, war als eine der ersten Lokomotiven mit Luftsaugbremse ausgestattet.
Oben rechts: Die Anfänge im Lokomotivbau: Typenskizzen der ersten KFNB-Lokomotiven (Johannes Novotny, Wien).
Rechts: Die 1870 gebaute Güterzugslokomotive „Aspern“ (V c 2 354/kkStB 149.66) beim Wasserfassen.

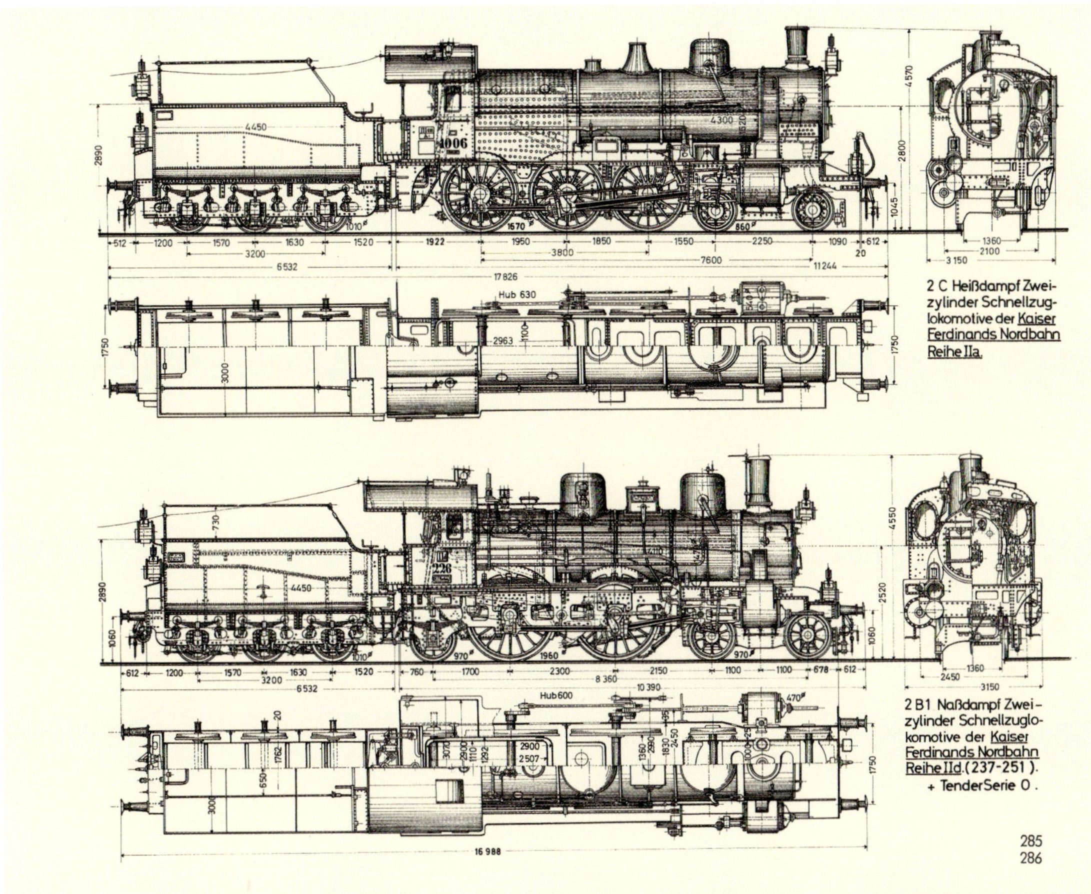

Oben: Fortgeschrittene Technik: Typenskizzen von KFNB-Schnellzuglokomotiven der Baureihen II a und II d (Johannes Novotny, Wien).
Rechts: Berühmte Gölsdorf-Konstruktion: 1C2-h4v-Heißdampf-Schnellzuglokomotive der Baureihe 310 am Wiener Westbahnhof.

Nächste Doppelseite:
Der große Plan von 1836: Karte mit der projektierten Dampfeisenbahnlinie von Wien nach Bochnia und allen Seitenstrecken. Auch die Pferdeeisenbahn Budweis–Gmunden ist eingezeichnet.

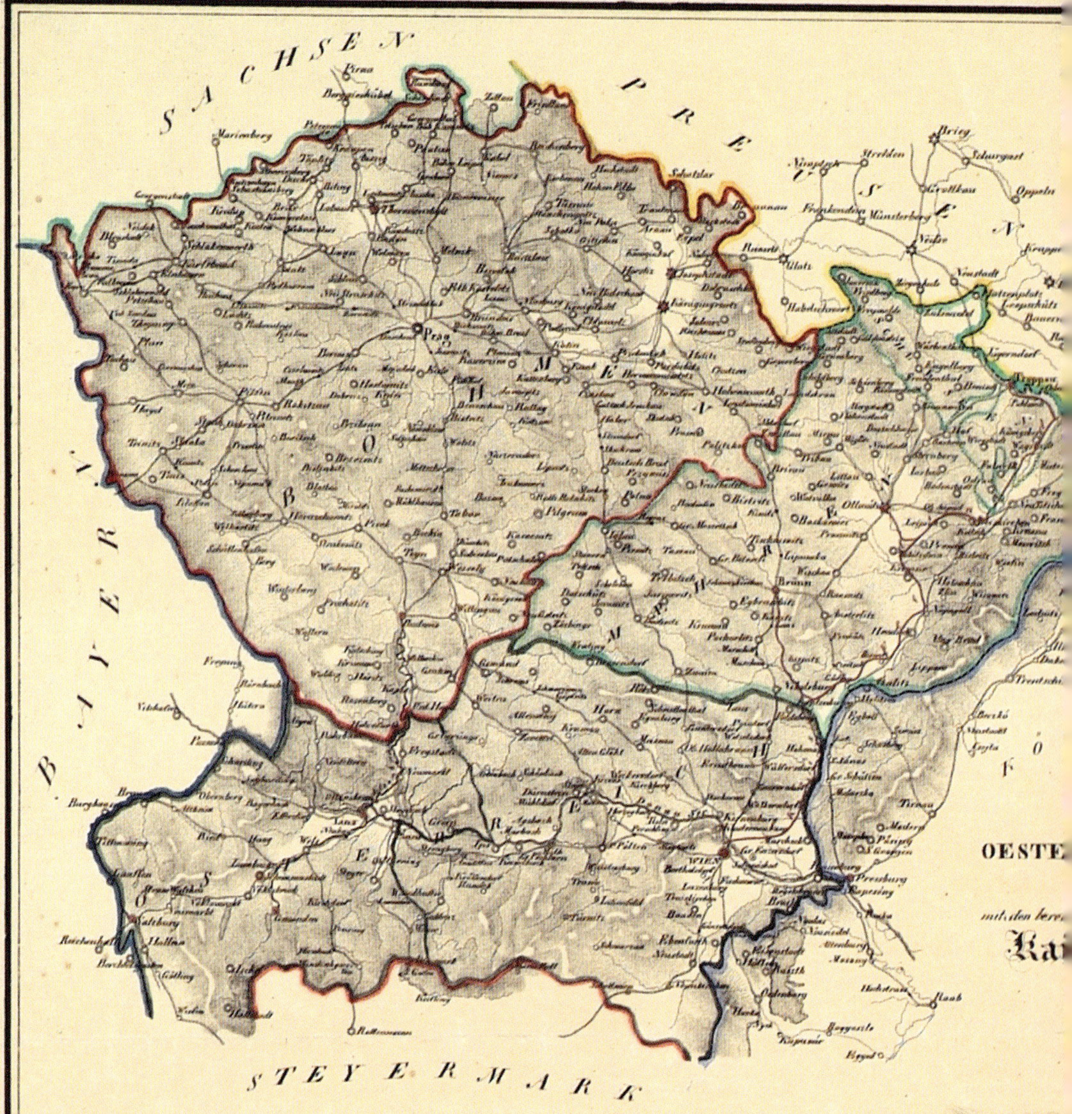

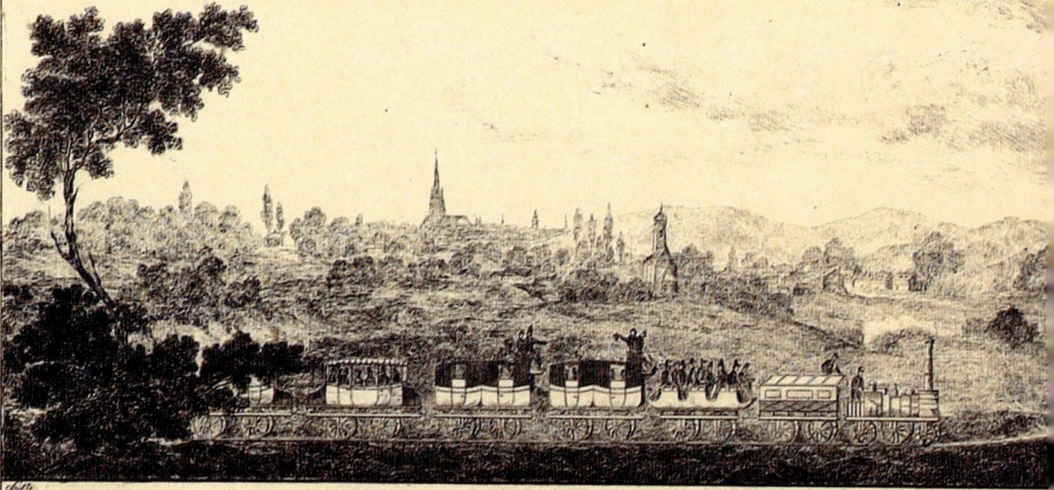

Die Eisenbahn, zwischen

Der durch die erste k.k. privil. Actien-Gesellschaft, im Jahre 1825 begonnene Bau dieser Bahn, erstrekte sich gegen 7 Jahre, und erforderte zu seiner
eröffnet, und bald darauf, ausser den Wintermonaten, auch von Reisenden befahren. Gewöhnlich wird die Reise auf derselben von Linz bis B
von circa 30ft. nur 2 fl. Conv. M. beträgt. Einfach und mit Ausweichungsplätzen versehen, besteht sie aus hölzernen Geleisen, welche mit geschmiedeten
10 Z. ziehenden Pferdes. Die Länge der ganzen Bahn beträgt 67940 W. Klf. beiläufig 17 deutsche Meilen, und durchschneidet öfters die 1½ Meile

Die Eisenbahn zwisc

Durch die k.k. priv. Actien-Gesellschaft der Budweis-Linzer Eisenbahn, wurde im Jahre 1834 der Bau dieser 35820 W. Klf. oder beinahe 9 Meilen langen Ba
bäude und Wägen begriffen sind, im Anfange des Jahres 1836 vollendet. Die Bahn, welche einfach und auf ein Siebentel ihrer Länge, mit Au
manns-Gütern, Getreide und Personen, gefördert durch Pferde Kraft. Die für die Personen-Fahrt bemessene Zeit von einer Stunde, mit Inbegr
im offenen (Omnibus) hingegen nur 5 u. C. M.

Ka

projectirt und unternommen, mit allerhöchsten vorläufig auf 50 Jahre lautenden Privilegium Sr. Majestät des Kaisers von Oesterreich dd. 4.
von Wien nach Bochnia eine Länge von circa 60 deutsche Meilen, hiezu jene der Seitenbahnen nach Brünn mit 8, Ollmütz mit 2¼, Troppau 3½
ner Auflage von starken eisernen Flachschienen, und nur da wo es die Umstände erfordern, mit Rails auf Steinwürfeln, oder querliegenden Pols
te zum Gegenstande haben. Bei der ausserordentlichen Schnelligkeit des Transports, welcher bekanntlich die überdies noch weniger kostspiel
Grunde nicht nur im Voraus annehmen, dass der Fuhr und Frachtlohn, gegen jenen auf Chausséen, um sehr vieles geringer zu stehen komm
bis 100 Personen fassen, nach sich zieht, die deutsche Meile gewöhnlich in 7 bis 8 Minuten zurücklegt. Daher wenn man circa 15 Min

s und Linz, zur Verbindung der Donau mit der Moldau

von Budweis bis Linz, 965 Canäle und Brücken, der Kostenaufwand betrug circa bei 1¾ Milion Gulden Conv. M. – Diese Bahn, wurde mit Anfang August 1832 zum Salz und Güter Transport
einem Tage gemacht, und umgekehrt, sehr bequem auch in einem Tage wieder zurück gelegt, für welch nicht unbedeutende Strecke, die Gebühr für eine Person, mit Inbegriff des Reisegepäcks
nagelt sind. – Die für ein Pferd im Durchschnitt der ganzen Bahnstrecke bemessene Ladung, beläuft sich auf 70 W. Z.r – mithin die siebenfache Last, gegen ein auf der Chaussée höchstens
haussée in ungleichen Entfernungen und unter verschiedenen Winkeln.

z und Gmunden, als Fortsetzung der Ersteren

en, und mit einem Capitals-Aufwande von 650,000 f. C.M. worunter auch die Kosten für die zum Orte Zitzlau, an der Donau führende ⅓ Meile langer Seitenbahn, so wie der sämmtlichen Ge
gsplätzen versehen ist, hat durchaus die Construction der Ersteren, nämlich: hölzerne Unterlagen, mit geschmiedeten Schienen benagelt. Der Transport, bestehet grösstentheils in Salz, Kauf
tionen-Aufenthaltes, wird sehr selten erfordert, und meistens in circa 50 Minuten zurück gelegt. – Für einen Platz, in geschlossenen äusserst bequemen Wagen, bezahlt die Person pr. Meile 7½ x.

Ferdinands' Nord-Bahn

6 im Vereine einer Actien Gesellschaft, durch das Wiener Wechselhaus S. M. Freyherr von Rothschild, zur schnellern Verbindung, der Haupt und Residenz-Stadt mit Galizien, hat in der Richtung
Dwory 34. Wieliczka ½ und Niepolomice ¼ Meile, in Summa Sechs bis 77 Meilen. Selbe wird einfach, mit den nöthigen Ausweichplätzen versehen, auf gut construirten Holzbau, mit ei
angelegt. Der Transport auf dieser Bahn, wird durch Dampfkraft bewerkstelligt, und sowohl Menschen und Thiere, als die im Handelsverkehr, vorkommenden Kunst und Natur-Produc
kraft im Vergleiche zur Pferdekraft möglich macht, und aus dem Erfolge der im Auslande bereits in Anwendung befindlichen Eisenbahnen derselben Art zu schliessen, kann man mit
dern auch zugleich ungemein viel an Zeit gewonnen werden wird, in dem ein Dampfwagen, wie jener z. B. auf der Bahn zwischen Nürnberg u. Fürth, 9 Wagen, welche zusammen 80 –
ne Meile, selbst mit Inbegriff des Aufenthaltes rechnet, zur Reise nach Brünn nur 5. 6 nach Ollmütz 7. 8 Troppau 10. 11 Bielitz 11. 12 Dwory 12. 13 Wieliczka 14. 15 Niepolomice 15 u. bis Bochnia 15. 16 Stunden erforderlich und

n Verfassers, Leopoldstadt № 290.

Oben: Ab 1856 existierte die direkte Verbindung Wien–Krakau: der Hauptbahnhof der westgalizischen Metropole, um 1900.

verhindern; im Gegenzug nützte Fürst Windisch-Graetz die Bahnlinie zum Transport seiner Truppen von Prag nach Floridsdorf, die von hier aus zur Einschließung Wiens ansetzten.

Die Donaubrücken wurden 1849 wieder in Stand gesetzt; die geplante Verlängerung der Linie nach Galizien gestaltete sich indes als schwierig: Rothschild sprach sich aus wirtschaftlichen Gründen – man fürchtete die Konkurrenz durch eine preußische Linie in Oberschlesien – gegen einen Weiterbau aus; nach längerem Streit mit der Staatsverwaltung einigte man sich schließlich auf folgende Lösung: Die KFNB errichtete die Verlängerung von Oderberg *(Bohumín)* nach Auschwitz *(Oświęcim)*, die Fortsetzung nach Krakau wurde dagegen vom Staat finanziert – ein Kompromiss, der 1853 in einer schriftlichen Änderung des Privilegiums von 1836 fixiert wurde. Die letzten „Lücken" konnten nun rasch geschlossen werden: Der Streckenabschnitt Oderberg–Auschwitz wurde am 1. März 1856 dem Verkehr übergeben; 1858 erwarb die KFNB für achteinhalb Millionen Gulden vom Staat die restlichen Bahnkilometer nach Krakau. 22 Jahre nach der Erteilung des Privilegiums waren die darin definierten Ziele endlich erreicht – zu diesem Zeitpunkt waren Franz Xaver Riepl und Salomon Freiherr von Rothschild, die beiden Väter der KFNB, allerdings bereits tot. Die Kaiser Ferdinands-Nordbahn wurde – nach heftigen Debatten um eine Konzessionserneuerung, die mit 1. Jänner 1886 erfolgte – konsequent weiter ausgebaut: Bis 1888 errichtete man 433,588 km Hauptbahn, im Jahre 1900 betrug die Länge des gesamten Netzes der ältesten Dampfeisenbahn Österreichs 1.305,171 km. Nicht vergessen werden darf aber auch, dass es diese Strecke war, auf der gut ein Jahrhundert nach den ersten umjubelten Versuchen die Züge nach Auschwitz, Bełzec und Sobibór rollten. Aus den „Lustfahrten" von einst wurden Fahrten in den Tod, aus den Vergnügungszügen schwer bewachte, plombierte Todeszüge.

Johann Nestroy reist von Frankfurt an der Oder nach Wien

Auf dem Rückweg von einem Gastspielaufenthalt in Berlin im August 1844 schob Johann Nestroy noch eine Vorstellung in Frankfurt an der Oder ein. In einem Brief an seine Lebensgefährtin und „treue Freundin" Marie Weiler (1809–1864) – von ihm konsequent als „Gattin" apostrophiert – skizziert er für seine wartende Freundin die Reiseroute, die in ihrem letzten Abschnitt Olmütz–Wien auch die Kaiser Ferdinands-Nordbahn einband. Die in diesen Pioniertagen der Bahn noch notwendigen Wechsel von der Postkutsche zur Eisenbahn und umgekehrt sorgten dabei für gewaltigen Reisestress:

Nun, mein geliebtes Weib, habe ich Dir nichts mehr zu schreiben, als dass ich mit unaussprechlicher Sehnsucht die Stunden zähle, bis ich wieder zu Dir komme, Dich in meine Arme schließen werde. (...) Der Rükweg (sic!) führt mich durch, ich reise Mittwoch um 7 Uhr früh hier ab, komme um 10 Uhr mit Eisenbahn nach Frankfurt, habe um 11 Uhr Probe, um 1/2 7 Uhr Abends Vorstellung, bis 9 Uhr, um 10 Uhr auf die Nacht geht gleich der Eilwagen nach Breßlau weiter. Donnerstag auf die Nacht um 11 Uhr komme ich nach Breßlau, Freytag früh geht dann die Eisenbahn nach Oppeln; ist dort die Postverbindung hergestellt, wie ich höre, so fahre ich p(e)r Eilwagen nach Ollmütz, wo nicht, so nehme ich von Oppeln nach Ollmütz Extrapost, erreiche in der Nacht vom Freytag auf Samstag Ollmütz und fahre 5 Uhr früh am Samstag p(e)r Eisenbahn nach Wien, wo ich um 2 Uhr Nachmittag ankomme. (...) Dieser Brief ist der letzte, Du erhältst ihn an dem Tage, wo ich auf der Rückreise begriffen in Frankfurt spiele. Nun lebe wohl, mein innigstgeliebtes theures Weib, auf baldiges frohes Wiedersehen küsst Dich und die Kinder Tausendmahl Dein Gatte J. Nestroy

RAGUSA
K·K·ÖSTERREICHISCHE STAATSBAHNEN
RAGUSA
schönster Punkt der dalmatinischen Küste
Mildes Klima. Südliche Vegetation. Hauptsaison Frühjahr und Herbst
RUNDREISEVERKEHR
mittelst Eisenbahn (über Wien—Agram—Sarajevo) und Eildampfer (Ragusa—Triest 23 Stdn., Ragusa—Pola 19 Stdn.)
AUSFLÜGE VON RAGUSA:
Insel Lacroma — Ombiaquelle — Felsfjord der Bocche di Cattaro — Spalato mit dem berühmten Diocletianpalast — Traù bei Spalato mit alten Prachtbauten — Kerkafälle bei Sebenico.
ORIGINALLITHOGRAPHIE GUST JAHN
AUS DER K·K·HOF-UND STAATSDRUCKEREI IN WIEN

Der Schienenweg nach dem Süden

Mit dem Bau der Kaiser Ferdinands-Nordbahn war ein erster Teil der großen Riepl'schen Vision verwirklicht worden – noch fehlte aber die wichtige Verbindung in den Süden. Über die herausragende Bedeutung einer solchen war man sich einig: Durch die Anbindung Triests an ein leistungsstarkes Eisenbahnnetz würde der aufstrebende Adriahafen, seit 1836 Sitz des Österreichisch-Ungarischen Lloyds, weiter enorm an Bedeutung für den Handel mit dem zentraleuropäischen Raum gewinnen, gleichzeitig mussten sich entsprechende Vorteile für die innerösterreichischen Industrie- und Handelsunternehmen ergeben, ganz abzusehen von den Konsequenzen für den individuellen Reise- und Ausflugsverkehr. Ihren einflussreichsten Proponenten fand Riepls Idee nun in einem Mann, der durch seine unermüdlich vorangetriebenen Reformen, durch mutige Ideen und Innovationen zum wohl bedeutendsten Kopf des biedermeierlichen Österreich geworden war: in Erzherzog Johann. Bereits 1825 hatte dieser im Vergleich zu seinem kaiserlichen Bruder Franz I. ungemein agile Geist in einem aufsehenerregenden Brief an den Hofkanzler Franz Josef Graf Saurau seine Vorstellungen von einer Nord-Süd-Eisenbahnverbindung entwickelt: Ausgehend von der Pferdeeisenbahntrasse Budweis–Mauthausen sollte die Linie über Enns, Steyr, Altenmarkt, Reifling, Hieflau, Eisenerz, Vordernberg, Leoben, Bruck, Graz, Ehrenhausen, Marburg, Cilli und Laibach nach Triest verlängert werden. Die Konzeption Riepls fünf Jahre später sah dagegen eine Trasse von Wien über Bruck an der Leitha, Pettau, Cilli und Laibach nach Triest vor – für den energischen habsburgischen Wirtschaftsfachmann ein gefährlicher, nicht akzeptabler Plan, der die Umfahrung der Steiermark und damit schwere wirtschaftliche Einbußen für seine „grüne Mark" zur Folge gehabt hätte; es begann ein heftiger Diskurs über eine mögliche „Überschienung" des Semmering, über Risken und Schwierigkeiten einer solchen Unternehmung. Mit aufwendigen Trassenstudien unter seiner persönlichen Leitung versuchte Erzherzog Johann die Gegner der Semmering-Variante von deren Machbarkeit bzw. Sinnhaftigkeit zu überzeugen; ein persönlicher Vortrag vor den Mitgliedern des Innerösterreichischen Industrievereines in Wien 1839 tat zwar seine Wirkung – noch fehlte allerdings das Geld für die gewaltigen Investitionen, die eine Realisierung des Südbahn-Projekts erforderte. Wieder war es ein privater Kapitalgeber, dem es schließlich gelang, die ersten entscheidenden Schritte zu tun: Georg Simon Freiherr von Sina (1783–1856), Angehöriger und Förderer der griechisch-orthodoxen Wiener Gemeinde, Chef des größten Bankhauses in Ungarn, Großgrundbesitzer und Inhaber des ungarischen Tabak- und Brückenmonopols, war bestrebt, sich bereits in den Anfängen der neuen Verkehrstechnologie einen entsprechenden Marktanteil zu sichern, und hatte mit dem 15. März bzw. 3. August 1836 – nur knapp nach dem Nordbahn-Privilegium für seinen Konkurrenten Rothschild – das Privilegium zum Bau einer Bahnlinie von Kaiser Ferdinand

Links: Großgrundbesitzer, Bankier und Finanzier der Südbahn: Georg Simon Freiherr von Sina versuchte mit dem Eisenbahnbau sein Wirtschaftsimperium weiter aufzurüsten.

Rechts: Die „Brüder-Bahnhöfe" der Wien-Gloggnitzer und Wien-Raaber Bahn mit dem Verwaltungsgebäude der Eisenbahngesellschaft am Wiedner Glacis. Lithografie nach einer Zeichnung von Nicolas Joseph Chapuy.

Vorherige Doppelseite: Konnte sich als Konkurrenz für die Südbahndestination Abbazia nicht wirklich etablieren: Ragusa *(Dubrovnik)*. Plakat von Gustav Jahn, um 1910.

erhalten, allerdings nur eine „vorläufige Bewilligung zur Anlegung einer Eisenbahn von der Verzehrungssteuerlinie Wiens angefangen über Schwechat, Bruck, Gattendorf und Raab *(Györ)*, Gönyö und Pressburg, weiter von Wien über Wiener Neustadt nach Gloggnitz samt den Seitenlinien nach Mödling, Laxenburg und Helenental, endlich von Wiener Neustadt nach Ödenburg und Raab" – eine Destination, die gut gewählt war: Ungarisches Getreide und Schlachtvieh konnten vom Verladebahnhof Raab aus bequem nach Wien transportiert werden.

Sina, der die Anliegen des Hofs nur zu gut kannte, hatte sich schließlich auch bereit erklärt, die im Privilegium erwähnte „zweite" Linie von Wiener Neustadt nach Gloggnitz zu errichten und sie eventuell sogar bis nach Triest zu verlängern; die Seitenlinien nach Mödling, Laxenburg und ins romantische Helenental, das populäre Wander-Eldorado der unternehmungslustigen Wiener, sollten das Umland im Süden der Hauptstadt für den Ausflugsverkehr erschließen.

Im Vergleich zum Privilegium Rothschilds wies Sinas Südbahn-Konzession bereits einige gravierende Nachteile auf: Sie war nicht mehr exklusiv eingeräumt worden und der Staat behielt sich das Recht vor, die neue Bahnlinie „einzulösen" – also zu übernehmen, falls die Verbindung Wien–Triest einmal fertiggestellt sein würde. Trotz dieser Einschränkungen wurden die Aktien der von Sina für den Bahnbau gegründeten „K. k. priv. Wien-Raaber Eisenbahn-Gesellschaft" mit Begeisterung gekauft; von den insgesamt aufgelegten 25.000 Aktien zu je 500 Gulden gelangten nur 8.000 in den Verkauf, 17.000 Stück wurden von der Gesellschaft zu Spekulationszwecken zurückbehalten. Bereits Ende April 1839 begannen unter der Leitung Mathias Schönerers die Arbeiten der Bautrupps auf dem Streckenabschnitt Baden–Wiener Neustadt,

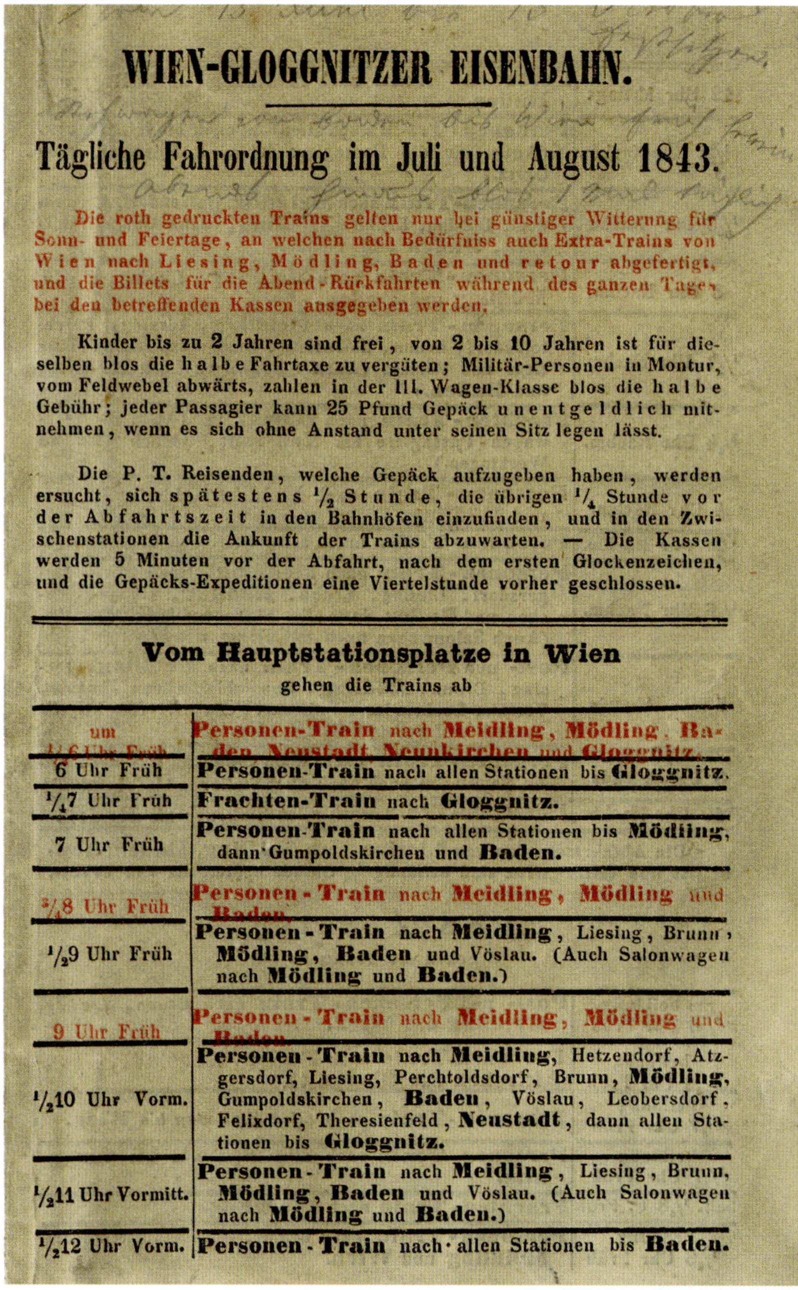

WIEN-GLOGGNITZER EISENBAHN.

Tägliche Fahrordnung im Juli und August 1843.

Die roth gedruckten Trains gelten nur bei günstiger Witterung für Sonn- und Feiertage, an welchen nach Bedürfniss auch Extra-Trains von Wien nach Liesing, Mödling, Baden und retour abgefertigt, und die Billets für die Abend-Rückfahrten während des ganzen Tages bei den betreffenden Kassen ausgegeben werden.

Kinder bis zu 2 Jahren sind frei, von 2 bis 10 Jahren ist für dieselben blos die halbe Fahrtaxe zu vergüten; Militär-Personen in Montur, vom Feldwebel abwärts, zahlen in der III. Wagen-Klasse blos die halbe Gebühr; jeder Passagier kann 25 Pfund Gepäck unentgeldlich mitnehmen, wenn es sich ohne Anstand unter seinen Sitz legen lässt.

Die P. T. Reisenden, welche Gepäck aufzugeben haben, werden ersucht, sich spätestens $^{1}/_{2}$ Stunde, die übrigen $^{1}/_{4}$ Stunde vor der Abfahrtszeit in den Bahnhöfen einzufinden, und in den Zwischenstationen die Ankunft der Trains abzuwarten. — Die Kassen werden 5 Minuten vor der Abfahrt, nach dem ersten Glockenzeichen, und die Gepäcks-Expeditionen eine Viertelstunde vorher geschlossen.

Vom Hauptstationsplatze in Wien

gehen die Trains ab

um $^{1}/_{2}$6 Uhr Früh	**Personen-Train** nach **Meidling**, **Mödling**, **Baden**, **Neustadt**, **Neunkirchen** und **Gloggnitz**.
6 Uhr Früh	**Personen-Train** nach allen Stationen bis **Gloggnitz**.
$^{1}/_{4}$7 Uhr Früh	**Frachten-Train** nach **Gloggnitz**.
7 Uhr Früh	**Personen-Train** nach allen Stationen bis **Mödling**, dann Gumpoldskirchen und **Baden**.
$^{3}/_{4}$8 Uhr Früh	**Personen-Train** nach **Meidling**, **Mödling** und **Baden**.
$^{1}/_{2}$9 Uhr Früh	**Personen-Train** nach **Meidling**, Liesing, Brunn, **Mödling**, **Baden** und Vöslau. (Auch Salonwagen nach **Mödling** und **Baden**.)
9 Uhr Früh	**Personen-Train** nach **Meidling**, **Mödling** und **Baden**.
$^{1}/_{2}$10 Uhr Vorm.	**Personen-Train** nach **Meidling**, Hetzendorf, Atzgersdorf, Liesing, Perchtoldsdorf, Brunn, **Mödling**, Gumpoldskirchen, **Baden**, Vöslau, Leobersdorf, Felixdorf, Theresienfeld, **Neustadt**, dann allen Stationen bis **Gloggnitz**.
$^{1}/_{2}$11 Uhr Vormitt.	**Personen-Train** nach **Meidling**, Liesing, Brunn, **Mödling**, **Baden** und Vöslau. (Auch Salonwagen nach **Mödling** und **Baden**.)
$^{1}/_{2}$12 Uhr Vorm.	**Personen-Train** nach allen Stationen bis **Baden**.

Links: Rot gedruckte *Trains* verkehren nur bei günstiger Witterung an Sonn- und Feiertagen: die „Tägliche Fahrordnung" der Wien-Gloggnitzer-Eisenbahn aus dem Sommer 1843. Gepäck, das sich nicht unter dem Sitz verstauen ließ, musste bereits eine halbe Stunde vor Abfahrt des Zuges aufgegeben werden.

im Sommer dieses Jahres auch im Abschnitt Wien–Baden. So wie im Norden schritten auch hier die Trassierungs- und Gleisarbeiten rasch voran: Am 19. Dezember 1840 konnte bereits die erste Teilstrecke, die Verbindung Wiener Neustadt–Kottingbrunn, eröffnet werden, am 16. Mai 1841 folgte die Inbetriebnahme des Abschnitts Kottingbrunn–Baden, und nur einen Monat später, am 20. Juni 1841, wurde die gesamte Strecke Wien–Wiener Neustadt

„zur Benützung für das Publicum“ freigegeben. Die Abfahrt in Wien erfolgte vom „Haupt-Stationsplatze“ am Wiedner Glacis nächst der „neuen Belvedere-Linie“ – knapp neben diesem Gebäude ließ Sina den Kopfbahnhof für die „Brucker Linie“ errichten; als „Ostbahnhof“ und „Südbahnhof“ standen beide Bauten bis nach dem Zweiten Weltkrieg in Verwendung.
Der Andrang zu den zehn Sonderzügen am Eröffnungstag, einem Spektakel ganz nach dem Geschmack der Wiener, war gewaltig: Nicht weniger als 10.000 reiselustige Großstädter drängten sich zu den Zügen, die Fahrkarten für die „Salon- und 1ste Wagen-Classe“ – der Preis für die gesamte Strecke betrug 1 Gulden 50 Kreuzer Conventionsmünze – hatte man am Tag zuvor im „Central-Bureau“ der Wien-Raaber Eisenbahn-Gesellschaft erwerben können. Die zehn unter Dampf stehenden Lokomotiven, reich mit Blumenschmuck versehen, trugen die Namen „Wien“, „Baden“, „Hietzing“, „Gutenstein“, „Brühl“, „Neustadt“, „Rauhenstein“, „Reichenau“, „Pressburg“ und „Gloggnitz“; Punkt sieben Uhr morgens setzte sich der erste Zug, bestehend aus zehn Waggons und gezogen von den Lokomotiven „Wien“ und „Baden“, mit etwa 600 geladenen Ehrengästen unter den Klängen der Volkshymne, intoniert von der Kapelle des Hoch- und Deutschmeisterregiments, in Bewegung. Böllerschüsse und Kirchenglocken begleiteten die Züge auf der Strecke, das turbulente Eröffnungsfest in Wiener Neustadt dauerte bis in die Nacht hinein. Mit an Bord des ersten Zugs ist auch der Berichterstatter „P.“ der *Wiener Zeitung*, ausführlich schildert er seine Eindrücke von

Rechts: Bahnhof Meidling, 1846: Kaiser Ferdinand I. und Kaiserin Maria Anna bei der Abreise zur Eröffnung der Strecke Graz–Cilli.

Links: Erwies sich für Sina und seine Aktionäre als wirtschaftliche Sackgasse: die Strecke Wien–Bruck an der Leitha. Einladung zur Eröffnung der Linie, 1842.

der insgesamt 1 Stunde und 36 Minuten dauernden „Inauguralfahrt“. Sein zusammenfassendes Urteil: „Jeder Theil der Anlage beurkundet das Streben nach Solidität, Dauer und Zeitgewinnung, weshalb hier die amerikanische Art des Oberbaues gewählt und das Vorzügliche der in England und Nordamerika bemühten Erfahrungen in Anwendung gebracht wurde; dahin gehören die Kranichvorrichtungen zum Wässern der Locomotive, die großen Drehscheiben, auf welchen Maschinen und Tenders gleichzeitig verwendet werden; die Signalisirungsvorrichtungen an den Ausweichplätzen, vor Allem aber die allgemeine Einführung von achträderigen Maschinen und Waggons, deren Vorzüge längst anerkannt sind.“ Angetan zeigt sich „P.“ vom Komfort in den Waggons der ersten drei Klassen: „Die schöne Wagenburg besteht vor der Hand aus viererlei Classen: die erste davon, für besondere Gesellschaften, sogenannte ‚Salonswägen‘ enthaltend, deren jeder 36 Personen faßt, und in der Mitte sogar Divans und Toiletten-Tische besitzt, ist ein Meisterstück des guten Geschmacks und der Eleganz; die gewöhnlichen Wagen erster Classe, auf je 56, und jener zweiter Classe auf je 64 Personen mit Sitzen und beweglichen Lehnen in der Art versehen, daß der Fahrende dem Zielpuncte der Reise das Gesicht stets zuwendet, sind aufs Zierlichste und Bequemste gebaut und mit Glasfenstern versehen: eben so bequem sind im Verhältnisse die Wagen dritter Classe, welche, so wie alle übrigen, in der Mitte Communicationsgänge besitzen. Die in diesem Augenblicke zu Fahrten benützten 59 Waggons aus allen vier Classen vermögen auf ein Mal 3520 Personen zu verfahren.“
Während nun schon täglich Züge von Wien nach Wiener Neustadt roll-

ten, wurde im Süden auf den Abschnitten Wiener Neustadt–Neunkirchen und Neunkirchen–Gloggnitz mit Nachdruck weitergearbeitet; knapp ein Jahr später, am 5. Mai 1842, dampfte der erste Personenzug von Wien nach Gloggnitz, der fahrplanmäßige Verkehr auf der 75 km langen Gesamtstrecke konnte aufgenommen werden. Der Erfolg übertraf bald alle Erwartungen: Allein vom 15. Mai 1841 bis zum 30. Juni 1842 zählte die Wien-Raaber Eisenbahn-Gesellschaft 1,307.000 Fahrgäste – ein Beweis für die begeisterte Aufnahme der Südbahnstrecke in der Bevölkerung, die vor allem die bequeme Erreichbarkeit der Heurigenorte zu schätzen wusste. An Sonn- und Feiertagen mussten aufgrund des großen Zustroms zur Bahn regelmäßig Sonderzüge eingesetzt werden. Und Sina und seine Aktionäre konnten zufrieden auf die wirtschaftliche Gebarung des Unternehmens blicken: Die Dividende von 4,4 Prozent nach dem ersten vollen Betriebsjahr stieg bis 1852 – eine Ausnahme bildete nur das krisengeschüttelte Revolutionsjahr 1848 – auf beachtliche neun Prozent an.

„Dampf-Küsse" im ersten Eisenbahntunnel der Monarchie

Bei der Trassierung der Wien-Gloggnitzer Bahn ließ sich Mathias Schönerer wieder vom klassischen Grundsatz leiten, möglichst der Geraden zu folgen und Gleiskrümmungen zu vermeiden. Neben zahlreichen anderen Kunstbauten, die aus diesem Grund aufgeführt werden mussten, kam es so auch zum ersten Tunnelbau Österreichs: zum 165 m langen Durchstich des Katzbühel in der Nähe von Gumpoldskirchen. Die hohen zusätzlichen Baukosten von ca. 100.000 Gulden führten zwar zu heftiger Kritik in der Öffentlichkeit, Schönerer blieb jedoch konsequent bei seiner Trassenführung und der Devise *Recta sequi!*, die demonstrativ über das Tunnelportal in Stein gemeißelt wurde. Die Fahrgäste lernten darüber hinaus den Tunnel bald zu schätzen: Die paar Augenblicke Dunkelheit genügten, um sich *in eroticis* erfolgreich zu betätigen – als „Busserltunnel" erlangte der Bau ungeahnte Popularität.
Der Spötter Moritz Gottlieb Saphir, aufmerksamer Beobachter des eisenbahntechnischen Fortschritts, widmete dem Tunnel eine Novelette *Der Genius der Liebe im Gumpoldskirchner Tunnel, oder: Der Steeple-Kuß mit Hindernissen,* in der der Ich-Erzähler dem unglücklich liebenden Helden Franz erklärt, wie er den ominösen Kunstbau für seine Absichten am besten nützen könne: „Mein lieber Franz", sagte ich, „wenn Sie denn so gewaltig kußwütig sind, so müssen Sie zu dem Genius der schnellen Dampf-Küsse Ihre Zuflucht nehmen, welcher auf der Eisenbahn zwischen hier und Wien im Gumpoldskirchner Tunnel wohnt. Aber Sie müssen genau Zeit und Raum bemessen. Sehen Sie, es war eigentlich gar keine Notwendigkeit da, hier einen Tunnel

anzulegen, allein bloß aus Rücksicht für alle jene Liebende, welche die Saison in Baden zubringen, und die so dumm sind, keine ‚Gelegenheit' zu einem Kuß zu finden, hat die Direktion diesen Tunnel erbaut, sein eigentlicher Name ist ‚passage des amoureux honteux', und er ist der umgestürzte ‚Ponte de sospiri'. In diesem Tunnel muß man mit einer Dampfesschnelle von 24 Pferdekraft küssen. Ich will Sie mit den näheren Details bekannt machen. Dieser Tunnel dauert bei mäßiger Geschwindigkeit der Maschine so lange, als man 38 bis 42 zählt; bei der schnellsten Schnelligkeit kann man 28 zählen. Von 18 bis 24 ist der finsterste Punkt im Tunnel; das sind die Augenblicke der totalen Finsternis und wo der Genius des Kusses seine schützenden Schwingen über das kühne Unternehmen ausbreitet. Sie müssen sich nicht gegenüber, sondern an die Seite der Person setzen, die in Kusszustand erklärt werden soll; wenn Sie 14 gezählt haben, fangen Sie an, die Präparative der Operation zu machen, Sie haben vier Sekunden Zeit zum Nachrücken, den Kopf in die rechte Richtung

Oben: Blick vom „kleinen Weichenturm" auf die Südbahn und den Matzleinsdorfer Linienwall. Aquarell von Johann Varrone, 1889. Die Nähe der vielbefahrenen Bahnstrecke zu den Wohngebieten im Süden Wiens wurde für die Anrainer auch zur Belastung, sie beschwerten sich über gesundheitliche Schäden, die durch Ruß und Rauch entstehen würden.

zu bringen und die Hand zu ergreifen. Von 18 bis 24 sind sechs Momente, in welchen man bei mäßigem Widerstand einmal, bei gar keinem aber dreimal küssen kann, und bei 25 wieder so dasitzen, als wär' die Welt durch gar keine große Begebenheit erschüttert worden. Bei diesem ganzen Ereignis kömmt auch viel darauf an, ob die Dame in einer Haube oder in einem Hute ist, ob dieser Hut tief in's Gesicht gesetzt ist, ob er eine schmale oder breite Krempe hat. Dabei muß der Moment die nötigen Dispositionen voraussetzen und darnach handeln. Ein gar nicht übler Kunstgriff ist es, vor dem Tunnel zu bemerken, dass im Tunnel die Funken in den Waggon fliegen, und dass es deshalb geraten sei, die Fenster zuzumachen; das giebt Gelegenheit, sich um die Dame herumzuneigen und das Fenster aufzuziehen, während die Tunnel-Dunkelheit beginnt." Der Leser ahnt es – die boshaft-ironischen Ratschläge verpuffen wirkungslos, die wiederholten Kuss-Versuche des schmachtenden Galans im finsteren Tunnel werden zum Fiasko und enden mit einer kräftigen

Links: Vor der Abfahrt mit der Südbahn: Das Reisegepäck wird verstaut. Aquarell von Victor Fürst Odescalchi, 1846. Auffallend sind die Vorhänge, die offenbar die Glasfenster ersetzen.

Ohrfeige durch die erboste Schöne. Saphirs Text brilliert zwar mehr durch Wortwitz als durch die Originalität seines Grundeinfalls, demonstriert jedoch eindrucksvoll, wie eng das altbekannte literarische Motiv – vergebliches Mühen eines tollpatschigen Verehrers – und die technische Innovation bereits zusammengewachsen sind: Die Welt der Eisenbahn ist zum Schauplatz literarischer Imagination geworden: Dampf und Tunnel, Waggon und Coupé, Bahnhof und Wartesaal, Lokomotive und das unendliche Schienenband sind die Versatzstücke dieser modernen, „industrialisierten" Liebeslandschaft, in der selbst ein zarter Kuss mit „Dampfesschnelle" passieren muss, Intimität in Abhängigkeit von Tempo und Geschwindigkeit, von „Eisenbahnraum und Eisenbahnzeit" (Wolfgang Schivelbusch) gerät: „Vorne wird die Lokomotive pfeifen, hinten wird die Sonne scheinen, und inzwischen wird er sie küssen!" Übrigens wurden nicht nur amouröse Abenteuer von fantasievollen Autoren in rasende Eisenbahnzüge verlegt: Bald entdeckte man die faszinierenden Möglichkeiten, mit Hilfe der neuen Eisenbahnwelt *suspense* zu produzieren – es entstanden Kriminal- und Detektivgeschichten, die mehr oder weniger virtuos Abfahrts- und Ankunftszeit, Aufenthalte und Verspätungen in ihr Netz aus verbrecherischen Vorgängen verwoben, die das Coupé zum Tatort, den Kondukteur zum Kronzeugen geheimnisvoller Verbrechen machten. Der „Eisenbahnraum" wurde zu einer beliebten Projektionsfläche trivialliterarischen Erzählens: Liebe und Hass, grundiert durch Dampf und Tempo.

Staatsbahnen: die Initiative des Freiherrn von Kübeck

Unerwartete Probleme waren jedoch inzwischen für Sinas „Brucker Linie" aufgetaucht: Mit der Vergabe einer Konzession für den Bau einer links der Donau von Wien über Pressburg nach Pest führenden Eisenbahn – der sogenannten „Ungarischen Centralbahn" – an den Pester Bankier Moritz Ullman von Szitanyi im November 1837 sah Sina sein Projekt schwer gefährdet und ließ nach anfänglichem Zögern und einem heftigen Streit mit ungarischen Adeligen den Bau schließlich ganz einstellen; die Baubewilligung erlosch und Sina musste seine Gesellschaft in „K. k. priv. Wien-Gloggnitzer Eisenbahn-Gesellschaft" umbenennen.

Oben: Trat energisch für den Eisenbahnbau durch den Staat ein: Carl Friedrich Kübeck, der Direktor der „Allgemeinen Hofkanzlei". Lithografie nach einer Zeichnung von Josef Kriehuber.

Inzwischen hatte sich das innenpolitische „Umfeld" für den privaten Eisenbahnbau weiter grundlegend verschlechtert. Der seit 1840 im Amt befindliche, weitblickende Direktor der „Allgemeinen Hofkanzlei", Carl Friedrich Kübeck, Freiherr von Kübau (1780–1855), war bestrebt, Planung und Durchführung von neuen Eisenbahnbauten unter staatlicher Kontrolle zu halten – zu zögerlich waren ihm die privaten Gesellschaften vorgegangen, zudem hatte der Staat ein enormes strategisches Interesse am raschen Ausbau wichtiger Linien. Kübeck kam das Verdienst zu, hier – nach langen Jahren fruchtloser Diskussion – die zentralen Verwaltungsbehörden auf ein klares Konzept im Eisenbahnbau einschwören zu können. Das war kompliziert genug gewesen: Drei Jahre nach der Eröffnung der Kaiser Ferdinands-Nordbahn hatte noch immer ein klares, offizielles „Bekenntnis" der Metternich'schen Behörden zur Eisenbahn gefehlt, ebenso wenig konnte man sich über die „Visionen" einzelner Spitzenbeamter einigen. So kam es, dass Kaiser Ferdinand – der in diesem Fall durchaus Verstand und Weitblick bewies – im Sommer 1841 selbst die Initiative ergriff und Kübeck um ein diesbezügliches Gutachten bat – der aus Iglau stammende Hofbeamte, angesehenes Mitglied des Staatsrats, hatte sich immer wieder als ausgezeichneter Organisator hervorgetan. Nach 1848 Vertrauter und Berater des jungen Franz Joseph, war Kübeck ein konsequenter Vertreter des Staatsbahnsystems und energischer Befürworter eines Konzepts, das den weiteren Ausbau der Eisenbahnen vom „Centralpunkt" Wien aus vorsah. Bestellt zum abschließenden Vortrag bei Kaiser Ferdinand am 25. November 1841, fasste Kübeck seine Überlegungen zum „Gegenstand der Eisenbahnen" in einem Zehn-Punkte-Grundsatzpapier zusammen, das sowohl den Beifall des Herrschers als auch die Zustimmung Metternichs fand. Daraus die ersten drei Punkte:

„1. Die Staatsverwaltung hätte sich zu entscheiden, ob sie die Eisenbahnen überhaupt in dem Interesse des Staates und unter den gegebenen Umständen nothwendig finde? Wenn, wie ich glaube, diese Frage bejahend beantwortet wird, so ergibt sich 2. die Untersuchung, für welche Ausgangs- und Endpunkte sich Bahnen nothwendig darstellen? Es wären nach meiner Ansicht die Bahnen von Wien über Prag nach Dresden, von Wien über Wiener Neustadt nach Triest, von Venedig über Mailand nach Como, endlich von Linz gegen München.
3. Die Aufbringung der zur Vollendung dieser Bauten erforderlichen Capitalien wäre aus den Credit-Mitteln des Staates unmittelbar zu bewirken." (Zit. nach Zwanowetz.)

Mit kaiserlichem Handschreiben wurde Kübeck noch im Dezember 1841 mit der „Leitung der auf den Bau und den Betrieb der Staats-Eisenbahnen Bezug nehmenden Angelegenheiten" betraut, es begann die so genannte „erste Staatsbahnperiode", in der bis 1847/48 Schienenwege in der Länge von 478 km fertiggestellt wurden. Um eine effiziente Administration der staatlichen Eisenbahn-Agenden zu gewährleisten, wurde am 23. Februar 1842 die „Generaldirektion der Staatseisenbahnen" geschaffen, der neben Hermengild Francesconi auch Alois Negrelli und Carl Ghega angehörten und deren Aufgabe es nun war, die im Grundsatzpapier Kübecks genannten Vorhaben zu realisieren. Während im Norden die Errichtung der Verbindungen Brünn–Olmütz und Prag–Bodenbach (sächsische Grenze) ohne größere Probleme in Angriff genommen werden konnte, türmte sich im Süden ein gewaltiges Problem auf: Im Dezember 1841 hatte Kaiser Ferdinand dem Drängen seines Onkels Erzherzog Johann nachgegeben und – gegen die Wünsche Ungarns – entschieden, dass die Trasse der „Südlichen Staatseisenbahn" über den Semmering zu führen wäre. Die große Frage war nur: Wie dies bewerkstelligen?
Ein Anschluss im Süden des Semmerings war bald gegeben: 1842 begann man auf Staatskosten mit dem Bau des Teilstücks Graz–Mürzzuschlag, das am 21. Oktober 1844 von Erzherzog Johann feierlich eröffnet wurde – die erste staatliche Eisenbahnlinie der Habsburgermonarchie hatte damit ihren Betrieb aufgenommen. Im Juli 1846 konnte bereits ein nächster bedeutender Streckenabschnitt, die Verbindung Graz–Cilli *(Celje)*, eröffnet werden, doch zwischen Mürzzuschlag und Gloggnitz klaffte noch immer die bewusste schmerzhafte Lücke: Wie in alten Tagen wurden Reisende und Güter mit Stellwagen und schweren Fuhrwerken über die Pass-Straße befördert, mühsam und langsam, all die Zeitersparnis wieder verlierend, die die Anreise mit der Bahn bis zu einem der beiden „Endpunkte" gebracht haben mochte.

„Siegesbrücke der Menschenkraft": die Semmeringbahn

Nach hitzigen Diskussionen über die Möglichkeit bzw. Unmöglichkeit eines Bahnbaus über den Semmering, nach technisch bedenklichen oder überhaupt utopischen Konzepten – die Vorschläge reichten von einer Beförderung der

Rechts: Semmering-Romantik: Ausfahrt eines Zugs aus dem 695 m langen Weinzettelwandtunnel. Ansichtskarte, um 1916. Bei den Bauarbeiten verloren durch einen Wandabbruch 14 Arbeiter ihr Leben.

Waggons mittels Seilzügen bis zur „atmosphärischen Eisenbahn“ – kristallisierten sich die Pläne von Carl Ghega (1802–1860), der bei seinen Aufenthalten in den USA Trassierungen in den Alleghanies ausführlich studiert hatte und überzeugt davon war, dass mit herkömmlichen Adhäsionsbahnen die „Überschienung“ der Alpen erstmals gelingen würde, als solide Basis für den Arbeitsbeginn heraus, der jedoch immer wieder hinausgezögert wurde. Da ergab sich durch die dramatischen Ereignisse im Frühjahr 1848 eine völlig neue Situation: Um den Unmut der Arbeiterschaft zu „kanalisieren“, schlug Ghega dem Minister für öffentliche Arbeiten, Andreas Freiherr von Baumgartner, vor, doch mit dem Bau der Semmeringstrecke zu beginnen – nach einigem Hin und Her stimmte die Regierung zu und genehmigte den Baubeginn mit 8. August 1848. Die neue Großbaustelle am Semmering bot gleich zu Beginn – im Abschnitt Gloggnitz–Payerbach – etwa 5.000 Arbeitern Beschäftigung, die zunächst täglich mit Sonderzügen aus Wien zur Baustelle gebracht wurden; nach Beendigung der Oktoberkämpfe und mit der politischen Stabilisierung der Monarchie wuchs die Zahl der Beschäftigten auf bis zu 20.000 an; nun entstanden Lagerstädte, in denen auch – unter schlimmsten hygienischen Bedingungen – die Frauen und Kinder der Arbeiter Unterkunft fanden; eine Cholera- bzw. Typhus-Epidemie in den Jahren 1848/50 forderten aus Mangel an ärztlicher Betreuung zahlreiche Opfer. In seiner berührenden Novelle *Die Steinklopfer* (1874) setzte Ferdinand von Saar dem Leben und Schicksal der Semmeringbahn-Bauarbeiter ein eindrucksvolles literarisches Denkmal.

Ghega, der sich mit seinem Vorschlag gegen eine Reihe von Konkurrenzprojekten erfolgreich durchgesetzt hatte – unter diesen befanden sich auch Trassierungsvorschläge von Mathias Schönerer –, wurde während der Bauarbeiten immer wieder aufs Heftigste angegriffen: Neben der Verschleuderung von Staatsgeldern warf man ihm sogar „Hochverrat“ vor – mit dem Bau der Semmeringbahn würde er das Vordringen italienischer Truppen nach Wien erleichtern! Unbeirrt hielt Ghega jedoch an seinem Konzept fest; Schritt für

Oben und unten:
Eine „Reihenfolge von malerischen Aufnahmen“ mit den wichtigsten Kunstbauten soll die „Entwicklung der Bahnlinie“ in der Landschaft sichtbar machen: die „Perspectivische Ansicht der Semmeringbahn von Payerbach bis zum Semmering-Haupttunnel“. Lithografie von Imre Benkert, um 1852.

Rechts:
Das Gerüst für den Bau des Kalte-Rinne-Viadukts. Steine, Ziegel und Mörtel wurden mit Seilwinden hochgezogen. Lithografie von Imre Benkert, um 1852.

Schritt wurden die Schwierigkeiten überwunden, die sich den Bautrupps auf den insgesamt 14 Baulosen entgegenstellten, und wahre Pionierleistungen erbracht: so etwa beim aufwändigen Bau des damals längsten Tunnels Europas, des Semmeringtunnels mit einer Länge von 1.428 Metern, am Scheitelpunkt der Strecke. Um die Tunnelröhre voranzutreiben, wurden dabei von der Passhöhe aus insgesamt fünf Schächte in eine Tiefe von über 100 m niedergebracht, wobei dann jeweils von der Schachtsohle aus nach links und rechts der Tunnelvortrieb unternommen wurde. In mühsamer Handarbeit, bei Tag und Nacht kämpfte man gegen beinahe unüberwindbare Hindernisse an: Vor allem der starke Gebirgsdruck und ein gewaltiger Wasserandrang forderten den äußersten Einsatz aller Beteiligten.

Nach über fünfjähriger Bauzeit, am 12. Oktober 1853, konnte in der Nähe

Oben: Klassizistischer Kunstbau am Semmering: Entwurf zum Portal des Haupttunnels. Aquarellierte Federzeichnung, 1852.

Rechts: Das technische Großprojekt der Pionierzeit: der Bau der Semmeringbahn. Lithografie von Imre Benkert, um 1850.

Unten: Am Scheitelpunkt der Strecke: der Semmeringtunnel. Aus: Carl Ritter von Ghega, *Malerischer Atlas über den Semmering*. Wien 1855.

des Viadukts über die „Kalte Rinne" die letzte Gleislücke auf der 41,8 km langen Strecke geschlossen werden, am 23. Oktober befuhr die Lokomotive „Lavant" erstmals die gesamte Strecke – es war dies die offizielle Probefahrt, zu der Ghega die gesamte Regierung eingeladen hatte; einen Tag später wurde die Fahrt für die Mitarbeiter Ghegas wiederholt, entlang der Strecke standen die Arbeiter Spalier, die Kunstbauten waren mit Girlanden und Fahnen geschmückt – eine wahre Triumphfahrt für Ghega, der damit den Zenit

Links: Das mächtigste Bauwerk der Semmeringstrecke: der 184 m lange Kalte-Rinne-Viadukt. Ansichtskarte, um 1910.

seiner Karriere erreicht hatte. Kaiser Franz Joseph fuhr erstmals am 12. April 1854 mit der Semmeringbahn und war so beeindruckt, dass er am 16./17. Mai dieses Jahres noch einmal kam – diesmal mit seiner jungen Gemahlin, Kaiserin Elisabeth: Mitten in den Flitterwochen, die man zurückgezogen in Schloss Laxenburg verbrachte, bot sich dem Paar mit diesem Ausflug eine willkommene Abwechslung. Bereits mit *Allerhöchster Entschließung* vom 22. April 1854 hatte Franz Joseph seiner *Allerhöchsten Zufriedenheit* mit den *verdienstlichen Leistungen* Ghegas durch Verleihung des Ritterkreuzes des kaiserlich österreichischen Leopolds-Ordens Ausdruck verliehen; hohe Auszeichnungen gab es auch für die Ingenieure in Ghegas Team.

Am 17. Juli 1854 wurde die Semmeringstrecke von Handelsminister Andreas Ritter von Baumgartner für den öffentlichen Verkehr freigegeben, ein „technisches Demonstrationsobjekt der hervorragendsten Art" (Amand von Schweiger-Lerchenfeld), das ein für allemal bewies, dass sich die Lokomotiveisenbahn auch im gebirgigen Gelände ausgezeichnet bewährte. Das *Abend-*

Links: Eine der „Engerthlokomotiven": die Stütztenderlokomotive „Ternitz" SB 209, gebaut bei Günther in Wiener Neustadt.

blatt der *Wiener Zeitung* vom 20. Juli 1854 berichtete über das denkwürdige Ereignis: „Die Reisenden waren so zahlreich herbeigeströmt, die auch in pittoresker Hinsicht wundervolle Fahrt über das Alpengelände zuerst mitzumachen, daß der Zug in Gloggnitz getheilt und dem ersten Zug von acht Wagen ein zweiter von sieben Wagen nachgesendet werden mußte ... Sowohl die Berglokomotive, welche den Zug führte, als die andern in Gloggnitz und Mürzzuschlag befindlichen, nach gleichem Systeme konstruirten Lokomotiven waren mit Blumen verziert und an den beiden genannten Bahnhöfen prangten Obelisken, welche aus Schienen kunstvoll zusammengefügt und mit Fahnen und Wimpeln geschmückt waren. In Mürzzuschlag erwartete eine dichtgedrängte Menschenmenge freudigbewegt den herankommenden Zug. Die Fahrt erforderte, ungeachtet wiederholten Anhaltens, weniger als zwei Stunden in der Hinfahrt, während man zu der Rückfahrt nach Payerbach nicht ganz 1 1/2 Stunden brauchte.“ Der Fahrpreis 1. Klasse für die Strecke Wien–Mürzzuschlag beträgt 5 Gulden und 50 Kreuzer; von Mürzzuschlag nach Graz zahlt man noch einmal 4 Gulden und 10 Kreuzer; die erste „Fahrordnung“ sieht täglich zwei Züge von Wien nach Mürzzuschlag vor: um 7.40 Uhr morgens und 9 Uhr abends; nach Payerbach fährt zusätzlich ein Zug um 2 Uhr nachmittags.

Unten: Ein Zug verlässt den Polleroswandtunnel und fährt auf den Kalte-Rinne-Viadukt. Ansichtskarte, um 1910.

In den Kommentaren zur Fertigstellung des „Gigantenbaus“ und des „Denkmales des Muthes und der Ausdauer, der Macht und Größe Österreichs unter der Regierung des Kaisers Franz Joseph I.“ *(Wiener Zeitung)* pries man das „grandiose“ Monument des Fortschritts, die „Siegesbrücke der Menschenkraft“, „wunderbarer als die Chinesische Mauer“ (Sigmund Wallace), und betonte, dass damit der ehrfürchtige Schauer vor der Unbezwingbarkeit der Bergwelt wohl einem wilden Wettlauf um neue Eroberungen gewichen sei. Andreas Schumacher fasste in seinem populären *Führer über den Semmering* diese exemplarische Vorbildwirkung der Semmeringbahn zusammen: „Ein steinernes Geschichtsbuch waren die Pyramiden,

Entwurf
Ghega

20
ZWANZIG SCHILLING
OESTERREICHISCHE NATIONALBANK
PRÄSIDENT
GENERALRAT
GENERALDIREKTOR
WIEN, AM 2. JULI 1967

Links oben: „Führer in eine neue Zeit“: Carl Ritter von Ghega am Höhepunkt seiner Karriere. Lithografie von Josef Kriehuber, 1851.

Rechts oben: Das weltberühmte Denkmal der Ingenieurskunst Ghegas: die Semmeringbahn.

Links unten: Die Zwanzigschilling-Banknote erinnerte an Ghega und seinen großartigen Bau, der seit 1998 zum UNESCO-Weltkulturerbe zählt.

Rechts unten: Der Wappenentwurf für Carl Ritter von Ghega. Die Erhebung in den Ritterstand erfolgte am 22. Juni 1851.

Der große Pionier: Carl Ritter von Ghega

Sein Name ist mit der Pionierzeit des österreichischen Eisenbahnbaus untrennbar verbunden: Carl Ritter von Ghega vereinte in sich technisches Genie und ein bewundernswertes ästhetisches Formgefühl; seine großartigen Kunstbauten fügten sich harmonisch in die Landschaft ein und bewährten sich bis heute durch Sicherheit und Stabilität – anderthalb Jahrhunderte nach ihrer Erbauung!

Geboren am 10. Jänner 1801 in Venedig als Sohn eines technischen Beamten der k. k. Kriegsmarine, erwarb der talentierte junge Techniker an der Universität Padua bereits mit 16 Jahren den Ingenieurstitel und mit 17 Jahren das Doktoratsdiplom aus dem Fach Mathematik. Ghega trat in die Dienste der staatlichen Baudirektion von Venetien, für die er zunächst im Straßenbau tätig war und u. a. die Gebirgsstraße von Pieve di Cadore über Cortina nach Toblach errichtete. In den österreichischen Eisenbahnbau war er dann von der Stunde null an involviert: Landsmann Hermengild Francesconi, Leiter der Bauarbeiten an der Kaiser Ferdinands-Nordbahn, holte den inzwischen schon angesehenen 38-jährigen Oberingenieur nach Wien und beauftragte ihn mit der Trassierung und dem Bau der Strecke Lundenburg–Brünn sowie mit der Erstellung der Baupläne für die Strecken Brünn–Olmütz und Lundenburg–Olmütz – eine Aufgabe, die Ghega mit Bravour erfüllen sollte. Zur Vorbereitung auf seine Arbeit an der KFNB hatte ihn das Bankhaus Rothschild eingeladen, auf einer Studienreise in die deutschen Länder sowie nach Frankreich und England, wo er u. a. mit dem legendären Eisenbahngründervater George Stephenson zusammentraf, die neuesten Entwicklungen im Eisenbahnwesen kennen zu lernen.

1842 beauftragte ihn Carl Freiherr von Kübeck mit der Planung und dem Bau der Südlichen Staatsbahn Wien–Triest – eine Aufgabe, der sich Ghega in der Folge mit ganzer Kraft und Energie widmete. Trotz heftigster Angriffe und Diffamierungen als „Hochverräter“ (!) gelang es ihm, seine Vorschläge für die „Überschienung“ des Semmerings durchzusetzen.

Verbittert und enttäuscht über die Aufgabe des staatlichen Eisenbahnbaus starb Carl Ritter von Ghega am 14. März 1860 in Wien, Rotenturmstraße 6.

– ein eisernes ist die Semmeringer Locomotiv-Bahn; das alte spricht vom Stillstande, das neue von der Bewegung, vom Fortschritte der Menschheit!“ Pittoreske Berglandschaft und einzigartige technische Großleistung, Tunnels, Schwindel erregende Viadukte und Pfeilergalerien verbanden sich zur viel bewunderten Touristenattraktion, die Fahrt mit der Semmeringbahn wurde zum Inbegriff eines faszinierenden Eisenbahnausflugs.

Triest wird erreicht

Während in der wildromantischen Bergwelt des Semmering die Trassierungsarbeiten ihrem Ende zuschritten, wurde im Süden des Reichs noch heftig gebaut: Triest, die „Königin des adriatischen Meeres“, das letzte große Ziel der Bahnbauer im Süden, sollte endlich erreicht werden, jene Traumstadt unter italienischem Himmel, in der „Datteln (!), Palmen und der Feigenbaum im Rauschen ihrer Blätter die Melodie der südlichen Gluth vorlispeln“, wie Sigmund Wallace in seinem *Führer über den Semmering* schwärmte, in der nüchternen Sprache der Ökonomen: der wichtigste Hafen und Warenumschlagplatz der Monarchie.

Franciscus Josephus I., Austr. Imp. Hominum Rerumque Commercio Adriaticum Germanico junxit mare. MDCCCLIV – „Franz Joseph I., Kaiser von Österreich, ließ für den Verkehr der Menschen und Waren das Adriatische mit dem Deutschen Meer verbinden. 1854“, meißelte man über dem Portal des Semmeringtunnels in Stein, tatsächlich aber hatte die „südliche Staatsbahn“ den Hafen von Triest zu diesem Zeitpunkt noch nicht erreicht. 1845 hatte man mit dem Bau der 88,7 km langen Verbindung Cilli–Laibach durch

Links:
Brücke über den Isonzo bei Görz. Ansichtskarte, um 1910.

Rechts: Bau der Südbahnbrücke über die Drau in Marburg, 1870.

das Sann- und Savetal begonnen; auch hier bewährte sich einmal mehr Carl Ghegas Trassierungsvorschlag. Die feierliche Eröffnung der Strecke in Laibach erfolgte am 16. August 1849 in Anwesenheit Kaiser Franz Josephs durch Erzherzog Albrecht – es war dies die erste einer langen Reihe von Eisenbahneröffnungen in der Regierungszeit dieses Herrschers.

Blieb der letzte und ungemein schwierige Abschnitt der k. k. Nord-Süd-Magistrale: die Verbindung Laibach–Triest. Wie im Falle der Semmeringstrecke wurden auch hier zahlreiche Projekte erwogen und wieder verworfen, schließlich spitzte sich die Diskussion auf zwei Varianten zu: Sollte man den Schienenweg über das Laibacher Moor und durch den Triestiner Karst führen oder über das Zayer-, Idria- und Isonzotal? Kübeck setzte auch in diesem Fall auf die Qualitäten Carl Ghegas und beauftragte ihn mit genauen Studien über beide Varianten; das Ergebnis war, dass Ghega nach Abwägung aller Vor- und Nachteile eine Trassenführung durch den Triestiner Karst vorschlug

Links: Ein klares Programm: Die Südbahn schafft die Verbindung zu exotischen Fernen: Gedenkblatt zur Eröffnung der Strecke Wien–Triest, herausgegeben vom Österreichischen Lloyd. Lithografie von Franz Gerasch nach einer Zeichnung von Ferdinand Laufberger, 1857.

– 1849 stimmte der Kaiser dem Projekt zu, im Frühjahr 1850 begannen im Abschnitt Laibacher Moor die Bauarbeiten.

Die Schwierigkeiten waren beträchtlich, doch mit Zähigkeit und Konsequenz kämpfte man sich vorwärts: Allein die Aufschüttung des 2.363 m langen Damms über das Laibacher Moor brauchte bis zum Jahre 1856; das von Dolinen durchzogene Karstplateau machte die Errichtung zahlreicher Viadukte, Dämme und Tunnel notwendig. Zum Vergleich: Der längste Viadukt der Karstbahn, der Nabresinaviadukt, weist eine Länge von 645 m auf, der längste Viadukt der Semmeringbahn, jener über das Schwarzatal, misst dagegen nur 225 m! Zu einem besonderen Problem wurde die Wasserarmut im Karstgelände: Zur Versorgung von tausenden Bauarbeitern, der Bahnhöfe und Wächterhäuser sowie der Lokomotiven mussten neue Quellen erschlossen, Rohrleitungen, Wasserbehälter und Pumpstationen errichtet werden – wichtige Erschließungsarbeiten, die nicht zuletzt der Stadt Triest und ihrem Hinterland zugute kamen.

Zu einem aufwändigen Bauvorhaben geriet auch der Bahnhof von Triest, der – unmittelbar an einem Hafenbecken gelegen – so dimensioniert werden musste, dass der zu erwartende Güterumschlag auch bewältigt werden konnte: Für die geplanten zweigeschossigen Anlagen sah man eine Gesamtfläche von 288.000 m^2 vor – damit war der Bahnhof von Triest der größte „Stations-Platz" der Monarchie.

Am 27. Juli 1857 war es schließlich so weit: Im Rahmen eines großen Festes und in Anwesenheit zahlreicher Gäste aus dem Deutschen Bund wurde die Karstbahn von Kaiser Franz Joseph feierlich eröffnet. Damit war auch die erste Eisenbahnverbindung von der Adria an die Donau Realität geworden – ein Meilenstein in der Verkehrserschließung Mitteleuropas, der knapp 30 Jahre nach der Vision Riepls die Fahrt ans Meer für die Bewohner des österreichischen Zentralraums in greifbare Nähe rückte: Am 1. August 1857 verließ der erste Schnellzug den „Gloggnitzer Bahnhof" in Richtung Triest; die vorgesehene Fahrtdauer: 16 Stunden und 50 Minuten – bis 1914 sank sie auf 10 Stunden und 35 Minuten. Der Fahrpreis für die gesamte Strecke in der 1. Klasse betrug 28 Gulden und 26 Kreuzer, in der 3. Klasse fuhr man mit 14 Gulden und 13 Kreuzer immerhin um die Hälfte billiger – auch unter ökonomischen Aspekten war der Ausflug an die Adria keine Utopie mehr. Unter den vielen, die den Zauber einer Eisenbahnreise ans Meer schätzen und genießen lernten, war auch Peter Rosegger. Er, der Sohn eines Waldbauern, oft vorschnell abgestempelt als reaktionärer Heimatdichter, war ein scharfer Beobachter des Zeitgeschehens und fühlte sich auf den schwarzgelben Schienensträngen zu Hause wie kein anderer – jede Gelegenheit nützte er für neue Bahnabenteuer. In der kurzen autobiografischen Erzählung *Eine Wallfahrt ans Meer* hat er uns seine Eindrücke von der Südbahnstrecke Graz–Triest hinterlassen: „(...) Da löst man sich mählich los von den grünen Bergen Steiermarks; es kommt die unterländische Ebene mit ihren saftigen Wiesen und in der Ferne die Weinberge. Durch ein fast wildes, schattenreiches Gebirge fährt man ins Land der Krainer; wir gleiten über die Laibacher Ebene, in welche die weißen Steiner Alpen herableuchten. Dann kommt der Karst. Ihr kennt diese trostlose Gegend, eine wahre Mondlandschaft mit Schründen, kahlen Bergen und kraterartigen Vertiefungen. (...) In den Mulden und Schluchten stehen kleine Dörfer nach italienischer Bauart, mitten in Weinreben, und darüberhin ziehen sich streckenweise die hölzernen Schutzwände der Eisenbahn gegen Schneewehen. (...) Auf dem ganzen Karst hat der Reisende das Gefühl, als ob ihn die Eisenbahn über das ungeheure Plateau eines hohen Gebirges da-

Rechts: Der Süden und das Meer rücken näher: Pontebba im Kanaltal. Ansichtskarte, 1911.

hintrage. Bei Nabresina erreicht die Steinwüste den höchsten Grad, da biegt sich die Bahn nach links, geht durch einen Felseinschnitt, wie es deren auf der Strecke zahlreiche gibt, und der Blick des Reisenden fliegt plötzlich wie befreit hinaus in eine unabsehbare graue Ebene, dort und da der lichte Punkt eines Gebäudes. Das adriatische Meer. So nahe ist es da, dass man meint, es leicht mit einem Steinwurf erreichen zu können. Aber es ist tiefer unten, als es scheint, so tief, dass es auch in bewegtem Zustande von hier aus wie eine glatte ruhige Fläche daliegt. Die lichten Punkte in der Ferne sind freilich Gebäude, aber schwimmende. Der Contrast, aus der Steinstarrnis plötzlich vor die weichen, ewig lebendigen Wasser versetzt zu sein, wirkt, und den möchte ich kennen, der, zum erstenmal das Meer sehend, in diesem Augenblick nicht eine heiße Aufwallung seines Wesens verspürte, nicht ein Feuchtes in seinem Auge – die Thräne am Meere." Seelische Erschütterung durch den Anblick der Natur, durch das Sich-Ausliefern an die „sanfte Gewalt Gottes" – all dies ist für Rosegger selbstverständlich. Indem die Eisenbahn aber als Vehikel zum Erleben der großen, quasi religiösen Empfindungen fungiert und solcherart gewissermaßen in metaphysischer Mission dahinrast, überträgt sich ein Teil jener Aura auch auf sie selbst.

Das Ende der ersten Staatsbahnperiode

Die Karstbahn war zwar noch auf Staatskosten fertig gebaut worden, der durch die außenpolitischen Abenteuer des Monarchen – Besetzung der Donaufürstentümer Moldau und Walachei – in eine missliche Lage geratene Staatshaushalt hatte jedoch inzwischen zu einem völligen Umdenken in der österreichischen Eisenbahnpolitik geführt: Hatte man in den Jahren 1850–1854 noch in finanzielle Schwierigkeiten geratene Privatbahnen wie die Krakau-Oberschlesische Eisenbahn in den Besitz des Staates übernommen und damit das staatliche Eisenbahnnetz mit Ende 1854 auf insgesamt 994 km erweitert – etwa 900 km staatliche Linien befanden sich zu diesem Zeitpunkt noch in Bau: neben der Strecke Laibach–Triest die Tiroler Bahnen Ala–Bozen–Innsbruck–Kufstein, die galizische Staatsbahn Rzeszów–Lemberg und die Wiener Verbindungsbahn, die den Nordbahnhof mit dem Südbahnhof verbinden sollte –, so ging man nun von diesem Grundsatz gänzlich ab. Um privaten Investoren entsprechende Anreize zu geben, erließ Franz Joseph im September 1854 ein neues „Konzessionsgesetz", das einige wichtige Verbesserungen vorsah: Die Konzessionsdauer wurde von 50 auf 90 Jahre erhöht und der Staat gab eine Zinsengarantie auf das investierte Kapital ab, behielt sich im Gegenzug aber eine Einflussnahme auf die Tarifgestaltung vor. Gleichzeitig präsentierte der junge Kaiser ein gewaltiges neues Eisenbahnprogramm, das von seinen Experten unter militärisch-strategischen,

Rechts: Für Reisende um 1890 ein gewohnter Anblick: bettelnde Zigeunerkinder entlang der StEG-Linie Wien–Budapest. Zeichnung von Emil Limmer.

handelspolitischen und wirtschaftlichen Gesichtspunkten ausgearbeitet worden war und im Prinzip den Bau von jeweils drei Hauptlinien von Westen nach Osten bzw. von Süden nach Norden vorsah, insgesamt nicht weniger als 31 (!) Linien, von denen allerdings einige schon gebaut waren oder es eben wurden – ein reiches Betätigungsfeld für kapitalkräftige Eisenbahnfans, die nun darangingen, einen wahren „Gruselroman des entfesselten Kapitalismus" (Hellmut Andics) zu schreiben.

Wer kaufte nun tatsächlich die Staatsbahnlinien? Eine erste bedeutende Gesellschaft, die sich bildete, war die „Österreichische Staatseisenbahngesellschaft", kurz „StEG", die mit 1. Jänner 1855 die nördliche und südöstliche

Staatsbahn (Bodenbach–Prag–Brünn bzw. Olmütz) sowie die ungarischen Linien des Staats übernahm. Drahtzieher im Hintergrund bei diesem Geschäft war ein erklärter Gegner des Hauses Rothschild: Dem Bankier Baron Daniel Eskeles, Sohn des Mitbegründers der Österreichischen Nationalbank, gelang es mit raffinierten Schachzügen, zusammen mit seinem Verwandten Ludwig Pereira die französische Investitionsbank „Société Générale de Crédit Mobilier" für das Projekt zu gewinnen. Gestützt auf das Geld dieser unter besonderem Schutz von Kaiser Napoleon III. stehenden Bank, entwickelte die StEG eine energische Geschäftstätigkeit, die sie bald zu einem heftigen Konkurrenten der Kaiser Ferdinands-Nordbahn werden ließ; als eine der ersten Maßnahmen wurde die Wien-Raaber Bahn des Freiherrn von Sina von der StEG übernommen. Konzessioniert und mit Zinsengarantie ausgestattet wurde auch jene Gesellschaft, die den Bau der wichtigen Kai-

Eisenbahnfehden – der Krieg der Aktionäre

Im August 1870 erreichte die Diskussion um die Praxis der Subskription von Eisenbahnaktien einen neuen Höhepunkt. Unmittelbarer Anlass dafür war die Ausschreibung einer Subskription für die Kaschau-Oderberger Bahn bzw. für die Kronprinz Rudolf-Bahn durch die Anglo-österreichische Bank. Ein Anonymus kommentierte in der *Österreichisch-ungarischen Eisenbahn-Zeitung*:

Die Ursache jenes scheinheiligen Trübsalblasens, in das beinahe alle financiellen Organe unisono einstimmten, liegt durchaus nicht in der, fälschlicher Weise angegebenen Bedrückung des Publicums, sondern einzig und allein in der momentanen Bedrängnis einer Anzahl der tonangebenden Faiseurs- und Engros-Speculanten, denen die Einzahlungsausschreibung allerdings ziemlich ungelegen kommt. Die Teilnehmer der Syndicate, welche die Placirung der Titel als eine Speculation auf eigene Rechnung übernahmen, sind es, welche jetzt durch die Einzahlung in's Mitleiden gezogen werden. Jene Coterien und Cliquen, welche sich jeder Emission zu niederen Coursen in großen Partien oder auch gänzlich zu bemächtigen pflegen, um die Effecten sodann mit Profit an den Mann zu bringen, welche die Subscriptionen auf ihre Rechnung zu höheren als zu ihren Übernahmscoursen veranstalten, brauchen meist längere Zeit, um sich der übernommenen Massen mit Gewinn entledigen zu können. (...) Diesen Kreisen kommt die Zahlung in dem jetzigen Momente hart, da sie mit ihren disponiblen Fonds in der Strauchgasse (d. h. in der Börse – Anm. J.S.) weit lucrativere Geschäfte machen könnten ...

serin Elisabeth-Westbahn, die West-Ost-Verbindung mit Anschluss nach Süddeutschland und Frankreich, sowie die Umstellung der Pferdeeisenbahn Linz–Gmunden auf Lokomotivbetrieb finanzierte. Weiters erhielten die böhmische Westbahn, die galizische Carl Ludwig-Bahn von Krakau nach Lemberg und die Lemberg-Czernowitzer Bahn eine Konzession mit Zinsengarantie. Strategisch weniger bedeutende Linien wie die Buschtěhrader Eisenbahn, die Aussig-Teplitzer Bahn oder auch die Graz-Köflacher Bahn erhielten Konzessionen ohne Zinsengarantie, da man der Meinung war, dass diese Strecken aufgrund ihres enormen Güterumschlags auch so ein positives Betriebsergebnis würden erzielen können.
Die unglücklichen Kriege von 1859 (Solferino) und 1866 (Königgrätz) bewirkten, dass kaum neue Konzessionen vergeben wurden; auf den in Bau befindlichen Strecken wurde allerdings so gut es ging weitergearbeitet – zu einem besonderen Problem wurden z. B. die Arbeiten an der Brennerbahn, als 1866 zahlreiche italienische Bauarbeiter mit ihren Familien fluchtartig die Strecke verließen, um auf dem oberitalienischen Kriegsschauplatz für ihr Vaterland zu kämpfen. Nach dem Friedensschluss mit den siegreichen Preußen 1866 wurden weitere wichtige Verbindungen konzessioniert: die Kaiser Franz Josefs-Bahn und die Kronprinz Rudolf-Bahn; endgültig verloren dagegen gingen die von Österreich erbauten lombardisch-venezianischen und zentralitalienischen Linien.
Der allgemeine Wirtschaftsaufschwung nach 1866 begünstigte auch den Eisenbahnbau; Eisenbahnaktien waren plötzlich wieder begehrte Spekulationspapiere, das Aufblühen von Schwerindustrie und Handel brachte bedeutende Steigerungen im Güterverkehr. Zahlreiche neue Linien wurden konzessioniert, darunter die Vorarlberger Bahn (auch Vorarlbergbahn, Bludenz–Lochau), die Erste Ungarisch-Galizische Eisenbahn (Przemysl–Legenyemihályi), die österreichische Nordwestbahn (Wien–Stockerau–Hollabrunn–Retz–Znaim) und die Erzherzog Albrecht-Bahn (Lemberg–Stryj–Stanislau). Bis 1873, dem Jahr der Weltausstellung, wuchs die Zahl der jährlich dem Verkehr übergebenen Bahnkilometer kontinuierlich an, langsam legte sich ein dichtes Netz von Bahnlinien über die kakanischen Landschaften.

Grosses am Quarnerobusen: das Südbahn-Projekt Abbazia

Unter jenen nicht allzu vielen „Touristen“, die um die Mitte des 19. Jahrhunderts bereits den Weg in den österreichischen Süden fanden, war auch der bayrische Reiseschriftsteller Heinrich Noë (1835–1896). Auf seinen Wanderungen durch die Karstlandschaften Istriens und Dalmatiens kam der polyglotte Münchner – angeblich konnte er sich in 18 Sprachen verständigen –

auch in das kleine Fischerdorf Abbazia und genoss hier die Gastfreundschaft der Familie Scarpa.

Paolo Ritter von Scarpa, Besitzer der eleganten „Villa Angiolina" in Abbazia, Patrizier und Gemeinderat von Fiume, pflegte wie sein Vater, der Holz- und Weizenhändler Higinio Scarpa, sorgfältig die gesellschaftlichen Verbindungen der Familie; 1855 heiratete er Maria von Bruck, die Tochter des angesehenen Wirtschaftsfachmanns Karl Ludwig von Bruck, der eben in diesem Jahr von Franz Joseph auf den Posten des Finanzministers berufen wurde. Bruck, ein glühender Patriot, tatkräftiger Reformer und eifriger Verfechter des *Culturfortschritts* in allen Bereichen, sollte 1860 durch ungerechtfertigte Anschuldigungen in den Selbstmord getrieben werden; sein Schwiegersohn trug diesen unruhigen Geist jedoch weiter, seine große Vision: der Ausbau Abbazias zu einem Bade- und Kurort.1869 gründete Paolo von Scarpa eine Aktiengesellschaft, die „Elisabeth Bad Aktiengesellschaft". Ihr Ziel war es, in Abbazia ein maritimes „Badeinstitut", das „Elisabeth Bad", zu errichten. Dafür sollten weitere, an seinen Besitz angrenzende Grundstücke erworben werden, die allesamt der Kirche gehörten. Es gelang ihm sogar, die Zustimmung der kirchlichen Autoritäten zum Kauf dieser Grundstücke zu erlangen, allerdings scheiterte die Aktiengesellschaft, die mit Entscheidung vom 12. August 1870 ihre Konzession erhielt, am fehlenden Kapital. Auch in Wien, wo er seinen Plan möglichen Geldgebern vorlegte, fand sein Plan wenig Anklang – noch war die Zeit nicht reif dafür. Nach 1874 geriet das visionäre Projekt Scarpas in Vergessenheit.

Unabhängig von Paolo von Scarpa verfolgte auch der aus Karlovac stammende Schriftsteller und Arzt Dr. Georg Mathias Sporer (1795–1884) den Plan, in Abbazia ein Sanatorium zu errichten. *Protomedicus* und *k. k. Gubernial Rath* Sporer hatte als Arzt in Laibach gearbeitet und war nach seiner Pensionierung an die Adriaküste übersiedelt; er empfahl vor allem für „anämische und schwächliche Individuen, namentlich für blutarme Kinder" einen Aufenthalt in Abbazia, positive Effekte wollte er aber auch bei lungen-, magen- und herzkranken Menschen sowie bei Patienten mit einem Nervenleiden erkennen. Hartnäckig unternahm er einige Anläufe zur Verwirklichung seiner Idee; 1872 schaffte es Sporer immerhin, ein *Consortium* zur Gründung der *Balnear und Inhalations Heilanstalt in Abbazia* zu bilden, bestehend aus wohlhabenden und einflussreichen Bürgern aus Fiume, Abbazia und Volosca. Statuten wurden ausgearbeitet und ein ambitioniertes „Programm" zur Finanzierung des Instituts, das beim Innenministerium in Wien eingereicht wurde. Sporers Idee dabei war es, eine Aktiengesellschaft mit einer humanitären Non-Profit-Organisation zu verbinden – die Mühlen der Wiener Bürokratie mahlten jedoch derart langsam, dass auch Sporer sein Projekt schließlich aufgeben musste. Die Verwandlung Abbazias zum Kur- und Badeort blieb also vorerst ein Wunschtraum.

Rechts:
Umschlagmotiv der Zeitschrift „Südbahn und Lloyd", 1913.

Der Schienenweg nach dem Süden

Links: Die Internationale Schlafwagengesellschaft (CIWL) bewirbt ab 1898 ihr *Winter climatic health and sea bathing resort* Abbazia. Plakat, um 1905.

Nachdem Paolo von Scarpa mit einem Geschäft Schiffbruch erlitten hatte, war er durch Geldnot 1875 gezwungen, die Villa Angiolina um 80.000 Gulden an den mährischen Adeligen Graf Viktor von Chorinsky (1838–1901) zu verkaufen. Ein Jahr später, 1876, schrieb Dr. Sporer einen Brief an den bedeutenden Wiener Laryngologen Leopold Schrötter Ritter von Kristelli, in dem er dem Kollegen seine Pläne mit Abbazia schilderte. Der Versuch, endlich einen Verbündeten in der Hauptstadt zu gewinnen, gelang tatsächlich – Schrötter versprach, Abbazia seinen Patienten zu empfehlen, ging aber dann noch weiter: In seinen Schriften verwies er erstmals auf die „hervorragende Konzentration des Areosols in der Luft Abbazias" und rief damit auch das Interesse seiner Kollegen wach.

Damit war der verträumte Ort an den Felsufern des Quarnero in Wiener medizinischen Kreisen endgültig ein Thema geworden; dazu trugen nicht zuletzt auch die enthusiastischen Schilderungen Heinrich Noës bei, der, nunmehr in der Hauptstadt als Herausgeber der *Alpenzeitung* tätig, in den Salons das Loblied Abbazias sang. Es wäre dies eine Örtlichkeit geeignet zum „Seebad und zum Wintergarten von Wien", zu einem „maritimen Vorort der Metropole". Angesichts dieser Elogen wurde ein Mann hellhörig, der es üblicherweise nicht bei Worten beließ: Friedrich Julius Schüler (1832–1894). Der aus Buchsweiler *(Bouxwiller)* im Elsass stammende Manager hatte eine wahre Blitzkarriere im Eisenbahngeschäft hinter sich: mit 29 Jahren Generalinspektor der Südbahn und mit 39 deren Betriebsdirektor, seit 1878 Generaldirektor der Südbahngesellschaft, des größten österreichischen Bahnkonsortiums. Schüler war unermüdlich auf der Suche nach besonderen Attraktionen für die Fahrgäste der Gesellschaft, denn er hatte klar erkannt, dass mit der Schaffung neuer touristischer Ziele auch ein Ansteigen des Bahnreiseverkehrs erzielt werden konnte und damit eine weitere Konsolidierung der angespannten Finanzen – die Südbahn lebte vor allem vom Personenverkehr.

Inspiriert von einen Vortrag Noës über die Bucht des Quarnero, griff Schüler daher dessen Idee begeistert auf und entwickelte sein eigenes Konzept: Hier, wo jetzt nur Fischerhütten standen und grüne Lorbeerwälder, sollte für die Reichen der Monarchie eine neue Attraktion aus dem Boden gestampft werden, ein „Brighton im Sommer und ein Cannes im Winter", wie es Noë formulierte. Nach dem Vorbild der großen Eisenbahnhotels am Semmering und in Toblach sollte nun auch an der Adria ein neues Tourismuszentrum entstehen, die „Gesellschaftlichen Hotels" am Quarnero sollten Kristallisationspunkte für den wachsenden Trend zum Meer werden und entsprechend Geld in die Kassen spülen. Der notwendige Bahnanschluss war bereits vorhanden: 1873 hatte die Südbahn die Strecke von St. Peter in der Krain *(Pivka)* nach Fiume fertiggestellt; von der Station Mattuglie waren es noch sieben Kilometer mit dem Pferdefuhrwerk nach Abbazia, das so von Wien aus direkt und bequem „über Nacht" erreicht werden konnte.

Nächste Doppelseite: Die Eisenbahnverbindungen nach Triest und Fiume, Pola und Parenzo rücken die Adria näher an Wien heran: *Section 74* aus dem Eisenbahn- und Verkehrsatlas von Europa, Leipzig 1905.

Das Vorhaben des umtriebigen Südbahnmanagers, der 1884 die österreichische Staatsbürgerschaft annahm, war komplex, galt es doch einerseits die Finanzierung der geplanten Großhotels in einer Umgebung ohne entsprechende Infrastruktur auf die Beine zu stellen, andererseits aber auch das Projekt mit Leben zu erfüllen und die richtigen Männer – „Promotoren" – dafür zu finden. Erstes Ziel war es jedoch, das Areal mit der Villa Angiolina zu er-

Staatsbahnen

1 Österreichische Staatsbahnen
Direktions-Bezirke:
d Villach e Triest

2 Ungarische Staatsbahnen
Direktions-Bezirke:
c Szombathely (Steinamanger) i Zágráb (Agram)

28 K. u. k. Militärbahn
Banjaluka-Doberlin

Anschluss an Sect. 75.

Anschluss an Sect. 77.

Privatbahnen

dbahn-Gesellschaft
d in deren Betrieb befindliche
Steiermärkische Landesbahn

51 Zágráb (Agram) Samoborer Lokalbahn

Anschlussbahnen

1 Italienische Südbahngesellschaft
41 Venetianische Baugesellschaft

werben, und man musste sich beeilen, denn inzwischen war bereits auch eine andere Interessensgruppe „sogenannter Gründer" an den Grafen Chorinsky mit einem Kaufangebot herangetreten. Schüler beauftragte den ortskundigen Heinrich Noë mit der Führung der Gespräche und tatsächlich gelang es dem enthusiastischen Bayern, Chorinsky vom Angebot der Südbahngesellschaft zu überzeugen, und das obwohl er nicht der Bestbieter war – der Graf zog jedoch das Angebot der Südbahn vor, von „deren Verwaltung er sicher sein konnte, dass sie mit ihren auf die Hebung des Verkehrs und auf den allgemeinen Nutzen gerichteten Bestrebungen bei ihren technischen und anderen Mitteln, bei dem Einflusse, welcher ihr zur Verfügung stand, aus seinem unvergesslichen Besitz am Südmeer etwas anderes zu machen wissen werde, als eine Gruppe von Spekulanten, deren nächste Absichten nur die einer rücksichtslosen Ausbeutung sein konnten". Am 18. Juli 1882 wurde der Kaufvertrag unterzeichnet – für 100.000 Gulden ging das „Object" an die Südbahn; ein angemessener Preis, wenn man bedenkt, dass 1910 die Villa Angiolina zusammen mit dem Park um stolze 2,5 Millionen Kronen verkauft werden wird.

Sofort danach begannen die Bauarbeiten, die Pläne dazu hatte man bereits fertig in der Schublade. Auch an die Versorgung der zu erwartenden Gäste mit frischem Obst und Gemüse wurde gedacht: In dem kleinen Dorf Ika, zwischen Abbazia und Lovrana gelegen, erwarb die Südbahngesellschaft einen der größten Landwirtschaftsbetriebe der Gegend, die „Campagna Colona", zu der damals auch noch Weingärten gehörten.

Nicht ganz einfach war es, das für den Hotelbetrieb notwendige weibliche Dienstpersonal zu finden. Wichtigster Arbeitgeber der Region für junge Frauen war die Zigarrenfabrik in Fiume bekannt für ihre Virginias. Etwa 2.000 Arbeiterinnen waren hier bei relativ gutem Lohn beschäftigt, ein Wechsel ins Hotelgewerbe daher für sie uninteressant. So war man gezwungen, Köchinnen und „Kammerzofen" aus Böhmen und Ungarn anzuwerben; die Kellner kamen aus Wien.

Für den Posten des Chef-Kurarztes hatte Schüler einen aufstrebenden Wiener Mediziner im Visier, der sich auf Balneologie spezialisiert hatte und inzwischen in Rohitsch-Sauerbrunn (heute: *Rogaska Slatina*) als „landschaftlicher Brunnenarzt" praktiziert und an der Universität Graz Hydrotherapie und Balneotherapie lehrt: Dr. Julius Glax (1846–1922), den Sohn des Historikers Heinrich Glax. Durch erste wissenschaftliche Arbeiten hatte sich Glax den Ruf eines Reformers und kompetenten Kritikers erworben, eines Mannes, der modern und zukunftsorientiert dachte. Die Diskussion um Abbazia konnte diesem engagierten Arzt nicht verborgen bleiben: Angeregt durch die begeisterten Schilderungen Schweiger-Lerchenfelds (siehe unten), reiste Glax, der sich 1876 in Graz habilitiert hatte und 1880 vom Kaiser zum Universitätsprofessor ernannt worden war, zum ersten Mal im September 1883 nach Abbazia und begab sich dann nach Wien, wo er zunächst dem

Wirtschaftsfachmann Wilhelm Freiherrn von Schwarz-Senborn seine Eindrücke schilderte, und dieser vermittelte ihm schließlich eine Unterredung mit Schüler. Glax erkundigte sich dabei ausführlich nach den Plänen der Südbahn: Wolle man nur eine Hotelanlage errichten oder tatsächlich einen Kurort gründen? Falls man Letzteres anstrebe, müsse die Gesellschaft auch die Schaffung „entsprechender Einrichtungen wie Wasserleitung, Kanalisation, Bäder, hydropathische Anstalt, Milchwirtschaft" im Auge haben, weiters sah das sehr fortschrittliche „Hygienekonzept" des ambitionierten Balneologen die „einwandfreie Beseitigung der Abfallstoffe, geeignete Isolierräume für infektiöse Kranke, Desinfektion und Desinfektionsräume, Leichenkammern, entsprechende Einrichtungen für Krankenpflege, Krankentransport, Rettungswesen und Feuerwehr, Überwachung der Kurmittel und ihrer Verabreichung" und auch eine „Überwachung der Lebensmittel" vor, daneben müsse aber auch die „Ruhe im Kurort" gewährleistet sein. Als sich Schüler mit diesen zum Teil sehr kostenintensiven Forderungen konfrontiert sah, gab er offen zu, dass man sich noch nicht endgültig festgelegt habe, lud aber Glax zu einem längeren Aufenthalt in Abbazia ein, was dieser ab dem Oktober 1885 auch wahrnahm. Da sich zu dieser Zeit auch der angesehene Müchner Laryngologe Max Joseph Oertel (1835–1897) und der berühmte Chirurg Theodor Billroth (1829–1894) in Abbazia aufhielten, bat Schüler die drei Mediziner zu einem *Consilium* über die Zukunft Abbazias – auf Anraten der drei Gelehrten entschied sich Schüler endgültig für eine Zukunft Abbazias als Kurort. So vertrat der *celebre* Münchner Mediziner Oertel, der sich auch noch in den 1890er-Jahren am Quarnero aufhalten wird, die Meinung, dass sich Abbazia wegen seines hohen Luftdrucks – 760 Millimeter im Mittel – und seiner „staub- und keimfreien Seeluft" vor allem als Kurort für Herzkranke eigne und als solcher in die „vorderste Linie" zu stellen wäre.

Julius Glax verlegte ab 1885/86 seine Winteraufenthalte und ab Sommer 1887 seinen ständigen Wohnsitz nach Abbazia; gemeinsam mit seinem Freund Graf Benedikt Giovanelli, dem Statthaltereirat von Triest, arbeitete er die Kurordnung für Abbazia aus, die zur Grundlage des Landesgesetzes vom 4. März 1889 wurde, mit dem der Ort das Kurstatut verliehen erhielt. Im Oktober 1887 wurde er von Schüler zum „dirigierenden Arzt der Kuranstalten der k. k. privileg. Südbahn-Gesellschaft" berufen und konnte als solcher den Aufstieg Abbazias vom „Kurort-Baby" zum „Weltkurort" entscheidend mitgestalten. Theodor Billroth würdigte 1888 in der *Wiener klinischen Wochenschrift* diese Entscheidung Schülers: „Die Südbahn hat an Herrn Professor Glax eine ungewöhnlich glückliche Acquisition gemacht, wozu man den Kurort nur beglückwünschen kann; es ist das ein Vorzug von Abbazia, den ich ganz besonders hervorhebe, und den meine Kollegen zu würdigen wissen werden." Gleich nach Amtsantritt drängte Glax auf den Bau einer neuen Wasserleitung vom Monte Maggiore, um den Kurort mit tadellosem Trinkwasser versorgen zu können, stieß hier aber auf den Widerstand Schülers, der zuerst die bestehende Wasserleitung zu den Hotels der Gesellschaft von den so genannten „Klara-Quellen“ südlich von Abbazia durch weitere Bohrungen absichern wollte. Die Wasserleitung von den Hochquellen des Monte Maggiore wurde schließlich erst 1897 in Betrieb genommen, der in diesem Jahr projektierte Bau des Kanalisationsnetzes 1907 fertiggestellt.

1889 wurde Julius Glax Mitglied der Kur-Kommission, 1899 übernahm er als Kurvorsteher den Vorsitz in dieser Institution und hatte diesen durch zwei Jahrzehnte hindurch bis 1919 inne. Ob Unterhaltungsveranstaltungen für die Kurgäste oder Ausflüge in die Umgebung, ob der Ankauf eines Müllverbrennungsofens oder das Anlegen eines neuen Friedhofs – ohne Glax ging nichts; Abbazia war Glax und Glax war Abbazia. Zu seinen prominenten Patientinnen und Patienten zählten Kronprinzessin Stephanie, die Gattin Kronprinz Rudolfs, das rumänische Königspaar Carol I. und Elisabeth (Carmen Sylva), Prinz Peter Karageorgevic, der spätere König von Serbien, Prinzessin Klementine von Sachsen-Coburg-Gotha und Fürst Johannes II. von und zu Liechtenstein sowie der eigenwillige Großherzog Adolph von Luxemburg. 1894 betreute Julius Glax die Söhne des deutschen Kaiserpaars während ihres Aufenthalts in Abbazia und auch Schauspielstar Alexander Girardi, der Liebling des Wiener Theaterpublikums, der nach der wüsten Auseinandersetzung mit seiner Frau Helene Odilon im Frühjahr 1897 Erholung in Abbazia suchte, legte Wert darauf, vom „Herrn Professor“ persönlich untersucht und betreut zu werden.

Eine zweite wichtige Personalentscheidung Schülers betraf die Direktion der Hotels und Kuranstalten der Südbahn in Abbazia und auch hier bewies er das richtige Gespür: Am 12. September 1889 ernannte er Anton Silberhuber (1839–1899), den Präsidenten des Österreichischen Touristenklubs, zum Direktor und band damit einen der besten Tourismus-Fachleute der Habsburgermonarchie in sein Imperium ein. Silberhuber, der ehemalige Inhaber eines Reisebüros, war seit 1881 Präsident des ÖTK, der unter seiner Leitung einen enormen Aufschwung genommen hatte, und Chefredakteur der *Österreichischen Touristen-Zeitung*. Als Reisebegleiter Kronprinz Rudolfs hatte er bei Hochtouren und Bergbesteigungen auch Kroatien kennen gelernt. Beinahe ein Jahrzehnt lang sollte er von nun an die Geschicke Ab-

Rechte Seite und unten:
Ein gutes Geschäft für kapitalkräftige Investoren: Aktie der k. k. priv. Südbahn-Gesellschaft in deutscher und ungarischer Sprache, Mai 1883.

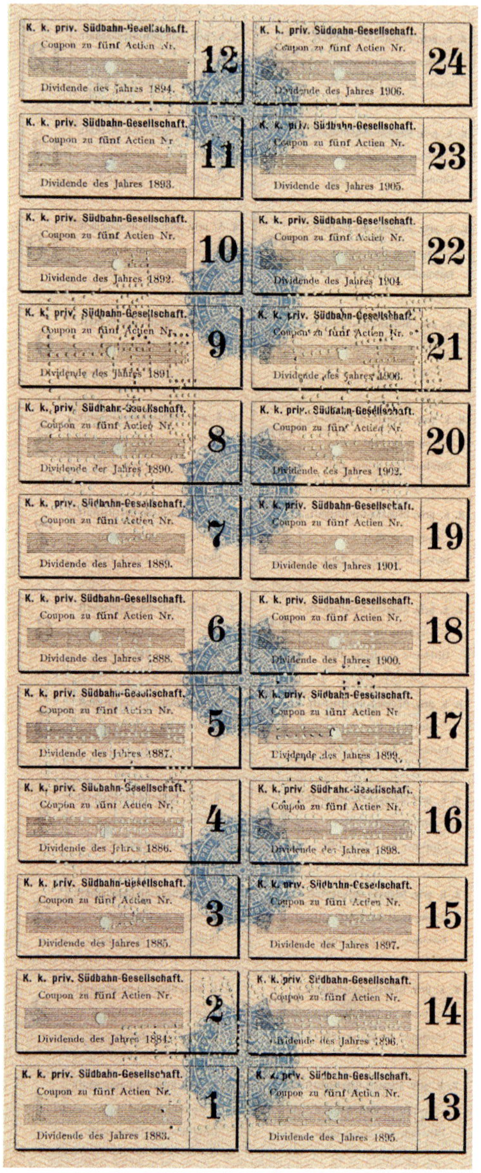

K. K. PRIV. SÜDBAHN-GESELLSCHAFT.

JUXTE ZU DEN ACTIEN No.

K. K. PRIVILEGIRTE SÜDBAHN-GESELLSCHAFT

K. K. PRIV.

SÜDBAHN-GESELLSCHAFT

CS. KIR. SZAB.

DÉLI VASPÁLYA-TÁRSASÁG

(VORMALS:
KAISERLICH KÖNIGLICH PRIVILEGIRTE SÜDLICHE STAATS-, LOMBARDISCH-VENETIANISCHE UND CENTRAL-ITALIENISCHE EISENBAHN-GESELLSCHAFT.)

Concession vom 23. September 1858, genehmigt mit der Allerhöchsten Entschliessung vom 30. November 1858.

GESELLSCHAFTS-CAPITAL: 375,000.000 FRANCS
EINGETHEILT IN 750.000 ACTIEN.

(EZELŐTT
CSÁSZÁRI KIRÁLYI SZABADALMAZOTT DÉLI ÁLLAMI, LOMBÁRD-VELENCZEI ÉS KÖZPONTI OLASZ VASPÁLYA-TÁRSULAT.)

1858. évi szeptember 23-án kelt engedmény, jóváhagyva az 1858. évi november hó 30-án kelt legfelsőbb elhatározással.

TÁRSULATI TŐKE: 375,000.000 FRANCS
750.000 RÉSZVÉNYRE BEOSZTVA.

FÜNF ACTIEN

ÖT RÉSZVÉNY

No. SZÁM

auf den Inhaber lautend,

volleingezahlt mit je 500 Franken, oder 200 Gulden Oe. W. in Silber, oder 20 Pfd. Sterling.

melyek a birtokosra szólnak,

mindegyike teljesen befizetve 500 frankkal vagy 200 o. é. forinttal ezüstben, vagy 20 font sterlinggel.

WIEN, MAI 1883.

BÉCS, 1883 MÁJUS.

FÜR DIE K. K. PRIV. SÜDBAHN-GESELLSCHAFT:

A CS. KIR. SZAB. DÉLI VASPÁLYA-TÁRSASÁG HELYETT:

EIN VERWALTUNGSRATH:
EGY IGAZGATÓ TANÁCSOS:

DER DELEGIRTE BEAMTE:
A KIKÜLDÖTT HIVATALNOK:

K. K. PRIVILEGIRTE SÜDBAHN-GESELLSCHAFT

R. v. WALDHEIM. WIEN.

bazias mitbestimmen; erst mit der Verpachtung der Südbahn-Hotels an die Internationale Schlafwagengesellschaft ging seine Ära zu Ende. Am 15. Juni 1898 verließ er den Kurort und ging nach Wien, wo er noch als „Reisemarschall" eine Nordlandfahrt Erzherzog Karl Ludwigs und der ihm bestens bekannten Konprinzessin-Witwe Stephanie organisierte. Anton Silberhuber starb am 7. März 1899.

Nachfolger Silberhubers als Direktor der Kuranstalten wurde der 38-jährige Wiener Alfred Pachler, den die Internationale Schlafwagengesellschaft aus dem Pariser Hotel Continental nach Abbazia berief. Pachler, der in Paris als Direktor-Stellvertreter tätig war, bot, wie die Zeitschrift *Hygiea* rühmend schrieb, das „ungemein ansprechende Characterbild eines zielbewussten Mannes in der Vollkraft der Jahre, der mit den höchsten fachlichen Erfordernissen ausgerüstet ist. Zu diesen gehören zunächst Weltkenntnis, Gewandtheit im Umgange und gründliche Sprachenkenntnisse; diese Erfordernisse vereinigt Herr Director Pachler im ungewöhnlichsten Maße in sich. Die Liebenswürdigkeit seiner Umgangsformen sichert ihm das höchste Ansehen unter den distinguirten Curgästen." Das „Corps seiner Untergebenen" zählte 180 Menschen; bald bewunderte man Pachlers Geschick, mit dem er unter seinen Mitarbeitern Disziplin zu halten wusste.

Zu jenen Autoren, die bereitwillig die Werbetrommel für die Vision Schülers rührten, zählte wie erwähnt auch Amand von Schweiger-Lerchenfeld (1846–1910), ehemals k. u. k. Offizier und Veteran der Schlacht von Custozza 1866, der sich mit Talent und enormem Fleiß zum wohl führenden „Sachbuchautor" der Monarchie emporgeschrieben hatte. 1883 veröffentlichte er sein Buch *Abbazia. Idylle von der Adria*, das in geradezu hymnischer Weise das Loblied auf das „Paradiesesgestade" am Quarnero sang und dessen „Befähigung zu einem Winterasyle" nachdrücklich dartun wollte. Mit den Bauplänen der Südbahngesellschaft – er sprach diskret von einer „großen Unternehmung" – zum ersten Hotel und zu einem „still gelegenen Sanatorium" offensichtlich bereits vertraut, griff er der Zeit voraus und dachte sich den „freundlichen Platz mit Gästen aus nah und fern bevölkert", geschickt streute er in seinen Bericht die Versatzstücke mediterraner Traumwelten mit ein; er zitierte antike Mythen, Lord Byron und Goethe am Strand von Taormina. In den Mittelpunkt rückte er die einzigartige Natur und schöne Frauen, immer wieder verstand er es, Bezüge zu bekannten und touristisch bereits erschlossenen Orten am Mittelmeer zu knüpfen: „Dieser Blüthenduft zu Abbazia ist ein einziger langwährender Athemzug, den der Süden über Meere und Länder haucht. Auch in dieser Richtung schweift die Erinnerung gerne aus und schließt den Zauberring, der um das Mittelmeer und seinen schönsten Golf – die Adria – herumläuft. So ein duftumhauchtes Lauschplätzchen am Gestade von Abbazia streicht Raum und Zeit aus ihrem Zusammenhange. Man denkt an Cannes, wo die laue Seebrise über die Halbinsel von La Croisette

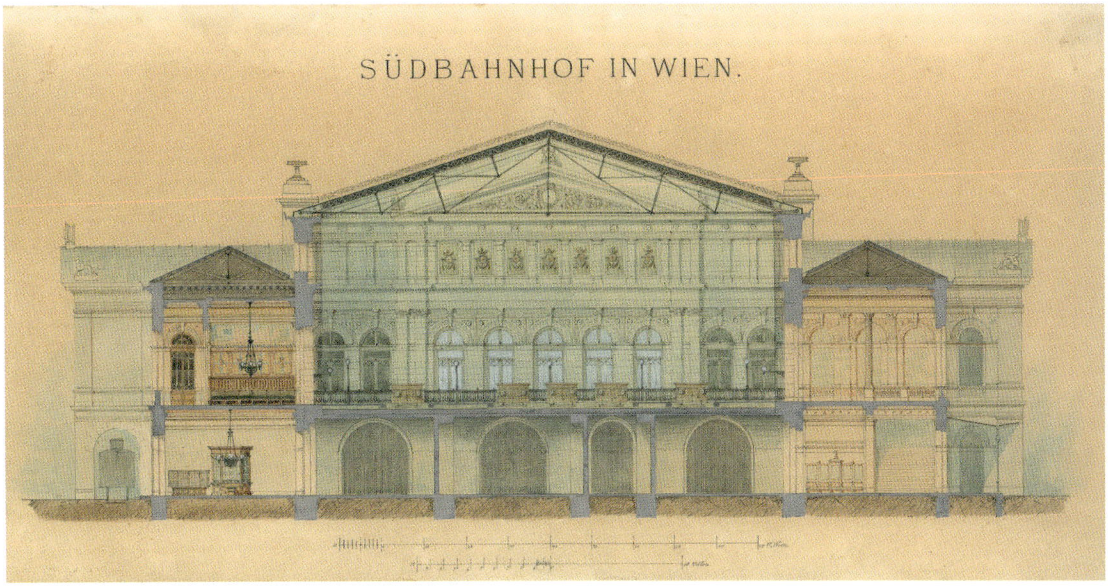

Oben: „Das Äußere des Gebäudes sollte so gestaltet sein, dass der Charakter desselben als Kopfstation in gebührender Weise zum Ausdruck kommt" (Wilhelm Flattich, 1876): Stirnfassade des Südbahnhofs, 1873. Aquarellierte Tuschfederzeichnung.

streicht und mit frischem Blüthen-Athem die Locken schöner Frauen bethaut; oder man gedenkt jener Zauberstunde, wo im Palmenschatten der ‚Promenade des Anglais' zu Nizza das Herz von zwei Magneten zugleich sich angezogen fühlte, von leuchtenden Frauenaugen und den Kindern Florens in den im Abendwind aufschauernden Blüthenbeeten; oder man frischt die Erinnerung an jenen Genuß auf, den man während einer Raststunde in den Gärten von Sorrent empfunden, wo man den blauen Himmel nur zwischen goldrothen Orangen sieht, und im Frühling das Haupt in den Duftwolken von Millionen von Orangenblüthen sich badet." In Abbazia, so Schweiger-Lerchenfelds Resümee, habe man all die Vorzüge der anderen Orte gemeinsam „zur Hand, und keinen schönern Märchengarthen gibt's, als den, welchen wir hier durchwandern", wer sich die Kindlichkeit des Gemüts bewahrt und die „eitle Weltlichkeit" abgestreift habe, könne so durch „die unendliche Tiefe der Ahnungen, welche der Naturgenuß in uns erweckt", seinen geistigen Horizont „bis auf Sonnenweiten" öffnen und ausdehnen. Abbazia, so das erklärte Ziel, könne so etwas wie ein nationaler „Haltepunkt" werden, eine „Localität", einzig in ihrer Art, in der sich die Sehnsucht eines ganzen Volkes kristallisiere.

Der Aufstieg Abbazias war nicht mehr aufzuhalten: Im Schutze des 1.396 m hohen Monte Maggiore schossen Prachthotels und Villen in die Höhe, in den „Strandseebädern" Angiolina und Slatina traf sich die vornehme Gesellschaft aus Wien, Prag und Budapest, die Namen der Hotels „Quisisana", „Kronprinzessin Stephanie" oder „Quarnero" wurden zu Synonymen für Exklusivität und Eleganz. Modern ausgestattete Kuranstalten und diverse Medizinalbäder lockten auch im Winter ein zahlungskräftiges, elitäres Publikum an: Kaiser Franz Joseph, Kaiser Wilhelm II. und Kronprinz Rudolf mit seiner

Oben: Abfahrt vom Wiener Südbahnhof. Aquarell von Franz Witt, um 1900.

Gattin Stephanie kamen hierher, um im sanften Klima des „österreichischen Nizza" Erholung zu finden. „Herrliche Paläste winken mir zu im Lorbeerhaine, Prunk und Pracht, schöne Frauen, liebliche Musik! Als ob das Feinste der feinen Welt sich hier versammelt hätte, um mich zu grüßen", meinte Besucher Peter Rosegger *(Am Strande von Abbazia)*, der auch hier die gewohnte mystische Begegnung mit dem Meer suchte, über das einzigartige Flair der Stadt – „Abbazia! Schon das Wort klingt wie der Gesang eines tropischen Vogels".
Schon Anno 1890 konnten Josef Rabl und Anton Silberhuber in ihrem Führer *Wintercurort und Seebad Abbazia* stolze Bilanz ziehen: „Und so sind denn für die Gestade des heiligen Jacob neue Tage des Glanzes erschienen. Tage eines beispiellosen, fast märchenhaften Aufschwunges, dessen segensreiche Consequenzen sich nicht alleine auf die Küste, sondern allmälig auch auf andere Theile des so traurig-verarmten, aber an eigenthümlichen Naturschönheiten überreichen Istriens erstrecken dürften. Die Geschichte der Menschheit aber wird die Schöpfung von Abbazia als eine humanitäre und civilisatorische That feiern, und den Namen ihres Urhebers, des General-Directors Friedrich Schüler, der Unvergänglichkeit überliefern."
Abbazia wurde zum Paradebeispiel für das Thema „Erfolg" im Bereich der noch jungen Tourismuswirtschaft Cisleithaniens – und es war vor allem der Erfolg der Südbahn-Gesellschaft, die in der Erkenntnis, dass Bahnlinien auch attraktive Destinationen anbieten müssen, in Abbazia investiert hatte. „Das, was die Südbahn mit ungeheuren Opfern Großes und Schönes am Quarne-

Oben: Ankunft am Wiener Südbahnhof. Aquarell von Franz Witt, um 1900.

robusen geschaffen, kann den verständnisvollen Zuschauer nur mit Bewunderung erfüllen“, anerkannte 1897 eine gewisse Flora Horn aus Sachsen, die über Wien und Fiume nach Abbazia angereist war und der wir auch eine hübsche Schilderung ihrer Fahrt auf der Südbahn verdanken *(Abbazia. Reiseskizzen)*. Nicht verborgen blieb der kritischen Dame aus dem wilhelminischen Deutschland aber auch, dass Abbazia sich durch eine ganz spezifische, etwas spröde wirkende Atmosphäre auszeichnete; die Welt der k. u. k. Adria bot sich ihr dar als eine Welt wohlhabender, distinguierter Menschen, die sich in elegant-gepflegter Umgebung bewegten, man genoss Ruhe und Stille, mied jede Hektik. Das entsprechende Gesamturteil Flora Horns: „Abbazia ist nichts für Herdenmenschen! Es ist ein vornehm stiller Kurort, ein zur Wirklichkeit gewordenes süßes Märchen, das seine eigens dafür gestimmten Gemüther verlangt. Für das große Publikum sollte die Kurdirektion mehr Vergnügen schaffen, und geschieht dies, wird vielleicht Abbazia von seiner keuschen Schönheit verlieren.“

Das kakanische Luxus-Seebad war natürlich auch für internationale Reiseveranstalter wie die aufstrebende „Compagnie Internationale des Wagons-Lits“ von besonderem Interesse: Da man hoffte, den Ort in Nord- und Westeuropa als ganzjähriges Reiseziel attraktiv „verkaufen“ zu können, pachtete man wie erwähnt 1898 nicht nur das Grandhotel „Kronprinzessin Stephanie“, sondern übernahm von der Südbahn-Gesellschaft auch die Medizinalbäder – damit konnte die CIWL ihren Gästen Anreise und Kuraufenthalt günstig „im

Schosshunde sind frei

1855 legte die der k. k. priv. Österreichischen Staatseisenbahn-Gesellschaft anlässlich des Erwerbs der nördlichen Staatsbahnlinien von Bodenbach nach Brünn und Olmütz erteilte *Concessions-Urkunde* im Artikel 8 neue Tarifbestimmungen fest. Als „Maximaltarif" pro österreichische Meile (= 7, 585 km) in Gold- oder Silbermünze wurden für die 1. Klasse 20 Kreuzer Conventions-Münze (C.-M.), für die 2. Klasse 15 und für die 3. Klasse 10 Kreuzer Conventions-Münze festgesetzt. Das Wort „Mindestgebühr", so lässt die folgende Formulierung vermuten, war dagegen noch nicht erfunden:
Schosshunde, soferne sie auf dem Schosse gehalten werden und wenn keiner der Mitfahrenden dagegen Einwendung macht, sind frei. Für das Mitfahren der Hunde in den dafür bestimmten Behältern ist die Gebühr von 3 kr. C.-M. pro Stück und Meile, und wenn die entfallende Gebühr unter 10 kr. entfallen würde, sind 10 kr. für jedes Stück zu entrichten.

Paket" offerieren. Die großen Erwartungen erfüllten sich jedoch nicht – das Gästeaufkommen in Abbazia steigerte sich nur in begrenztem Ausmaß.

Volosca-Abbazia bzw. später Abbazia-Mattuglie hieß die kleine Eisenbahnstation an der Strecke St. Peter in Krain–Fiume, von der man mit der Kutsche in einer guten halben Stunde die Luxushotels und mondänen Villen Abbazias erreichte; so manch ortskundiger Gast – wie etwa Heinrich Noë, der Autor einiger Werke über die Südbahnstrecke – zog es auch vor, zu Fuß hinunter nach Abbazia zu wandern. Wer per Schiff anreisen wollte, nahm den Lokaldampfer von Fiume aus, der nach 40 Minuten die Hafenmole des malerisch gelegenen Seebades passierte.
Fiume *(Rijeka)* war bis 1918 eine freie Stadt und wurde von einem Gouverneur verwaltet; als einziger Seehafen des Königreichs Ungarn stand es in natürlicher Konkurrenz zu Triest, musste aber im Wettlauf um einen Eisenbahnanschluss dem nördlichen Nachbarn den Vortritt lassen: Die so genannte „ungarische Karstbahn" vom kroatischen Karlstadt *(Karlovac)* nach Fiume wurde erst 1870 fertiggestellt – auch beim Bau dieser Strecke durch die MÁV (die Ungarischen Staatsbahnen) mussten zahlreiche Schwierigkeiten überwunden werden. Das Engagement der Südbahn-Gesellschaft in der touristischen Entwicklung Abbazias bestärkte nun jene Überlegungen, die für eine direkte Verbindung mit der Strecke Laibach–Triest plädierten, und so begann die Südbahn mit dem Bau der Linie St. Peter in Krain–Fiume, die 1873 fertiggestellt wurde – damit war auch der Schienenweg an die „österreichische Riviera" geschlossen. Fernwehkranke Fahrgäste aus dem Norden mussten zunächst in St. Peter umsteigen, doch mit dem Ansteigen der Besucherzahlen – für das Jahr 1910 verzeichnete

Abbazia eine Frequenz von 45.000 Besuchern – wurden die ersten direkten Schnellzüge Wien–Abbazia-Mattuglie geführt, für die wachsende Gästeschar aus dem süddeutschen Raum nahm man einen direkten Schnellzug München–Salzburg–Villach–Laibach–Abbazia-Mattuglie in das Angebot auf. Im „Ostende-Wien-Triest-Express", der ab 1895 einmal wöchentlich verkehrte, lief ein Schlafwagen Wien–Fiume; dieser Luxuszug wurde allerdings im Jahre 1900 aus Rentabilitätsgründen wieder eingestellt (siehe dazu auch das Kapitel Luxuszüge). Gern genützt wurden jedoch die Schlafwagen ab Wien im Verbund der normalen Südbahnschnellzüge – Eisenbahn-Gewährsmann Peter Rosegger wusste diesen Reisevorteil für die Gäste aus der Hauptstadt zu würdigen: „Dem Wiener ist Abbazia spielend leicht zu erreichen, er schläft sich einfach hinüber. An einem Winterabende acht Uhr lässt er sich auf dem Südbahnhof ein Eisenbahn-Coupé aufsperren, zieht die Fenstervorhänge zu, macht es sich bequem, raucht noch ein paar Cigarren, legt sich dann hin und – unter leichtem angenehmem Schaukeln, das wir noch von der Wiege in guter Erinnerung haben – schläft er ein. Nach einiger Zeit wird er wach, reibt den letzten Rest Duseligkeit aus den Augen, streckt sich und sagt: ‚Ah, das war ein köstlicher Schlaf! – Wo sind wir denn schon?' Er zieht die Vorhänge auf: Ah! Italien im Morgensonnenschein! Der Eisenbahnzug steht hoch an einem Ausläufer des Karst in der Station Mattuglie."

Um 1908 war Abbazia der führende Kurort Zentraleuropas: Etwa 34.000 Kurgäste suchten hier Erholung, zusammen mit den Besuchern von Lovrana übertraf man damit bereits Karlsbad. Im Sommer 1909 betrug allein die Zahl der Badegäste 19.845 – im Vergleich dazu kam das ebenfalls aufstrebende Grado nur auf 11.030 sonnenhungrige Besucher. Mit der Eröffnung der Tauernbahn stieg nun auch allmählich die Zahl der Gäste aus dem Deutschen Reich. Verstärkte Anstrengungen galten auch dem Straßenbau; die „Automobillinie" Abbazia–Triest wurde1910 fertiggestellt. 1911 wurde die „Kaiser Franz Josef-Jubiläums-Reichsstraße eröffnet, die oberhalb des Elektrizitätswerkes der Kleinbahn von der alten Verbindung von Mattuglie nach Volosca abzweigte und zwischen Kieferwäldchen und Weingärten nach Abbazia führte und bei Punta Colova wieder in den alten „Fahrweg" nach Lovrana mündete. Die neue Straße war bereits für den Autoverkehr gedacht; der „beängstigende Trubel zwischen Trambahn, Schwerfuhrwerk und Karossen" auf der alten Straße gehörte damit der Vergangenheit an.

Die Schüsse von Sarajevo und der fehlende Wille der k. u. k. Verantwortlichen, den drohenden Krieg zu verhindern, setzten im Sommer 1914 diesen Südbahn-Reise-Idyllen einen düsteren Schlusspunkt. Abbazia wurde zu einem Teil jener „Welt von Gestern", die Stefan Zweig in seinem gleichnamigen Buch so eindringlich beschwört …

Nächste Seite:
Die Parenzana, „Herzlinie" Istriens, arbeitete im Rhythmus der Region: unterwegs an der Strecke (links oben); der Bahnhof in Parenzo (Poreč, links Mitte); Halt in einem Bahnhof (links unten).

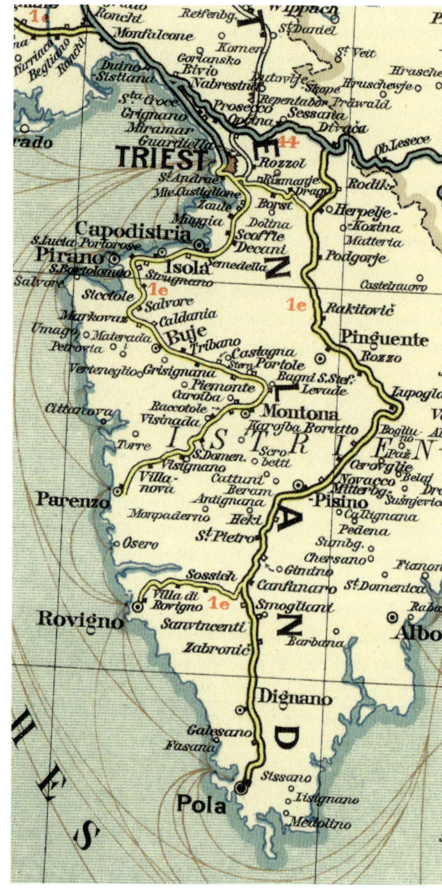
Monfalcone
Komen
Duino
Sistiana
Nabresina
Prosecco
Opcina
Sessana
Miramar
TRIEST
Rozzol
Capodistria
Isola
Pirano
Portorose
Decani
Dolina
Salvore
Umago
Buje
Tribano
Castagna
Portole
Piemonte
Grisignana
Verteneglio
Cittanova
Montona
Visinada
Torre
ISTRIEN
Pinguente
Rozzo
Rakitović
Herpelje
Kozina
Podgorje
Parenzo
Pisino
Mitterbg.
Villa di Rovigno
Rovigno
Canfanaro
Smoglian
Sanvincenti
Dignano
Galesano
Fasana
Pola
Sissano
Medolino
Albona

Die Parenzana

„Eingewachsen ins Grüne der hügelhaften Landschaft", so liest man auf der mit Unterstützung der Europäischen Union eingerichteten Website *parenzana.net*, „ist die schmalspurige Eisenbahn Parenzana wie eine Herzlinie, die über malerische Landschaften zwischen Poreč und Triest tief in das Schicksal der Istrischen Halbinsel eingekerbt ist." Ihre „imaginären Züge" würden im „istrischen Bewusstsein" noch immer gegenwärtig sein, auch wenn die Schienen längst verschwunden, der Fuhrpark verkauft und versteigert worden sei. Die Parenzaner Bahn, von den Italienern kurz *Parenzana*, von den Slowenen und Kroaten auch *Istrijanka, Istranka, Poreška* oder *Porečanka* genannt, ist unvergessen. Ein auf dem slowenischen Abschnitt der ehemaligen Bahntrasse von der Gespanschaft Istrien sowie vom Verein für die Erneuerung der Eisenbahn Poreč–Koper–Triest eingerichteter „Parenzana – Gesundheits- und Freundschaftsweg" erinnert an sie.
Die Konzession zum Bau der kleinen Bahn erteilte Eisenbahnminister Heinrich Ritter von Wittek am 15. August 1899; durchgeführt wurde er nach Plänen der Triester Firma „Luigi Buzzi". Eröffnet in zwei Etappen im Jahre 1902 und betrieben vom Triester Unternehmen *Societá locale Trieste–Parenzo,* brachte die 123,1 km lange Schmalspurbahn – die Schienenbreite betrug 76 cm – neues Leben in die istrische Karstlandschaft. Sie verband 33 Ortschaften und transportierte neben den Fahrgästen die Güter der Region: Salz aus den Salzgärten in Piran und Sečovlje, Olivenöl aus der Umgebung von Buje und Motovun, Obst und Gemüse, Mehl und Wein, Kalkstein und Holz. Die Parenzana, abgekürzt TPC (Trieste–Parenzo–Canfanaro), schuf Identität, sie arbeitete im Rhythmus der Region. Sie dampfte über Brücken und Dämme, aber sie raste nicht: Die bei Krauß & Comp. in Linz gebauten Lokomotiven der Baureihen „U" und „P" schafften gerade einmal eine Höchstgeschwindigkeit von 31 km/h, die Durchschnittsgeschwindigkeit betrug sanfte 25 km/h – zwischen sechs und sieben Stunden musste man also für die Reise von Triest nach Poreč veranschlagen. Da blieb, so die wohl etwas verklärende Überlieferung, auch einmal Zeit, um schnell abzuspringen und von den nahen Obstbäumen einige Früchte zu sammeln; wer es darauf angelegt hatte, konnte durch geschicktes Auf- und Abspringen auch der strengen Kontrolle des Kondukteurs entgehen. Und an den steilsten Stellen sollen die Fahrgäste mitunter sogar zum Anschieben gebeten worden sein. Ansonsten hatte man jedoch genug Muße, um die herrliche Aussicht auf die Landschaft des Karsts zu genießen.
Bis zum Beginn des Ersten Weltkrieges wuchs der Fuhrpark der Parenzana schließlich auf vier Lokomotiven, die im Eigentum der Staatsbahnen standen, vier Gepäck- und Postwagen, dreizehn Passagierwagen, dreißig geschlossene und sechsundzwanzig offen Wagen sowie zwei Kesselwagen an. Das Zugpersonal bestand aus drei Zugführern und drei Schaffnern.
Die Konzession von Eisenbahnminister Wittek war bis 1975 erteilt worden; die Parenzana überlebte die Monarchie jedoch nur knapp zwei Jahrzehnte. Am 31. August 1935 wurde sie eingestellt; der Fuhrpark 1939 versteigert. Die Schienen wurden von der Trasse gerissen, angeblich wollte Benito Mussolini sie zum Bau einer Kolonialbahn in Äthiopien verwenden. Das Transportschiff mit den eisernen Bändern an Bord versank jedoch im Mittelmeer; geblieben sind nur mehr zwei Meter Schienen im „Parenzana-Museum" in Izola, Slowenien. Hier können Eisenbahnfreunde auch einen Nachbau der Lokomotive „P3" bewundern. Entlang der Bahntrasse stehen noch die Hektometersteine mit der Aufschrift „TCP", die von einer verschwundenen Eisenbahnwelt künden …

Dem Fernsten nahe und dem Nahesten ferne

Wer im Biedermeier zum Vergnügen reiste, tat dies, um sich pittoreske Landschaften „optisch" anzueignen (Peter Märker/Monika Wagner) und daraus seelischen Gewinn zu ziehen. Um diese sentimentalisch-lustvollen Gemütsbewegungen möglichst intensiv erleben zu können, mussten die Reiseziele so gewählt werden, dass ein Maximum an pittoresken Eindrücken gewährleistet war – die „touristische Wahrnehmung" des bürgerlichen Reisenden, unterwegs mit der Postkutsche oder gar zu Fuß, erfreute sich an gewaltigen Gebirgslandschaften und Monumenten aus alter Zeit, an wildromantischen Schluchten und bizarren Ruinen; die Begegnung mit der „malerischen" Landschaft geriet zum schwärmerischen Ritual, in dem das Gesehene regelmäßig dramatisch überhöht wurde – um diese großartigen Erlebnisse beliebig reproduzierbar zu halten, begann man einen Kanon von „Sehenswürdigkeiten" zu definieren, der Eingang fand in die ersten „Reiseführer".

Es war die Zeit, in der das Reisen einen ungeheuren Aufschwung nahm: Die Repressionen des Regimes verstärkten den Wunsch nach Veränderung, der Sonntagsausflug in die idyllische Umgebung der Großstadt und die alljährliche Badereise nach Karlsbad wurden zu Indikatoren eines gutbürgerlichen Lebensstils.

Vorherige Doppelseite: Die größte Bahnhofshalle Wiens: der Nordwestbahnhof. Gemälde von Karl Karger, 1875. Die Höhe dieses „Doms" am Ende des Schienenstrangs betrug etwa 26 Meter.

Seht den flinken Schienenhufer – unser heimathlich Kamehl!

In diese Welt des beschaulichen Reisevergnügens brach die Eisenbahn und „revolutionierte" sie von Grund auf: Die neue Reisetechnologie ging einher mit einem neuen Reiseerlebnis, wie man es bisher nicht gekannt hatte: Für jemanden, der bislang das Dahinholpern der Postkutsche als Maximum an Geschwindigkeit erfahren hatte, konnte die Beschleunigung der Reisebewegung durch das Tempo der Eisenbahnzüge bis zur Desorientierung führen – eine Erfahrung, die Peter Rosegger in seiner berühmten Erzählung *Als ich das erstemal auf dem Dampfwagen* saß mit feinem Humor für die Nachwelt dokumentierte: Als der Ich-Erzähler und sein Oheim, der Knierutscher Jochem, der lockenden „Sündhaftigkeit" nachgeben, im Bahnhof Semmering Fahrkarten nach Spital lösen, den Zug besteigen und sich einige Augenblicke später in voller Fahrt durch den Semmeringtunnel befinden, durchleben sie diesen aufregenden Eisenbahn-Initiationsritus: „In demselben Augenblick wurde der Zug abgeläutet, und ich hörte noch, wie der ins Gelaß stolpernde Jochem murmelte: ‚Das ist meine Totenglocke.' Jetzt sahen wir's aber: im Wagen waren Bänke, schier wie in einer Kirche; und als wir zum Fenster hinausschauten – ‚Jessas und Maron!' schrie mein Oheim. ‚Da draußen fliegt ja eine Mauer vorbei!' – Jetzt wurde es finster, und wir sahen, dass an der

Rechts: Das faszinierende Reiseerlebnis Semmeringbahn forderte poetische Überhöhungen geradezu heraus: Erinnerungsgedicht von Ludwig August Frankl, abgedruckt in der Beilage zu M. Auers Zeitschrift *Faust*, 1856.

Zur Erinnerung.

1856.

SEMMERINGFAHRT.

Wir fliegen durch der Alpen Regionen,
Am Abgrund, —' das erschrock'ne Auge misst,
Ob diese Klüfte, wo die Schrecken wohnen,
Ob tiefer das Gewölb des Himmels ist?

Wie durch die Wüste dem erwählten Volke
Zieht hell die Feuersäule uns voran.
Die Burgruine, hoch bis in die Wolke,
Tief unter uns, gafft hohlen Aug's uns an. —

Die Wolken kommen finster uns entgegen,
Zu Füssen uns der Blitz, ihr Feuersohn;
Wir ziehen durch das dunkle Heer verwegen,
Vorüber an des Schneeberg's eis'gem Thron.

Es bleibt vor Staunen festgewurzelt stehen
Der Wald, bedenklich schüttelt er sein Haupt;
Der Bergfürst sieht verwundert, stolz uns gehen,
Wo er nur sich und Einsamkeit geglaubt.

Die Adler zu Genossen, um die Wette
Mit ihnen reisen kühn wir stahlgesohlt;
Nur Einer ist, wiewohl in eine Kette
Gelegt, der uns elektrisch überholt;

Heil dem Gedanken, wo wir ihm begegnen:
Ob in des Forschers, in des Künstlers Blick,
Wir wollen ihn in niedrer Werkstatt segnen,
Und in dem völkerwaltenden Geschick!

Ein Blick aus seinem Geniusauge war es,
Der diesen Felsenozean durchflog,
Columbuskühn, mit Flügeln eines Aares,
Zur grünen Thälerküste jenseits zog. —

Abwende jetzt, wem Taumel fasst die Blicke,
Und wem das Herz im Busen zaghaft pocht —
Titanenhaft hebt Brücke sich auf Brücke,
Die stürmend einen Abgrund überjocht.

Wer spricht vom rhodischen Koloss verwundert?
Das Wunderwerk, besiegt ist's hundertfach;
Und schweigend schafft das lebende Jahrhundert,
Wovon ruhmredig stets die Vorwelt sprach. —

Wir sehn zurück entsetzt! Wo flücht'ge Gemsen
Nur sonst den Sprung gewagt, dort fuhren wir!
Nun muss die Kraft der Wagenlenker bremsen,
Wir ziehen durch der Urwelt Nachtrevier:

Fantastisch hängen Felsen uns zu Häupten,
Berggeister sind die Funken in der Nacht,
Die zischend, wirbelnd auseinander stäupten;
Kein Menschenlaut, nur Wagendonner kracht.

Gebirge höhlten schon im Wunderlande
Die dunklen Sklavenvölker mächtig aus,
Und thürmten Piramiden auf im Sande,
Für eine Mumie ein Riesenhaus.

Hier hat durch Urgebirge für das Leben
Der freie Geist geschaffen eine Bahn,
Verbindend Völker und versöhnend, heben
Des Wissens und Verkehrs Triumphe an. —

Es tagt! Ein Meer von Licht ist ausgegossen,
Aus Bergen fliegt das Aug' hinab entzückt,
Auf gold'ne Thäler, grün von Wald umschlossen,
Auf reiche Städte, kuppelreich geschmückt.

Bacchantisch wiegt die Rebe sich an Stäben,
Der Gärten Schmuck erglänzt um Dörfer rings;
Viel Güter noch, die in den Geistern leben,
Sie harren nur des Auferstehungswink's!

Wir stehen still. — War wirklich die Erscheinung?
Ein Zauber in des Alpenfürsten Reich?
War, das an Schätzen reich und guter Meinung,
Nur eine Fahrt durch's Herz von Österreich!

Ludw. Aug. Frankl.

Wand unseres knarrenden Stübchens eine Öllampe brannte. Draußen in der Nacht rauschte und toste es, als wären wir von Wasserfällen umgeben, und ein ums ander Mal hallten schauerliche Pfiffe. Wir reisten unter der Erde. (...) Zehn Vaterunser lang mochten wir so begraben gewesen sein, da lichtete es sich wieder, draußen flog die Mauer, flogen die Telegraphenstangen und die Bäume, und wir fuhren im grünen Tale" – Oheim und Neffe sind zur Eisenbahn „bekehrt", auch wenn sie schließlich wegen „Schwarzfahrens" bis Mürzzuschlag stundenlang am Bahnhof festgehalten werden.

Rechts: Noch als Handelsschüler nützte Peter Rosegger (Foto: F. J. Böhm, 1866) den Sommer 1867 für eine wunderbare Ferienreise.

Immer wieder wurde von Verfechtern der „alten" Reisetechnologien bekrittelt, dass durch die Eisenbahn die sinnliche Erfahrung räumlicher Entfernung verloren gehe; die „Entrückung der Landschaft durch die Eisenbahnstrecke ist eigentlich Entrückung der Landschaft durch das maschinelle Ensemble. Anders gesagt, das maschinelle Ensemble schiebt sich zwischen den Reisenden und die Landschaft. Der Reisende nimmt die Landschaft durch das maschinelle Ensemble hindurch wahr", schrieb Wolfgang Schivelbusch und kreierte für diese neue Art des Staunens auf Reisen den Begriff „panoramatische" Wahrnehmung (nach Dolf Sternberger). Für Friedrich Nietzsche unterlag es noch einige Jahrzehnte später keinem Zweifel, dass diese neue Erlebniswelt mit einem elementaren Defizit behaftet sei – in seinen Betrachtungen *Menschliches, Allzumenschliches* (1878) nahm er die spezifisch „falsche" Wahrnehmung des Eisenbahnreisenden zum Ausgangspunkt für eine allgemeine Feststellung über das nunmehr eingeschränkte Urteilsvermögen des Menschen in der Welt der industriellen Revolution: „Bei der ungeheuren Beschleunigung des Lebens wird Geist und Auge an ein halbes oder falsches Sehen und Urteilen gewöhnt und jedermann gleicht den Reisenden, welche Land und Volk von der Eisenbahn aus kennen lernen."

Auch von zeitgenössischen Beobachtern wurde diese neue Qualität des Reiseerlebnisses nicht ohne Widerspruch hingenommen: In seinen *Briefen aus London* (1838) bedauerte Theodor Mundt etwa, dass die Eisenbahnreise, in der er durchaus sein „Lieblingsvergnügen" entdeckt hätte, den individuellen Erlebniswert des Reisens entscheidend einschränke: „Und was das Reisen betrifft, so wird durch die Eisenbahnen gewissermaßen alles Reisen aufhören, ich meine nicht blos (!) die Romantik desselben und den Unterwegsgenuß der Natur, über deren Verlorengehen schon Andere im Voraus geklagt haben" – mit der „Vernichtung von Zeit und Raum" sieht Mundt die Aura der Ferne, des Unbekannten und Fremden schwinden, durch die neue intensive Zirkulation von Menschen und Waren verliere „alle Verbindung an Werth und Inhalt", die Poesie des Reisens gehe verloren, letztlich greife Entfremdung um sich: „Die Ferne ist es, die ich liebe, die Langeweile und Gleichgültigkeit der Nähe ist es, die ich fürchte."

Auch Joseph von Eichendorff, der in seiner Erzählung *Aus dem Leben eines Taugenichts* dem Zauber der Postkutschenreise das klassische litera-

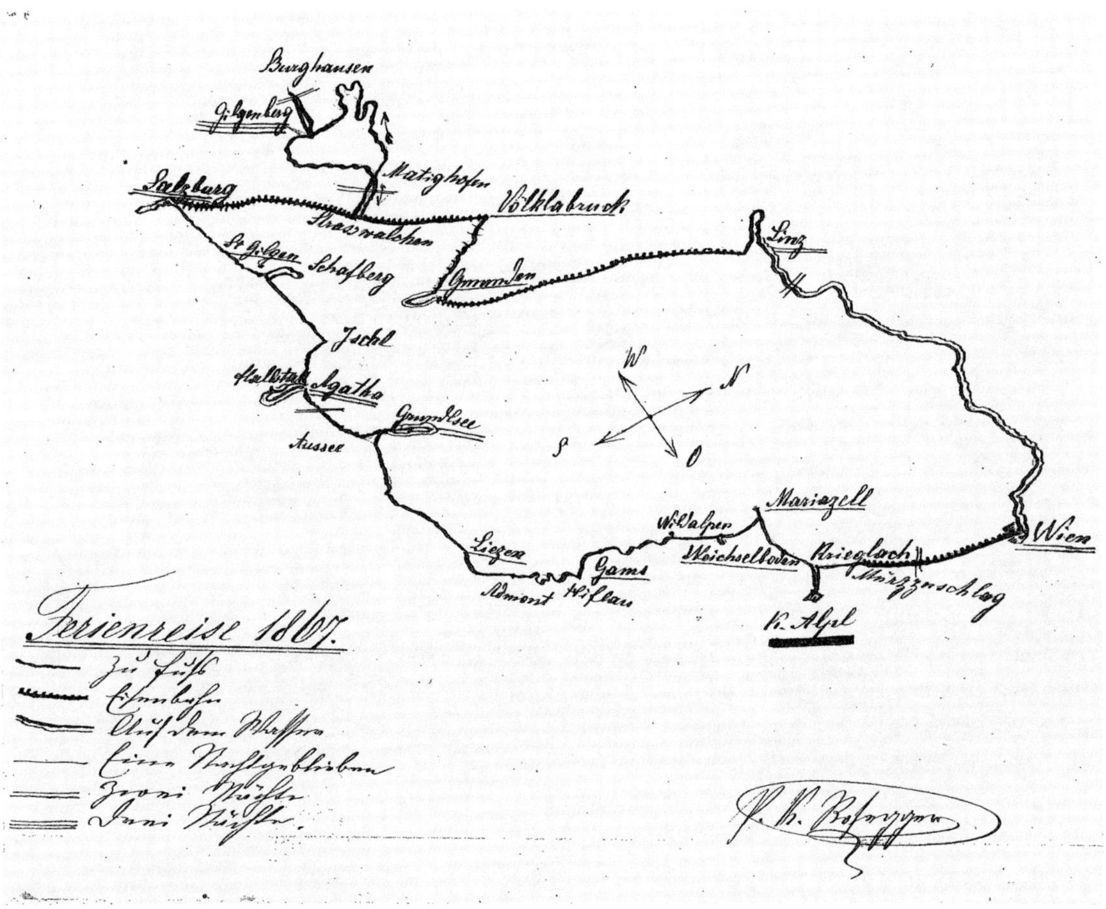

rische Denkmal setzte, mochte sich mit dem neuen Verkehrsmittel nicht recht anfreunden – er empfindet die im Vergleich zur Postkutsche enorme Geschwindigkeit der Eisenbahn als Belastung und beklagt in dem um 1850 entstandenen Vorwort zur Einsiedler-Novelle die Defizite des hohen Reise-Tempos: „Diese Dampffahrten rütteln die Welt, die eigentlich nur noch aus Bahnhöfen besteht, unermüdlich durcheinander wie ein Kaleidoskop, wo die vorüberjagenden Landschaften, ehe man noch irgendeine Physiognomie gefasst, immer neue Gesichter schneiden, der fliegende Salon immer andere Sozietäten bildet, bevor man noch die alten recht überwunden." Noch fehlt die Bereitschaft, dem Stakkato vorüberschießender Eindrücke eine positive Qualität abzugewinnen, aus seiner spätromantischen Perspektive wird die allgemeine Beschleunigung, das „Fortgerissenwerden des Individuums" durch die „ungeheuren Reisemaschinen" (David Friedrich Strauß), konsequent zur sinnlosen Hetze-

Oben: Architekturdenkmal mit einzigartiger Raumwirkung: die Halle des ersten Wiener Westbahnhofs, eröffnet am 15. Dezember 1858. Lithografie, um 1860.

rei erklärt: „In den Bahnhöfen ist eine so große Eilfertigkeit, dass man vor lauter Eile mit nichts fertig werden kann." Selbst Ferdinand von Saar, der in seiner Novelle *Die Steinklopfer* (1874) ein eindringliches Milieubild von den Arbeiten an der Semmeringbahn gezeichnet hatte, fand in seinem 1881 entstandenen Gedicht *Der Eisenbahnzug* durchaus kritische Worte für das seiner Ansicht nach nur zweifelhafte „Vergnügen" der Reisenden:

Von des Dampf's Gewölk umflogen,
Braust heran der lange Zug,
Immer mächt'ger fortgezogen
G'radhin, dann in weitem Bug.

Abgetheilt nach Wagenklassen,
Müde von der Reise Qual,
Schau'n die Menschen stumpf gelassen
Durch die Fenster, eng und schmal. (...)

Verhaftet in den Sehgewohnheiten der alten Zeit, lag es vielen Beobachtern fern, in den ungewohnten „Reizen" des Eisenbahnreisens Ansätze für jene spezifische Wahrnehmungs-Ästhetik zu sehen, wie sie in den nächsten Jahrzehnten etwa in der französischen Eisenbahnliteratur entwickelt wurde. So schrieb der Schriftsteller und Journalist Benjamin Gastineau (1823–1903) in seiner feuilletonistischen Studie *La vie en chemin de fer* (1861): „Die Dampfkraft, dieser machtvolle Maschinist, verschlingt einen Raum von 15 Meilen pro Stunde und reißt dabei die Kulissen und Dekorationen mit sich; sie verändert in jedem Augenblick den Blickpunkt, sie konfrontiert den verblüfften Reisenden hintereinander mit fröhlichen und traurigen Szenen, burlesken Zwischenspielen, mit Blumen, die wie Feuerwerk erscheinen, mit Ausblicken, die, kaum dass sie erschienen sind, schon wieder verschwinden; sie setzt die Natur in Bewegung, so dass diese nacheinander dunkel und hell erscheint, sie zeigt uns Skelette und junge Liebende, Sonnenschein und Wolken, heitere und düstere Anblicke, Hochzeiten, Taufen und Friedhöfe." (Zit. nach Schivelbusch.)

Die Dynamik der Eisenbahnreise erhält damit eine adäquate Theorie der „industriellen Wahrnehmung" (Schivelbusch): Der rasche Wechsel von Perspektiven und Ausblicken wird als willkommene Möglichkeit gesehen, tatsächlich Landschaften neu zu erleben, Bekanntes und Altvertrautes wie den Semmering neu zu entdecken.

Moritz Gottlieb Saphir war dagegen skeptisch, was die sogenannte „Bildung" anging, die Eisenbahnreisen vermitteln sollten – eine Kritik, die als Ausgangspunkt die alten klassischen Vorstellungen vom Bildungsauftrag der europäischen *Grand Tour* benützte und natürlich erkennen musste, dass dieses neue „industrielle" Reisen tatsächlich eine andere, grundverschiedene Qualität besaß: Die Eisenbahnfahrt allein garantierte noch in keiner Weise einen Zuwachs an Bildung – was immer man auch darunter verstehen wollte. In seiner „humoristischen Vorlesung" über die Relevanz der neuen Technologie für das Alltagsleben des einzelnen Bürgers mit dem gewichtig-anspruchsvollen Titel *Die Laufbahn unseres Jahrhunderts auf der Eisenbahn* notierte er scharfsinnig: „Durch die Eisenbahnen wird jemand ein sehr gereister Mann sein und man wird doch von ihm sagen können: ‚Er ist nicht weit her!'

Indem man die Welt kürzer macht, macht man das Leben länger; eine Reise um die Welt, die man sonst in drei Jahren machte, wird man in drei Monaten machen, allein wir werden mehr Erfahrungen und weniger Bildung haben. Ein reicher Mann wird seinen Sohn, zur Ausbildung, eine Reise durch Europa machen lassen, eine solche Reise dauerte sonst zwei Jahre, jetzt wird der Sohn nach vier Wochen von seiner Reise durch Europa zurückkommen, er wird sich auf diese Reise mehr einbilden als ausbilden. Wenn man ihn fragen wird: ‚Was haben Sie denn, zum Beispiel, in Holland gesehen?' so wird er antworten: ‚Entschuldigen Sie, Holland habe ich gerade verschlafen!'" Die Eisenbahnreise, so erkannte Saphir richtig, war nun nicht mehr die Reise von früher – es dominierte der Aspekt „möglichst schneller und bequemer Transport von A nach B"; von einem Bildungserlebnis alten Stils konnte keine Rede mehr sein – die Eisenbahnfahrt wurde zur Routine des Alltags neben anderen Beschäftigungen. Dem „ganzheitlichen“ Reise-Erlebnis vermochte man wohl nur noch in speziellen Arrangements begegnen.

Kaiserin Elisabeth-Bahn: Reise mit einem Toten

Eine ungewöhnliche Eisenbahnreise bildet das Herzstück der im Jahre 1900 erschienenen Erzählung *Der Tod Georgs* von Richard Beer-Hofmann: Mit dem toten Freund Georg im Gepäckwagen am Ende des Zugs reist Paul, der dekadente Ästhet und Träumer, von Ischl nach Wien zurück – eine lange Fahrt auf den Gleisen der Kaiserin Elisabeth-Bahn, die getränkt ist von Schmerzen und Erinnerungen an den verlorenen Freund, die zugleich aber immer wieder die Perspektive freigibt auf andere Möglichkeiten des Lebens: An Bauernhöfen und Feldern, Arbeitern und Fabriken rast der Zug vorbei, hartnäckig beginnen diese Bilder vom „wirklichen“ Leben den einsamen, in seinen Gedanken versunkenen Reisenden zu irritieren: „Er stand auf und trat in den Seitengang; er setzte sich auf den niedern Klappsitz und sah hinaus. Auf hoch aufgeschüttetem Damm lief die Bahn. Tief unten wanden sich zu Dörfern hin breite graue Straßen, schwarz gestreift von den Schatten hoher verstaubter Pappeln. (...) Wohltuend empfand es Paul, dass sein Weg nicht da unten führte. Nach der Unruhe der letzten Stunden gab es ihm Beruhigung, auf eisernen festgebetteten Schienen seinem Ziele zuzugleiten.
Alles Zufällige und Launenhafte der Landstraße schien von seinem Weg entfernt. Unabweichbar lief sein Weg auf hoch aufgeschüttetem Damm, über steinerne Durchlässe und eisenrasselnde Brücken, die weite Schutthalden übersetzten, oder er senkte sich in tiefe Einschnitte, zwischen steile widerhallende Stützmauern. In gleichgemessenen Abständen waren immer dieselben Dinge an den Weg gesetzt. Hoch oben am Böschungsrand standen kleine Wärterhäuser. An den weißgestrichenen Mauern war Brennholz in hohen Stößen aufgeschichtet; eine Leiter und Signalstangen lehnten daneben, rotbraune Löscheimer hingen unter dem Dachvorsprung, und ein Faß, gefüllt mit Regenwasser, war in den Boden versenkt. Zwischen den schmalen Streifen niederer Gemüsebeete wuchs bunter Mohn; Frauen standen manchmal in der engen Haustür; ihre Gesichter waren welk, und ihr Leib entstellt von Arbeit und vielem Gebären. Wie ein einziges vielmaschiges gleichgeknüpftes Netz, schien dasselbe Los über sie Alle geworfen; in stumpfem Gleichmut, oder mit verdrossenen Worten sich schwächlich auflehnend, lebten sie gefangen unter ihm dahin. An ihnen vorbei glitt der Zug, und hielt erst vor schlanken hölzernen Hallen die wilder Wein umzog. Sattere Zufriedenheit schien hier über Allem zu rasten. Sorgfältig gestutzte Buchsbaumhecken umgrenzten die kleinen Stationsgärten, hölzerne Lusthäuser standen darinnen, und

Rechts: Auch für ungewöhnliches „Gepäck“ war vorgesorgt. Aus: „Tarife der k. k. priv. Kaiser Ferdinands-Nordbahn, ausgegeben am 1. April 1861“.

32

2. Tarif für

Leichen.

Für eine Leiche pr. Meile		
mit Separatzug	mit Personenzug	mit Lastzug
die Gebühr für einen Separatzug (siehe Tarif)	die Gebühr für 7840 Z..Pf. = 392 Fünftel Z.-Zt. nach dem Eilgut-Tarife (siehe Tarif)	die Gebühr für 7840 Zoll-Pf. I. Classe nach dem Frachten-Tarife (siehe Tarif)

Die Beförderung eines Leichnames findet nur gegen Beibringung der gesetzlichen Atteste statt.

Die Gebühren für einen Leichentransport sind stets franco einzuheben.

Jeder Leichen-Transport muss durch ein vom Aufgeber bestelltes Individuum, welches eine Fahrkarte III. Classe zur Fahrt zu lösen hat, begleitet werden. — Jeder zur Aufgabe gebrachte Leichnam muss in einem bleiernen Sarge luftdicht eingeschlossen und dieser in einer hölzernen Kiste verpackt sein.

auf den Gesichtern der Beamten lag breit ein seichtes Behagen. (…)“ Die Arroganz des durchgeistigten Ästheten, die sich zu Beginn der Reise noch über die Realität hinwegsetzt, weicht allmählich der Einsicht, dass „er nicht bloß zufällig auf die gleichgültigen Dinge da draußen so achtete, als gäbe es nichts, was wichtiger für ihn wäre. Um an Georgs Tod nicht mehr zu denken, geschah dies. Etwas in ihm, das er gern verleugnet hätte und das nicht schweigen mochte, redete leise, hartnäckig, im Tone von aller Welt, hässliche Allerweltsworte: dass Georg nun einmal tot sei und dass alle sterben müssten; und dass Georg davon nicht mehr lebendig würde, wenn man sich noch so sehr der Trauer um ihn hingäbe; und dass Georg es jetzt gut hätte; und dass es dumm sei, sich damit zu quälen, wie Georgs Leben und Sterben vielleicht geworden wäre.“

Paul erkennt plötzlich, dass „unter aller Trauer, tief in ihm, geweckt durch Georgs Tod, die Freude am eigenen Lebendigsein schamlos aufjubelte“, der Blick aus dem Waggonfenster eröffnet ihm „eine neue, junge Schönheit, (...) die er sonst kaum sah“ – Zweifel und Angst verwandeln sich in Anerkennung der „gerechten Wege“ des Lebens, die Eisenbahnfahrt wird zur befreienden Katharsis. All das, was dem Eisenbahnreisen als negativ vorgeworfen wird – den „Verlust“ der Landschaft, die massive Einschränkung von Wahrnehmung aufgrund der Geschwindigkeit –, lässt der Text Beer-Hofmanns nicht mehr gelten: Pauls Blick aus dem Eisenbahnfenster ist von seltsamer Hellsichtigkeit, der kein Detail entgeht, und auch wenn der Zug in tiefen „Einschnitten“ dahinrast, so wird das von Paul nicht als Verlust an Reisequalität erlebt: „Nichts sah Paul als den Rasen, und darüber ein Stück des dunkelnden Gewitterhimmels, durchbohrt von gelben Sonnenstrahlen. Aber auch der Rasen und die unscheinbaren Blumen waren schön.“ Ja, Beer-Hofmanns Held begnügt sich nicht mit ästhetischen Reizen, er will dieses Fahrterlebnis noch intensiver auskosten: „Weit über die Brüstung des Fensters lehnte er sich, und bog sich dem Wind entgegen. Wiederum sah er ihn von ferne kommen. Unerträglich schien es Paul, stumm den Ansturm des Windes zu erwarten; ungeduldig sah er hinab in die Niederung, und achtete nicht auf die großen Regentropfen, die einzeln auf seine Wangen fielen. Jetzt aber sprühten sie zerstäubt gegen seine Stirne, und der Wind war da. Einen Augenblick fühlte er sich Antlitz an Antlitz, wie in stummem Ringen, mit dem Wind; dann mußte er reden, und er hörte seine eigene Stimme hell das Rasseln des Zugs durchschneiden. ‚Wind', rief er, ‚Wind', und fühlte es wie Glück, dass Atem über seine Lippen wehte und dem Wind seinen Namen gab, und ihn, den Starken, zwang, den Hall seines eigenen Namens ein Stück weit mit sich zu tragen."

In diesen ekstatischen Augenblicken erfährt Beer-Hofmanns großer „Todes-Choral" eine paradoxe Umkehrung hin zum Leben: Sein Held überwindet die Trennung von Eisenbahnabteil und Natur, wird selbst ein Teil des faszinierenden Ensembles aus Wolken, Wind, Geschwindigkeit und schöpft daraus ein seltsames Gefühl des Glücks – eine Sensation der Nerven, wie sie für das Reise-Erlebnis der Jahrhundertwende charakteristisch ist.

Unten: Romantisch-historisierender Prachtbau: der 1859 bis 1865 von Theodor Hoffmann erbaute Nordbahnhof, zerstört 1944/45.

Das einigende Band Kakaniens: Bahnhöfe

Die Stationsanlagen der ersten „Lokomotivbahnen“ im alten Österreich, der Kaiser Ferdinands-Nordbahn und der Südbahnlinie, waren nach heutigen Maßstäben kaum als „Bahnhöfe“ zu bezeichnen: Die „Aufnahmshallen“ der kleineren Stationen waren meist offene Hallen, bestehend aus gemauerten Pfeilern und einem einfachen Holzdach, ein primitiver Bretterschuppen diente als Frachtenmagazin. Die erste zweistöckige „Hauptstation der Nordbahn“ in Wien, fertiggestellt 1839, umfasste zwar Wartesäle, Wohnungen und ein Magazin, eine Halle für die Züge fehlte jedoch. Das sollte sich bald ändern: Mit dem raschen Ausbau des Schienennetzes entstanden die ersten großen Bahnhofsbauten der Habsburgermonarchie: der prachtvolle „zweite“ Nordbahnhof und die beiden Kopfbahnhöfe der „K. k. priv. Wien-Gloggnitzer Eisenbahn-Gesellschaft“ des Bankiers Georg Simon von Sina: 1842 der Gloggnitzer Bahnhof und 1845 der Raaber Bahnhof. Die Hallenbauten, versehen mit Walmdächern von etwa 22 Metern Spannweite, standen einander schräg gegenüber und nahmen das Verwaltungsgebäude mit Restaurant „brüderlich“ in ihre Mitte.

1857 bis 1859 wurde der Westbahnhof in Wien – Kopfbahnhof der Kaiserin Elisabeth-Bahn – errichtet, 1870 bis 1873 folgte der Nordwestbahnhof; ebenso eindrucksvolle Kopfbahnhöfe wurden in Prag und Budapest, in Krakau, Lemberg und Triest errichtet – Monumentalbauten, die technische Funktionalität und bürgerlichen Repräsentationswunsch harmonisch miteinander verbanden; „Dome des Industriezeitalters“ nannte sie Karl Kraus; zwischen Marmorsäulen und unter Stuckgewölbe huldigte man der neuen Mobilität.

Neben den riesigen Bahnhöfen in den Metropolen des Reichs gab es aber auch unzählige kleine Stationen, die für die Orte an den Bahnlinien zum Lebensnerv wurden. Peter Rosegger hat die Bedeutung dieser „Provinzbahnhöfe“ eindringlich beschrieben: „Der Bahnhof ist der Mittelpunkt des Dorfes geworden, auch wenn man nicht abreist. Erlaubt es die Zeit, so geht man auf den Bahnhof, wenn die Züge verkehren. Da sieht man die Abfahrenden und Ankömmlinge, da sieht man allerhand Gesichter; manchmal schaut zum Waggonfenster sogar ein Mohr (!) heraus, an welchem nichts weiß ist als das Weiße in den Augen und die fletschenden Zähne. Nett ist es auch zu sehen, wie der Zug einfährt, stets mit solcher Heftigkeit, daß man meint, sie könnten ihn nicht aufhalten zu rechter Zeit; aber genau an der richtigen Stelle steht er still,

Budapest. Barostér — Keleti Pályaudvar — Barosplatz — Ostbahnhof.

Lwow. Główny Dworzec.
Lemberg. Zentral-Bahnhof.

BRÜNN. Bahnhofsplatz. Central-Bahnhof.

Kolozsvár. Pályaudvar.

Oderberg Bhf.

Győr, Pályaudvar

Linke Seite (v. l. oben n. r. unten): Bahnhöfe künden von „schwarzgelber Heimat" (Joseph Roth): Budapest, Ostbahnhof *(Keleti pu)*; Lemberg *(Lwów)*, Zentralbahnhof; Brünn *(Brno)*, Zentralbahnhof; Klausenburg *(Kolozsvár)*; Oderberg *(Bohumín)*; Raab *(Györ)*; Wien, Nordbahnhof (Tonlithografie von Carl Waage nach Rudolf Alt, 1865); Wien, Südbahnhof (handkoloriertes Glasdiapositiv).

und eine Minute nachher ruft der Schaffner sein ‚Fertig!' und das Ding setzt sich wieder schnarrend in Bewegung. Man blickt ihm nach, bis die rückwärtige Wand des letzten Wagens zusammengeschrumpft ist zu einem winzigen Quadratchen – dann hat man's gesehen und geht wieder heim. (...)

Der Bahnhof ist ja der beste Freund, Handlanger und Beschützer des Dorfes. Er ist – ich spreche von den Strecken größeren Verkehrs – Tag und Nacht wach. Wenn alles schläft und finster ist im Dorf, auf dem Bahnhof brennt noch die Laterne. Der fremde Wanderer pocht vergebens an der Thür des Dorfgasthofes; alles liegt nach des Tages Mühen in tiefem Schlafe; am Bahnhof findet er die Pforte nicht geschlossen und im Wartesaale kann er – wenn auch nur auf harter Bank – rasten."

Es war das vertraute „Antlitz" dieser Bahnhöfe, das für die Reisenden innerhalb der schwarzgelben Grenzbalken Identität schuf und jenes Gefühl von „Heimat" und Geborgenheit vermittelte, das Autoren wie Joseph Roth oder Józef Wittlin in ihren Büchern beschwören. Für den jungen Leutnant Carl Joseph von Trotta und Sipolje, den Helden von Joseph Roths Roman *Radetzkymarsch* (1932), den der Dienst in der Armee des Kaisers in eine galizische Kleinstadt an der russischen Grenze verschlagen hat, wird der Bahnhof zu einem Ort der Sehnsucht schlechthin: „Er marschierte gern durch den klatschenden Kot, nur um einen Bahnhof zu sehen. Es war der letzte aller Bahnhöfe der Monarchie, aber immerhin: auch dieser Bahnhof zeigte zwei Paar glitzernder Schienenbänder, die sich ununterbrochen bis in das Innere des Reiches erstreckten. Auch dieser Bahnhof hatte helle, gläserne und fröhliche Signale, in denen ein zartes Echo von heimatlichen Rufen klirrte, und einen unaufhörlich tickenden Morseapparat, auf dem die schönen, verworrenen Stimmen einer weiten, verlorenen Welt fleißig abgehämmert wurden, gesteppt wie von einer emsigen Nähmaschine. Auch dieser Bahnhof hatte einen Portier, und dieser Portier schwang eine dröhnende Glocke, und die Glocke bedeutete Abfahrt, Einsteigen! Einmal täglich, just um die Mittagszeit, schwang der Portier seine Glocke zu dem Zug, der in die westliche Richtung abging, nach Krakau, Oderberg, Wien. Ein guter, lieber Zug! Er hielt beinahe so lange, wie das Essen dauerte, vor den Fenstern des Speisesaals erster Klasse, in dem die Offiziere saßen. Erst wenn der Kaffee kam, pfiff die Lokomotive. Der graue Dampf schlug an die Fenster. Sobald er anfing, in feuchten Perlen und Streifen die Scheiben hinunterzurinnen, war der Zug bereits fort. Man trank den Kaffee und kehrte in langsamem, trostlosem Rudel zurück durch den silbergrauen Schlamm."

Der Bahnhof, von dem Roth hier voll Schwermut erzählt, ist der Bahn-

WARTES II. CL.
Personenzug 10 Minuten Zeit.
Localzug 25 Minuten Zeit.
Personenzug 40 Minuten Zeit.
Paris 55 Minuten Zeit.

CASPARUS
J. THIEL

Linke Seite:
Oben links: Die Bahnhofsbuchhandlung.
Mitte: „Abfahrtsanzeigeuhr" im Wartesaal eines Wiener Bahnhofs, um 1900.

Rechts und unten: Technische Aufgaben großer Bahnhöfe: Zentralweichenanlage (oben rechts, Holzstich, 1896) und Wartungsarbeiten im Maschinenhaus (unten).

hof von Brody, seiner Geburtsstadt. Seit 1869 fahren von hier die Züge Richtung Wien, die Fahrzeit: etwa 18 Stunden. Die kaiserliche Residenz, das mythische Zentrum des Romans, ist weit, der Bahnhof mit dem „lieben, guten Zug" ist die Hoffnung Carl Josephs: Er kommt mit seinen Offizierskameraden hierher zum Essen, weil ihm im Bahnhof ein Abglanz der „Strahlen der habsburgischen Sonne" begegnet. Das Ticken des Morseapparats, das Dröhnen der Glocke, der Pfiff der Lokomotive – all das kündet von schwarzgelber Heimat.
In seinem sechs Jahre später erschienenen Roman *Die Kapuzinergruft* (1938), erfüllt von verzweifelten Erinnerungen an die Donaumonarchie, brachte Joseph Roth diese „Funktion" der k. k. Bahnhöfe noch einmal auf den Punkt: „Alle Bahnhöfe der alten österreichisch-ungarischen Monarchie gleichen einander, die kleinen Bahnhöfe in den kleinen Provinzorten. Gelb und winzig, waren sie trägen Katzen ähnlich, die winters im Schnee, sommers in der Sonne lagen, gleichsam beschützt von dem überlieferten kristallenen Glasdach des Perrons und überwacht von dem schwarzen Doppeladler auf gelbem Hintergrund. Überall, in Sipolje wie in Zlotogrod, war der Portier der gleiche, der gleiche Portier mit dem erhabenen Bauch, der dunkelblauen, friedfertigen Uniform, dem schwarzen Riemen quer über der Brust, dem Riemen, in dem die Glocke steckte, die Mutter jenes seligen dreimaligen vorschriftsmäßigen Klingelns, das die Abfahrt ankündigte; auch in Zlotogrod, wie in Sipolje, hing am Perron, über dem Eingang zum Büro des Stationsvorstehers, jenes schwarze eiserne Instrument, aus dem wunderbarerweise das ferne silberne Klingeln des fernen Telefons kam, Signale, zart und lieblich, aus anderen Welten ..."

Rechts: Der Bahnhof Mayrhofen mit einem Zug der 1902 eröffneten Zillertalbahn.

Lustfahrten, Eisenbahn-Ausflüge & Vergnügungszüge

M. H. Bayerle, Kunstverlag, München. — Künstlerpostkarte No. 75.

ST. GROCHOLSKI. ADIEU!

Herzlichen Gruß!
Brief folgt! Auf Wiedersehen! Dein
Göding, 23.III 1901 I.II.2)

Die Eisenbahn, verklärt zur „Rennbahn der Freiheit“ (Karl Beck), lockte die Großstädter von Beginn an zum Genuss des „pfeilgeschwinden Dahingleitens“, es war, als hätte man auf diese Möglichkeit, sich dem Rausch der Geschwindigkeit hinzugeben, nur gewartet. Die Kassen der Kaiser Ferdinands-Nordbahn wurden geradezu gestürmt, die „Lustfahrten“ nach Gänserndorf, Lundenburg oder Brünn zum populären Vergnügen. „Wer wünscht nicht, durch den schnellen Flug auf der Eisenbahn in die zauberischen Gefilde von Feldsberg und Eisgrub (heute Tschechien – J. S.) versetzt zu werden?“, schrieb der unter dem Pseudonym „Realis“ landeskundliche Schriften publizierende Gerhard Dützele von Coeckelberghe – erstaunliche Wünsche nach Mobilität, die von der Verwaltung der Nordbahn bald mit kreativen Angeboten unterstützt und gefördert wurden. So nahm man ein Arrangement ins Programm, das Dampfschiff- und Eisenbahnfahrt kombinierte: Um 5 Uhr früh Abfahrt mit dem Dampfer nach Pressburg, dort Einnahme des Mittagessens, dann mit dem Stellwagen über Stock und Stein nach Wagram und per „Dampfross“ zurück nach Wien, Ankunft am „Eisenbahn-Hof“ um 6 Uhr abends – ein für heutige Begriffe überaus anstrengender Ausflug, der damals aber begeisterten Zuspruch fand. Es waren diese „Plaisirfahrten“, die geradezu boomten und das Geschäft der Kaiser Ferdinands-Nordbahn in den ersten Betriebsjahren bestimmten; das Erlebnis des „Dampfwagenfahrens“ wurde als Nerven kitzelnde Massenattraktion empfunden und so auch „verkauft“, die Funktion der Eisenbahn als nüchternes Transportmittel, um ein bestimmtes Ziel zu erreichen, trat vorläufig in den Hintergrund.

Unten: Populärer Guide für die Südbahnstrecke: Johann Hofmanns *Reise auf der Eisenbahn von Wien bis Baden.*

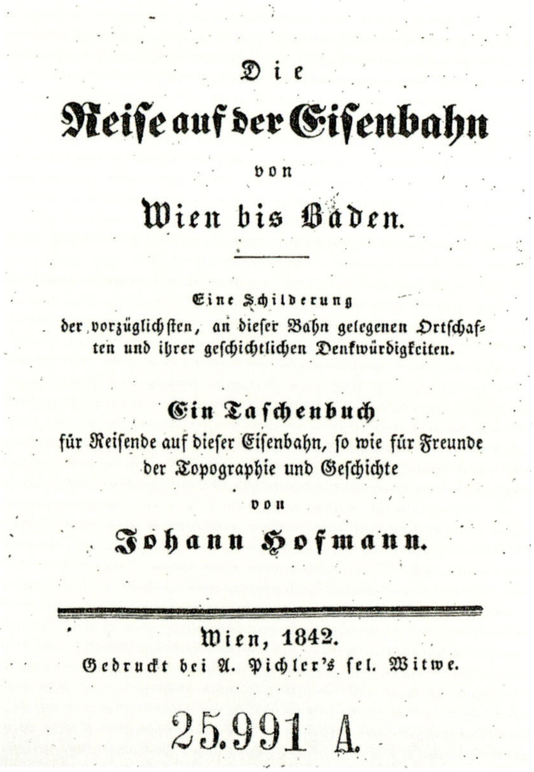

Die
Reise auf der Eisenbahn
von
Wien bis Baden.

Eine Schilderung
der vorzüglichsten, an dieser Bahn gelegenen Ortschaften und ihrer geschichtlichen Denkwürdigkeiten.

Ein Taschenbuch
für Reisende auf dieser Eisenbahn, so wie für Freunde der Topographie und Geschichte
von
Johann Hofmann.

Wien, 1842.
Gedruckt bei A. Pichler's sel. Witwe.

25.991 A.

Der Wiener Joseph Adalbert Krickel (1791–1847), den Zeitgenossen durch seine ausgedehnten „Fußreisen“ bekannt gewordener *Rechnungsoffizial der k. k. Cameral-Hauptbuchhaltung* und Autor zahlreicher Berichte über seine Wanderungen, erkannte als einer der Ersten die Bedeutung der Eisenbahn für diesen individuellen Ausflugstourismus. Von „Jugend auf ein Freund der Natur“, kreierte der Vormärz-Topograf, dessen Darstellungen sich durch „Schlichtheit, Wahrhaftigkeit, Genauigkeit der Beobachtung“ (Wurzbach) auszeichneten, ein neues Sachbuch-Format, das exakt auf die neuen Möglichkeiten und Bedürfnisse erlebnishungriger Städter Rücksicht nahm: den Eisenbahn-Ausflugsführer. So publizierte er 1843 *Eisenbahn-Ausflüge von Wien nach Neustadt mit ihren Umgebungen*, denen er ein Jahr später *Eisenbahn-Ausflüge auf der Kaiser-*

Oben: Bürgerliche Repräsentation am Schienenstrang: die Kassenhalle des Nordbahnhofs. Holzstich nach G. Hofer, um 1867.

Ferdinands-Nordbahn folgen ließ. Krickel, der einst mühsam tausende Kilometer zu Fuß durch den Kaiserstaat gewandert war, erkannte rasch die Vorteile der Bahn – in glühenden Farben schildert er den „Höllendrachen" Lokomotive, die „Bequemlichkeit der Fahrt", Ordnung und Sicherheit des neuen Verkehrsmittels, das sich zudem als „wohlfeiler" als ein von Pferden gezogener Wagen erweise und das gesellige Leben – besonders „in der zweiten und dritten Classe, wo man am wenigsten genirt ist" – fördere: „Man spricht, man lacht, man denkt, man staunt!"
Mit der Eröffnung der ersten Teilstrecken nach dem Süden 1841/42 erwei-

Oben: Die Eisenbahn verleiht dem biederen Wandersmann Flügel: die Umschlagseiten von Krickels 1843 erschienenem Ausflugsführer.

terte sich das Angebot an „Lustfahrten" beträchtlich, immer mehr trat nun auch das Erlebnis der Natur in den Mittelpunkt, die „panoramatische" Wahrnehmung (Schivelbusch) der Landschaft begann interessant zu werden. Ein Kuriosum am Rande: Für besonders wohlhabende Eisenbahnnarren bot die Verwaltung der Raaber Bahn sogar einen so genannten „Separat-Train" an – zum stolzen Preis von 80 Gulden konnte man seinen ganzen Freundeskreis einladen und vom Bahnhof der Raaber Bahn aus bis nach Bruck an der Leitha und wieder zurück fahren. „Separat-Trains" mussten einen Tag vor dem beabsichtigten Reiseantritt bestellt und bezahlt werden.

Pünktlich zur Eröffnung des Streckenabschnitts Baden–Wiener Neustadt am 16. Mai 1841 und zwei Jahre vor Krickels Ausflugsführer erschien im Verlag von Anton Pichler's seliger Witwe bereits der erste Guide für die Südbahn – *Die Reise auf der Eisenbahn von Baden bis Neustadt* von Johann Hofmann, ein historisch-topografischer Führer, in dessen Einleitung der Autor stolz darauf verweist, dass der Bau dieses „homogenen vaterländischen Institutes" beweisen werde, dass „wir auch in der Ausführung wahrhaft gemeinnütziger Unternehmungen den Amerikanern, die, was das Eisenbahnwesen betrifft, weit voraus waren, und den Engländern nicht nachstehen". Das Buch erfreute sich bei den Wienern wohl großer Nachfrage, denn ein Jahr später, 1842, legte Hofmann mit der *Reise auf der Eisenbahn von Wien bis Baden* schon den nächsten Band vor, bei beiden Büchern wird er von Mathias Schönerer, dem Leiter der Bauarbeiten auf der Südbahnstrecke, mit sachlichen Hinweisen unterstützt. Johann Hofmann, dessen Biografie ansonsten leider im Dunkeln bleibt, hatte 1839 mit der *Reise auf der Kaiser Ferdinands-Nordbahn von Wien bis Brünn* (in 2. Auflage 1840) das wohl erste begleitende Führerwerk der österreichischen Eisenbahngeschichte verfasst.

Das Nonplusultra des Eisenbahnausflugs war ab 1854 jedoch die spektakuläre Fahrt über dem Semmering: Ghegas großartiger Bahnbau löste beim Publikum wahre Begeisterungsstürme aus, in den Wiener Buchhandlungen wurden die Semmering-Reiseführer von Andreas Schumacher (*Der Führer über den Semmering,* 1853), Sigmund Wallace (*Der Führer über den Semmering*, 1856) oder Theodor Gettinger (*Ausflug von Wien mit der Südbahn über den Semmering bis Mürzzuschlag,* 1872 und 1883) zu Bestsellern. Aufwändig gestaltete Ansichtenserien, Faltalben und Leporellos dokumentierten den „ptolomäisch kühnen Riesenbau", der nunmehr „zum großen Parke der Residenz" (Andreas Schumacher) gehörte und zur Besichtigung einlud.

Für den aufkeimenden organisierten Tourismus setzte das Faszinosum Semmering wichtige neue Impulse: Das erste Reisebüro Wiens, die Firma Schröckl, lebte hauptsächlich von der Organisation der Vergnügungsfahrten nach Mürzzuschlag – die Nachfrage der Städter war enorm: Allein zu den Pfingstfeiertagen 1853 sollen 55.500 Personen mit Vergnügungszügen

Fahrt mit dem Flammenwagen des Propheten

Die Semmeringfahrt gewährt den Eindruck des Schauerlich-Großen, wenn des Himmels Leuchten verhüllt sind, tiefes Dunkel über den Abgründen schwebt, plötzlich aber ein Glutstrom aus der Esse der schnaubenden Locomotive die Finsternis zerreißt, und hier ein majestätisches Berghaupt, dort eine gespensterartige Reihe von Klippen wie im Blitzesschimmer hervortritt. Es ist fürwahr eine Fahrt mit dem Flammenwagen des Propheten, und um die Täuschung zu vollenden, lässt hier und dort ein Licht, aus schwindelnder Tiefe unter uns von einer menschlichen Behausung emporflimmernd, vermuten, wir müssten dem Himmel bereits ziemlich nahe sein ...

Aus: August Mandl, *Die Staatsbahn von Wien bis Triest, mit ihren Umgebungen geschildert.* Eingeleitet und poetisch begleitet von J. G. Seidl. Triest 1856.

über den Semmering befördert worden sein. Ein gewisser Dr. F. L. Kobányi hinterließ uns in seinem *Führer auf den Semmering und nach Mürzzuschlag* (1881) eine genaue Beschreibung dieser sonn- und feiertäglichen Eisenbahnabenteuer: Abfahrt am Südbahnhof – empfohlen wurde vom Autor bei der Hinfahrt ein Platz links am Fenster, bei der Rückfahrt rechts – war um 5 Uhr 40 (!), Gloggnitz wurde um 8 Uhr 47 erreicht. Hier wurde der Vergnügungszug geteilt und Berglokomotiven vorgespannt. Um 10 Uhr 38 erreichte man

Links: Im Sommer 1868 wurde die Hermannshöhle wiederum für Besucher freigegeben – eine willkommene Attraktion für Eisenbahn-Ausflügler.

den Bahnhof Semmering, um 11 Uhr 16 Mürzzuschlag. Für alle Ausflügler, die gut zu Fuß waren, bot Kobányi eine Reihe von Wandertipps an, so etwa ein Verlassen des Vergnügungszuges in Gloggnitz und von hier aus eine fünfstündige Wanderung zur Hermannshöhle bei Kirchberg am Wechsel – da blieb auch noch Zeit zu einem Besuch des „vortrefflichen Gasthauses bei Fleischhauer Danhauser" in Kirchberg, traf der Retour-Vergnügungszug in Gloggnitz doch erst um 20 Uhr 51 wieder ein. Besonders empfohlen wurde von Kobányi auch die etwa 6-stündige Wanderung Klamm–Adlitzgraben–Breitenstein–Prein–Reichenau–Payerbach, die vorbei an den großartigen Kunstbauten Ghegas (Weinzettelwand-Galerien, Viadukt Kalte Rinne) führte. In Payerbach langte der Retourzug um 20 Uhr 37 ein, Wien-Südbahnhof erreichten die tapferen Ausflügler um 23 Uhr 26 – blieb noch der Weg nach Hause in die eigenen vier Wände.

Wer Geld und Muße hatte, konnte per Vergnügungszug freilich bald auch weiter entfernte Ziele erreichen. Der Spezialist dafür, das bereits erwähnte Reisebüro Schröckl, bot so wiederholt einen Vergnügungszug zu den „Grottenfesten" in der Adelsberger Grotte „bei elektrischer und Kerzen-

Oben: Der „Vergnügungszug“ wurde zur touristischen Institution. Naive Darstellung der Semmeringbahn am Titel eines Postbüchls aus Neunkirchen.

beleuchtung“ an. So berichtet das *Laibacher Tagblatt* vom 22. Mai 1877: „Die Adelsberger Grotte glänzte in den gestrigen Nachmittagsstunden von 3 bis 6 Uhr in der an Pfingstmontagen üblichen Pracht und Herrlichkeit, 5000 bis 6000 Personen aus allen Ländern Europa's – 500 aus Laibach und 700 Vergnügungszügler aus Wien – mögen die weltberühmte Grotte, das erste Naturwunder Krains, in Augenschein genommen haben. Die Südbahn brachte aus Triest 700, Cormons 450 und Fiume 250 Grottenbesucher. Die Musikkapelle des Infanterie-Reg. Erzherzog Leopold begleitete den Laibacher Zug, empfing auf dem Bahnhofe zu Adelsberg die ankommenden Gäste mit klingendem Spiele, spielte auf verschiedenen Plätzen in Adelsberg und führte im großen Tanzsaale in der Grotte ein von allen Grottenbesuchern mit großem Beifalle aufgenommenes Programm aus. Die Betriebsleitung der k. k. priv. Südbahn und die Stationsleitung in Adelsberg trafen die erforderlichen Anstalten, daß eine Störung während der Fahrten auf den Bahnstrecken nicht vorkam.“

Mit dem „Vergnügungszug“ hatte der frühe Eisenbahntourismus seine spezifische Ausformung gefunden. Was mit „Lustfahrten“ in die Marchfeld-Gemeinden begonnen hatte, institutionalisierte sich als Freizeitvergnügen des Großstädters. Das kombinierte große Schauspiel Natur und Eisenbahn, die „flüchtige Erfahrung des Ganzen“ (Wolfgang Kos), verlor über Jahrzehnte hinweg nichts von seiner Attraktivität, und die Vergnügungszüge wurden so zum Ausgangspunkt und Rückgrat der touristischen Erschließung des Landes: Mit dem sich ausdehnenden Netz der Eisenbahnen schoben sich die Ziele weiter vor: ins Waldviertel und Salzkammergut und schließlich über die Grenzen der Monarchie hinaus.

Vergnügungszug Wien–Paris–London

Am 1. Oktober 1860 wurde von der Kaiserin Elisabeth-Bahn erstmals ein „Vergnügungszug“ von Wien über Salzburg und München nach Paris organisiert; zum Preis von 45 Gulden für die Hin- und Rückfahrt konnten die Wiener das mondäne Flair der französischen Hauptstadt genießen. Im Mai

1862 war das Angebot noch etwas attraktiver: eine Fahrt mit 350 Personen nach Paris und London wurde angeboten, ein exquisites Reise-Erlebnis wollte man bieten, Eisenbahnfreuden für den anspruchsvollen Gast – in Plakaten und Zeitungsinseraten wurde dafür getrommelt, ein ungewöhnlicher Werbeaufwand, der prompt zu heftigen Diskussionen um die Sinnhaftigkeit des Unternehmens führte. Lina Giżycka, eine junge Polin aus gutem Haus und begeisterte Teilnehmerin an dieser denkwürdigen Reise, hinterließ für ihre Freunde eine „kleine Skizze" (Wien 1862), die es uns erlaubt, ein bisschen in diese Pionierzeit des Eisenbahntourismus einzutauchen:

„Endlich kam der Tag heran, und in heller Morgensonne, mit geschmückter Locomotive und unter Abschiedsgrüssen der Wiener ging es davon.

Da sass ich nun und dachte nach, was der Zug wohl Angenehmes, was Unangenehmes bringen wird. Der erste Eindruck, welchen die ganze Reisegesellschaft auf mich machte, war ein höchst ungünstiger. Ich sah nur eine Masse höchst unsympathischer Gesichter und hie und da nur eine Frauenphysiognomie. Meiner Gewohnheit auf Reisen wie im Leben folgend, wollte ich, zurückgelehnt in eine Ecke, mich ganz den Gedanken und Eindrücken hingeben. Wie kann man sich aber der ungestörten Ruhe hingeben, wenn man zur Seite einen unterhaltungssüchtigen, complimentemachenden, jungen Mann hat. Da ich nun meiner Neigung nicht folgen konnte, nahm ich ein Buch zur Hand, oder schrieb eben kleine Bemerkungen, welche ich hier folgen lasse:

Überall betrachteten sie uns als Wunderthiere, empfingen uns aber sehr freundlich, in Neulengbach sogar mit Pöllerschüssen.

Unter grossem Gedränge endlich am Platz angelangt. Mittag. Die Gesellschaft sehr gemischt. Ich sehr verdriesslich. – Einige interessante Erscheinungen, besonders Ungarn. – Man liess die Unternehmer leben. – Wenn die Leute nur keine Augen hätten und ich kein Mädchen wäre. Eines freut mich übrigens doch, mein Gesicht verrieth mein Herz, es zeigte, dass ich eine Polin bin.(…)

Die ersten schneebedeckten Berge. Wie sie so schön sind, diese Berge! Sie sehen von weitem aus, wie gewebt aus Nebel, Duft und Silber, und wie verschwommen mit den Wolken. Kommen wir aber nahe, so lösen sie sich nach einander los, sie treten immer schärfer hervor, diese kolossalen Formen, bald spitz, bald rund, bald einen langen Rücken bildend. Welch' ein eigenthümlich Gefühl mich dabei beschleicht – ich kann's nicht sagen. – Wie sind wir doch so klein in der Natur! – Doch nein! – Eben weil wir sie durchdringen, sie umfassen und begreifen, sie im Geist umfassen, sind wir gross. – Denn was kömmt dem Geiste nah'? Ist doch die Geisteswelt so riesengross! (...)

In Schwanthal wurde ich durch ein gewaltiges Klopfen und Treiben der Herren aus meinen Träumen geweckt. Es fiedelt ein blinder Bursche, ein paar Bauern tanzen steierisch, die Herren umringen sie mit Geklatsch und Gelächter. Sie machen eine Collecte, worüber der arme Narr ganz glücklich ist. Da – schallt die Glocke, und unter Hurrahgeschrei drängt sich Alles in die Waggons."

Rechts: Boten dem Bahnreisenden Information in „stets fesselnder Form": die diversen „Illustrierten Führer auf den kais. königl. Staatsbahnen".

Über Salzburg, München, Stuttgart und Straßburg erreichte der „vergnügungsreiche Vergnügungszug" Paris, nach ausgiebigem Sightseeing in der französischen Metropole ging's nach London, von dort zurück nach Wien – ein umfangreiches Besichtigungsprogramm, das Lina Gizycka ohne Probleme bewältigte; als sie unter den Teilnehmern auch einige polnische Reisende entdeckt, ist die Gefahr, keinen Anschluss zu finden, endgültig gebannt.

Am 21. Juni 1862 passierte der Zug auf der Rückfahrt Salzburg und die österreichische Grenzkontrolle, am nächsten Tag in Linz gab's festlichen Empfang: Eine Musikkapelle begrüßte die Reisenden: „Den Polen und Ungarn zu Lieb wurde Mazur und Czardas gespielt, da zuckt' es wohl im Herzen! Später folgten auch Walzer und Polka, und Viele fingen an zu tanzen. Toaste wurden ausgebracht, und immer lustiger war die Gesellschaft. (...) Noch in der Ferne hörten wir die Musik nachklingen, die uns mit ihren heitern Tönen dennoch an das Scheiden mahnte.

An allen Stationen empfing man uns mit Jubel, und die guten Neulengbacher, welche uns schon im Hinfahren so freundlich empfangen, begrüssten uns mit Gesang, Fackeln und Fahnen. Um eilf Uhr des Nachts schrillte der grelle Pfiff und nun war der Traum vorbei! – Händeschüttelnd schied man und versprach sich zu sehen und zu besuchen."

Die nicht ganz unkritische Bilanz der jungen Polin: „Man lernte Viele kennen, die man gerne näher gekannt hätte, – aber schon war es vorbei!"

Oben: Seit der Eröffnung der Kaiserin Elisabeth-Bahn im Dezember 1858 kaum verändert: der Hauptbahnhof Linz um 1900. Zur Abfahrt bereit ein Zug mit 2B-Lokomotive Reihe 4 der k. k. Staatsbahnen.

Der Vergnügungszug von 1862 nach Paris und London nahm als groß angelegtes Experiment eine neue Ära des Eisenbahnreisens vorweg: Luxusreisen in transkontinentalen Zügen, in mit größtmöglichem Komfort ausgestatteten Schlaf- und Salonwagen. Nicht nur das herrliche Panorama, die vorbeifliegende Landschaft wollte genossen werden, sondern die Fahrt selbst wurde als Genuss inszeniert. Mit der sinkenden Attraktivität des „Draußen" wurde das Geschehen im Abteil immer wichtiger, perfektes Service und Komfort kompensierten den abflachenden Erlebniswert der zur Alltäglichkeit gewordenen Eisenbahnfahrt.

Eisenbahnvergnügen Salzkammergut

Reger Nachfrage von Seiten der Wiener Bevölkerung erfreuten sich die von der Kaiserin Elisabeth-Bahn jeweils in den Sommermonaten angebotenen Vergnügungszug-Arrangements nach Salzburg und ins Salzkammergut. Die Züge wurden auf der Hinfahrt ab Wien Westbahnhof geschlossen geführt, für die Rückfahrt standen beliebige Züge innerhalb eines Zeitraums von drei Tagen zur Wahl. Ein kritischer „Vergnügungszügler" berichtete für die *Österreichische Reise-, Hotel- & Gasthaus-Zeitung* über eine dieser Fahrten im Juni 1868, an der über 800 Personen teilnahmen: „Der Zug geht Abends 8 Uhr vom Westbahnhofe ab; verlasse dich lieber Leser aber nicht darauf, dass Du dich in der Restauration des Bahnhofes vor der Abfahrt noch ein Bischen (!) erquicken oder gar einen kleinen Imbiß mit auf die Reise nehmen könntest; nein, diese Restauration lässt schon zu gewöhnlichen Zeiten so Manches zu wünschen übrig, dass bei einem Andrang deren Mängel noch deutlicher hervortreten, und so war es der Fall bei dem letzten Vergnügungszuge; als aber erst die Passagiere für den um 9 Uhr 30 Minuten abgehenden Postzug ankamen, welche ebenfalls sehr zahlreich waren, da war die Confusion groß, nichts zu essen, keine Bedienung (...)

Nach dieser kleinen Epistel kehren wir zum Vergnügungszug zurück; hinaus geht es in die kühle Abendluft, Hütteldorf vorüberfahrend, mag wohl mancher einen stillen Wunsch gehegt haben – es hilft aber nichts, vor St. Pölten oder Kemmelbach gibt's nichts zu schnabuliren, und da nur sehr frugal, erst in Linz, wo eine gute Restauration, kann man sich erquicken, es wird ja schon Tag und die aufgehende Sonne beleuchtet die majestätische Landschaft. Der Traunstein, auf dessen Spitze man mit einiger Phantasie das riesige Porträt Ludwig's des 16. wahrnimmt, rückt immer näher, noch eine kurze Zeit, und wir sind in Lambach; hier theilt sich der Zug, oder vielmehr die Fahrenden wählen die eine oder die andere Tour, die Wahl ist schwer, denn zu bestimmen, was schöner ist, das Salzkammergut oder Salzburg und seine Umgebung, wage ich nicht, schließe mich aber vorläufig jenen an, welche Salzburg vorziehen, werde aber auch später nach Ischl und Gmunden kommen, denn ich bin nun schon so ein Hotel- und Gasthaus-Schnoflant, und es fehlt mir nur die Zeit und Muße, dass ich so à la Kiselack (!) an allen Ecken und Enden der Welt meinen Namen hinschmiere, aber hören soll man von mir. Angekommen in Salzburg, steigen wir natürlich aus; kaum traten wir aus dem Bahnhof, fällt uns das in seltener Pracht erbaute und schön gelegene Hotel de l'Europe auf, doch vorüber geht's der Stadt zu, ein gewisser Respect hält uns von dem Hotel zurück, und zwar mit vollem Recht. Herr Jung (der Erbauer und Besitzer des Hauses, das zu den größten Hotelbetrieben der Monarchie zählte – J. S.) braucht keine Vergnügungszügler, hier muß man Engländer oder Amerikaner sein, kann zwar auch Chinese sein, aber Geld, viel Geld ist hier das Losungswort. (...) Bescheidene Gäste finden in der „goldenen Krone", Getreidegasse, beim „Mohren", Judengasse, „Gablerbräu", Linzergasse, gute und billige Unterkunft; auch der „St. Peter-Keller", dessen Schild zwei gekreuzte Schlüssel, wirst Du freundlicher Leser besuchen,

Stationsplatz Gmunden und sein „Bierzustand" anno 1855

Die lokomotivisch zurückgelegte Strecke von Linz bis zum Engelhof bei Gmunden dauerte diabolisch lang! Da fährt man bei uns in Baiern wohl schneller, wie denn überhaupt das Geschwinde, das Rasche den Baiern vor allen Nationen auffallend kennzeichnet! Der Baier trinkt auch schnell – darum wird auch den Bräuern und Wirthen das Bier nie sauer – und in Folge dessen machen die bairischen Wirthe stets Profit! Ominös war für mich die Ankunft in Gmunden. Vom Bahnhofe angefangen bis ins sogenannte „Seestadl" erkundigte ich mich um gutes trinkbares Bier, welche Erkundigungen mir als einen ehrlichen Schwaben nicht übel gedeutet werden mögen. Auf meine brennenden Fragen mußte ich aber zu meiner größten Betrübniß von verschiedenen Menschenklassen die stereotypen Antworten vernehmen: „Nirgends!" „Nein!" „Nix da!" „Non troppo!" „Gar kann Idee!" „Gar kann Begriff von an Gedanken!" u. s. w. Solche negative Enthüllung über die bierzuständlichen Verhältnisse Gmundens mussten wohl von vorne herein das bierlechzende Herz eines ehrlichen Schwaben im höchsten Grade kränken! Aber Schwaben sind auch Philosophen, und so muß ich mir denken, durch Gmunden geht der Geist der Verneinung.

Aus: Max Ahorn, *Reise eines Schwaben von Linz über Gmunden nach Ischl, Ebensee, Laufen, Goisern, Hallstatt u. s. w. im Jahre 1855.* Wels 1857.

Rechts oben: Die Fahrpläne der Salzkammergut-Lokalbahn und der Zahnradbahn auf den Schafberg aus dem Jahre 1893.

Rechts unten: Ein Zug der Salzkammergut-Lokalbahn fährt am Krottensee vorbei in Richtung St. Gilgen. Foto von August Zopf, Mondsee.

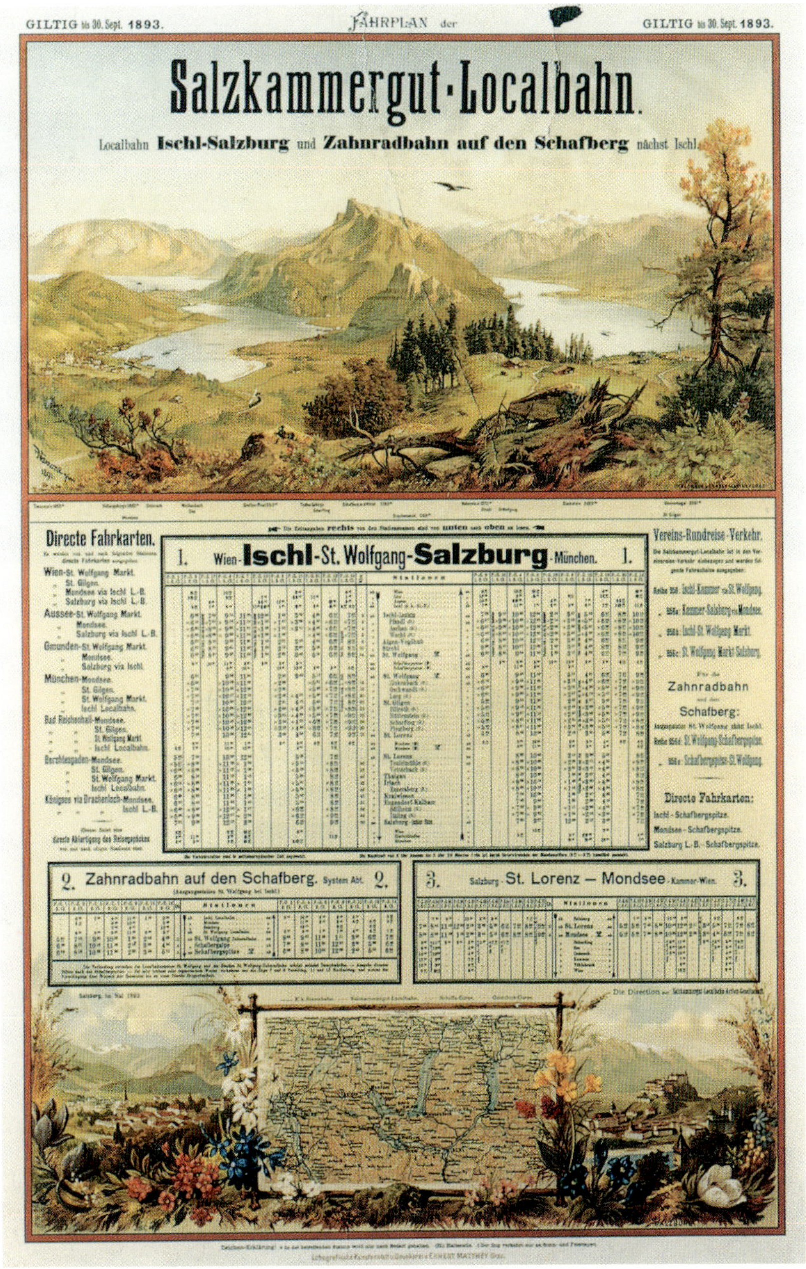

ich empfehle ihn Dir nicht, Du wirst aber nicht umhin können, hinzugehen, denn er ist so zu sagen ein Wahrzeichen Salzburg's; düster wie ein Schwalbennest, an den Felsen angelehnt, in nächster Nähe eines Kirchhofes ..."
Nach einer Schilderung der Sehenswürdigkeiten in Salzburg und dessen Umgebung – „Ausflüge und Genüsse der seltensten Art" – widmete sich unser anonymer Berichterstatter der Variante „Salzkammergut": „... hat man sich für das letztere entschlossen, so verlässt man in Lambach den Hauptzug und fährt auf einer Miniatur-Eisenbahn durch eine höchst anmuthige und fruchtbare Gegend, und zwar auf der Trace der früheren Pferdeeisenbahn, welche für Dampf eingerichtet, in Schienengeleis und Waggons sich wie ein kleines

Links: Per Bahn durchs Salzkammergut: Plakat der k. k. Österreichischen Staatsbahnen, um 1900; im Bild der Grundlsee mit dem Backenstein.

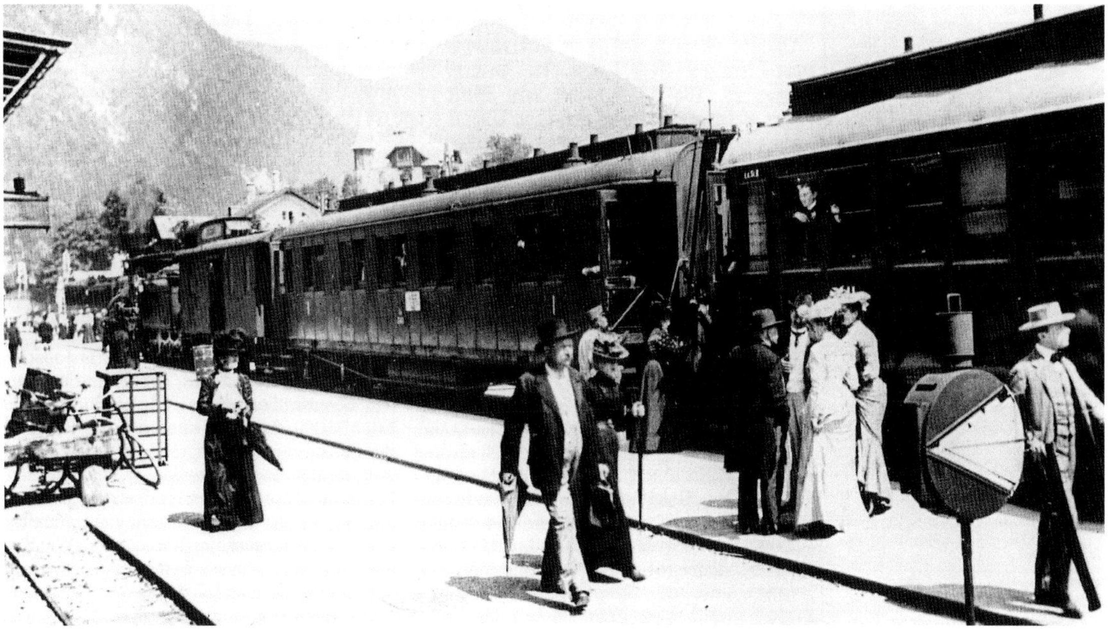

Oben: Hier traf sich alljährlich in den Sommermonaten die Wiener Hautevolee: der Bahnhof von Ischl, um 1900.

Kind zu unsern anderen Eisenbahnriesen ausnimmt" – in Gmunden war 1868 die damals schon nostalgisch anmutende Fahrt auf den historischen Gleisen der alten Pferdeeisenbahn auch schon zu Ende, weiter ging es mit dem Dampfer über den Traunsee nach Ebensee und von dort mit dem pferdebespannten Post-Omnibus oder mit einer Extrapost die Ufer der Traun entlang nach Ischl, dem idyllisch-glanzvollen Treffpunkt der Wiener Hautevolee. Nach eingehender Präsentation der Ischler Herbergs- und Kur-Attraktionen lässt der Anonymus seinen kurzweiligen Bericht mit einem Blick auf die Rückreise ausklingen: „So galant die Direction der Kaiserin Elisabeth-Bahn auch ist und die Retourreise durch drei Tage mit jedem beliebigen Zuge geschehen kann, so schwindet die Zeit doch so schnell, dass man vieles nicht zu besehen im Stande ist, und sich auf ein anderesmal vertröstet. Auch ich mußte diesem dritten verhängnißvollen Tage meine fernere Lust zu reisen zum Opfer bringen, und der Schall des Posthornes fand ein trauriges Echo in meinem Herzen; doch was hilft's! – Auch den Traunsee hatte ich im Rücken, wir dampften bereits Linz zu, und zum Troste kaufte ich mir in der Restauration des Linzer Bahnhofes eine echte Linzer Torte; wie gut dieselbe gewesen sein muß, kannst Du, lieber Leser, daraus erkennen, dass ich damit meine zärtliche Gattin für ein, einen Tag längeres Ausbleiben tröstete. Freilich war diese Torte mit dem Versprechen gewürzt, dass ich das nächste Mal nicht ohne meinen Hausengel reisen werde, was auch geschehen soll, wenn ich mich bis dahin nicht anders besinne."

Ein Detail dieser amüsanten Reise-Erinnerung aus der legendären Sommerfrischenzeit sei noch etwas näher beleuchtet: Zum festen Stützpunkt für seine

Oben: Das Zeitalter der Elektrifizierung hat begonnen: Zug der 1907 eröffneten Mariazellerbahn mit Elektrolok E.1 auf der Lassing-Kienbach-Brücke. Ansichtskarte, um 1914/18.

hoteltechnischen und kulinarischen Ischler Erkundungen hatte unser Erzähler das Hotel Post gewählt, jenes Hotel, in dem exakt in diesem Jahr 1868 eine für die österreichischen Länder einzigartige Einrichtung geschaffen wurde: Die Kaiserin Elisabeth-Bahn eröffnete hier eine Expositur, in der ein eigener „Stationsvorstand" amtierte, obwohl von einem Bahnhof, geschweige denn von einer Eisenbahnverbindung keine Rede sein konnte. Seine Aufgabe war es, zusammen mit dem Postmeister und dem „k. k. Poststallamt" den etwa fünfeinhalbstündigen Transport der Kurgäste und „Vergnügungszügler" vom Bahnhof Lambach nach Ischl zu organisieren – ein „Nadelöhr" in der Anreise nach Ischl, das die führenden Unternehmer der Kurstadt so schnell wie möglich eliminieren wollten: Unter Führung des Badearztes Dr. Josef Ritter von Brenner-Felsach gelang es ihnen, eine Konzession für den Bau einer Eisenbahn von Ebensee nach Steeg am Hallstätter See zu erhalten. Die Trassierungsarbeiten an der Strecke waren bereits angelaufen, als der Börsenkrach von 1873 die Gesellschaft zur Einstellung des Baus zwang und diese damit zwangsläufig auch ihre Konzession verlor. Die teilweise schon ausgebaute Trasse ging schließlich in den Besitz der Aktiengesellschaft der Kronprinz Rudolf-Bahn über, die für ihre Bereitschaft, die Strecke fertigzustellen und bis ins Ennstal – mit Anschluss an die Linie Selzthal–Bischofshofen – zu verlängern, die üblichen finanziellen Garantien des Staates in Anspruch nahm. Nach nur 27-monatiger Bauzeit begannen im April 1877 die ersten Probe-

Oben: Alpine Zahnradbahn-Romantik: Die Schafbergbahn wurde am 1. August 1893 eröffnet. Ansichtskarte, 1897.

fahrten auf der Strecke Attnang-Puchheim–Ischl–Aussee–Stainach-Irdning, die Eröffnung der „Salzkammergutbahn“ fand am 23. Oktober 1877 statt: Gezogen von der Lokomotive „Hallstatt“, dampfte der erste Zug durch die zehn Tunnels und über die 45 Brücken dieser in so großartiger Landschaft eingebetteten Strecke. Die Fahrzeit für die Reise Wien–Ischl hatte sich damit um etwa ein Drittel auf 7 Stunden und 20 Minuten verkürzt, die „k. k. Hofsommerfrische“ (Alfred Niel) ihren direkten Anschluss an die große Welt erhalten.

Der scharfzüngige Wiener Kritiker Ludwig Hevesi, ein „eisenbahnkritischer“ Geist, war 1878 auf der Salzkammergutbahn unterwegs und überlieferte uns in der kleinen Humoreske *Herrn Meyers Hochgebirgsfahrt* einige satirisch-vergnügliche Impressionen, die Herr Meyer, der Ich-Erzähler, eine stehende Figur bei Hevesi und ein „echter“ Wiener, mit sarkastischem Ernst vor dem Leser ausbreitet: „In Hallstatt haben sie auch einen See, der, wenn ich mich recht erinnere, Hallstätter See heißt. Sein Wasser ist schwarz, seine Berge sind schwarz und der Unternehmer der Eisenbahn an seinem Ufer heißt wahrhaftig auch Baron Schwarz. Der weiße Bahndamm hart am Wasser mit seinen vielen schwarzen Durchlässen macht den Eindruck, als ob das ganze Seeufer mit Dominosteinen gepflastert wäre. Das trägt zur Verschönerung der Landschaft nicht wenig bei, obgleich nicht zu leugnen, dass in dieser Hinsicht auch das Café Walch in Wien eine schöne Gegend ist. Der See soll sehr

Daniel Spitzer
Der Zug war noch schläfriger als ich

Zu den Fahrgästen der Westbahn zählte auch der „Wiener Spaziergänger" Daniel Spitzer (1835–1893), der Spötter der *Presse* (bis 1871) bzw. der *Neuen Freien Presse,* dessen boshafte Kommentare zum Zeitgeschehen Woche für Woche bei den Lesern für Gesprächsstoff sorgen. Sein wie gewohnt mit feinen Nadelstichen nicht sparender Reisebericht, erschienen am 4. Juli 1869 in der *Presse,* gibt einen guten Eindruck von den Mühen der Anreise in die „Hofsommerfrische" nach Ischl vor der Eröffnung der Salzkammergutbahn (Kronprinz Rudolf-Bahn) am 23. Oktober 1877.

Ich wollte längst wieder einmal nach Ischl, und benützte zu diesem Ausfluge die beiden Feiertage der vorigen Woche: Sonntag und Dienstag, zwischen denen ein ewig heiterer blauer Montag lächelte. Ich gelobte *Jupiter pluvius,* falls er mir meine kleine Reise nicht verregnen würde, beim nächsten Stuwer'schen Feuerwerk ohne Paraplui auszugehen, und fuhr Samstag mit dem Nachmittags-Schnellzuge der Westbahn nach Lambach.

Die Westbahn-Direction meint, daß, wer in das Salzkammergut wolle, das Wagniß wol *(sic!)* überschlafen möge, und zwingt daher den leichtfertigen Passagier, in Lambach zu übernachten. Beharrt dieser am nächsten Morgen noch immer auf seinem Entschlusse, nach Gmunden zu gehen, nun gut, dann möge er in Gottesnamen mit dem Frühzuge sein Glück weiter versuchen, die Westbahn-Direction hat wenigstens das Ihrige gethan, und ihn nicht am Abend vorhin dorthin gehen lassen.
Ich übernachtete in der Bahnhof-Restauration und erhielt ein Zimmer mit der Aussicht auf die Schienen, aber kaum lag ich im Bette, als ich auch schon merkte, daß ich mich in einer verzauberten Restauration befand, denn draußen im Bahnhof spielten die Geister im Mondenschein: Westbahn. Während der ganzen Nacht wurden Wagen hin- und hergeschoben, Locomotive pfiffen dazu, und von Zeit zu Zeit amusirten sich Schlingel von Geistern mit dem bekannten Eisenbahn-Frage- und Antwortspiel: „Rückwärts?" – „Fertig!" Nur Passagiere spielten die Geister nicht, wahrscheinlich wollte sich keiner von ihnen zu dieser ermüdenden Rolle hergeben.
Ich glaubte am andern Morgen, daß mein Zimmer verschwunden sein werde, zu meiner Beruhigung aber fand ich es mit 1 fl. 20 kr. auf der Rechnung.

Schläfrig bestieg ich den Zug Lambach–Gmunden, aber dieser war noch schläfriger als ich, und an einigen Stellen schlief er auch in der That ein, bis die Conducteure durch wiederholtes lautes Rufen des Namens jener Ortschaft, in welcher ihn die Übermüdung übermannt hatte, wieder weckten. Zu meiner größten Überraschung kamen wir endlich doch im Gmundener Bahnhofe an, wo schon Frauen und Kinder des Gatten und Vaters, der aus Wien längst ersehnte Nahrungs-Raritäten mitbringen sollte, ängstlich harrten. Eine Dame preßte eine Gans, welche ihr Gatte aus Wien mitgebracht hatte, mit solcher Inbrunst an ihren Busen, daß ich schon in Besorgniß gerieth, es würde sich das lang entbehrte Schauspiel von Leda mit dem Schwane hier an den Gestaden des Gmundener Sees, also unter gemäßigteren klimatischen Verhältnissen, wiederholen. In Folge eines bedauerlichen Eisenbahnunglücks – zwei Vergnügungszüge aus Wien waren nämlich ohne Verspätung eingetroffen – war das Schiff, welches von Gmunden nach Ebensee fährt, so gedrängt voll, daß ich das langsame Hinsiechen in einem Einspänner dem schnellen, aber grausamen Pökeltode mit dem Dampf vorzog.

Rechts: Schienenlandschaft in der Großstadt: der Franz-Josefs-Bahnhof in Wien. Aquarell von Franz Kopallik, um 1892.

Mittags langte ich in Ischl an. Ich schlenderte gegen die Esplanade, um der Sonntagsmusik theilhaftig zu werden, da stieß ich auf einen Mann aus Wien, der seinen Sommerfilz trug wie eine Krone, seinen Regenschirm wie ein Scepter, und der sich geberdete, als wenn die Aufschrift auf dem Wiener Monumente: „Das dankbare Ischl seinem Wohltäter" von rechtswegen ihm gebührte. Es war der Beherrscher der Wiener Handelskammer, Herr Winterstein, welcher, wie ich aus dem Fremdenbuche des Casinos entnahm, mit großen, frische Luft schöpferischen

Plänen auf acht Tage von seinem Kammerbezirksthrone zu den Alpen hinabgestiegen war. Als ich ihn ersah, der mir so manches unruhige Feuilleton bereitet hatte, jetzt, da ich endlich einmal die widrigen Zufälle meiner Reise überstanden zu haben glaubte, „da mußt' ich armer Schwartenhals ob meines Unglücks selber lachen“, wie es in dem alten Landsknechtliede heißt. Auf der Esplanade aber intonirte die hämische Musikcapelle den Garde de la reine-Walzer: „Du hast mich nie geliebt!“, den ich still betrübt mitpfiff.
Es war ein so schöner Sommertag, daß die Menschen, wenn man sie zu einer außerordentlichen General-Versammlung einberufen hätte, den Verwaltungsrath der Ost-West-Sonnenbahn, Phöbus, einstimmig wiedergewählt hätten. Ich vergaß die schlaflose Nacht, die Vergnügungszügler, den Einspänner und den Selbstherrscher aller Wiener Handelskammerräthe und freute mich der sonnigen Gegenwart.

fischreich sein, wovon ich mich alsbald überzeugte, denn in einer einzigen Schüssel, die man mir Mittags auftrug, fand ich vier Forellen beisammen.“
Die legendäre, 63,2 km lange schmalspurige Salzkammergut-Lokalbahn von Salzburg nach Bad Ischl wurde erst in den Jahren 1890 bis 1893 erbaut. So wie auf anderen Lokalbahnen war auch hier von den k. u. k. Militärs die „bosnische Spurweite“ von 760 mm durchgesetzt worden. Vom Bahnhof der Lokalbahn in Salzburg führte die Strecke in idyllischer Landschaft über Eugendorf-Kalham, Kraiwiesen, St. Gilgen, Thalgau, Strobl nach Bad Ischl.
Nachdem die Konzession für die in Bau befindliche Schafbergbahn – mit der Talstation St. Wolfgang – an die Salzkammergut-Lokalbahn übergegangen war, führte diese ab 1. August 1893 auch den Betrieb der neuen meterspurigen Zahnradbahn, die nach dem System des Schweizer Ingenieurs Roman Abt errichtet worden war und bald zur beliebten Ausflugslinie wurde: Bereits im ersten Monat konnten 12.745 Fahrgäste begrüßt werden. Ihr touristisches Gesamtangebot für die Region konnte die Lokalbahn schließlich durch den Erwerb des Schafberghotels und der Wolfgangseeschifffahrt sinnvoll abrunden.

Vergnügungszüge ins Waldviertel und aus Berlin

Beinahe vergessen ist heute, dass sonntägliche Vergnügungszüge der am 23. Juni 1870 eröffneten Kaiser Franz Josefs-Bahn von Wien aus einst auch ins Waldviertel führten – wer sich diesem speziellen „Vergnügen“ widmen wollte, musste allerdings Frühaufsteher sein und auch sonst bei guter Kondition:

Oben: Eine „Schlüsselstelle" der Kaiser Franz Josefs-Bahn: Bau der Donaubrücke in Tulln. Die Züge fuhren zunächst über eine Notbrücke; die „stabile" Brücke in Tulln wurde am 30. Mai 1874 dem Verkehr übergeben.

Die Abfahrt des Zugs am Franz Josefs-Bahnhof um 5 Uhr 20 verlangte von den willigen Wandersmännern Pünktlichkeit zu früher Stunde. Um 8 Uhr 59 traf der Vergnügungszug in Rosenburg ein, von dort ging es nach kräftiger Stärkung in einem Wirtshaus auf eine anstrengende Fußwanderung von etwa 40 km Länge: Über St. Leonhard, Steinegg und Stift Altenburg ging's nach Horn; hier erwartete dann die „abgekämpften" Ausflügler um 20 Uhr 52 der Retourzug nach Wien mit Ankunft Montag 0 Uhr 50 – eine Fahrplangestaltung, die die Teilnehmerzahlen an diesen Waldviertel-Exkursionen wohl von vornherein etwas beschränkte.

17 Jahre nach der Katastrophe von Königgrätz, im Juli 1883, fuhr der erste „Berliner Vergnügungszug" – organisiert von einem Wiener Reisebüro und dem „Verein zur Förderung des Wiener Fremdenverkehrs" – auf dem Franz Josefs-Bahnhof ein. Es zeigte sich, dass Österreich und vor allem die Haupt- und Residenzstadt Wien in preußischen Landen mit Erfolg als Reiseziel propagiert werden konnten: Mit dem neuesten Baedeker in der Hand studierten die kulturbeflissenen Gäste aus dem Norden die aufregenden „Sehenswürdigkeiten" der Kaiserstadt.

Am Beginn dieses bald überaus erfolgreichen Berlin-Wien-Angebots war die klare Erkenntnis gestanden, dass man dringend handeln musste, um

Oben: Stations-Idylle an der Kaiser Franz Josefs-Bahn: der Bahnhof Eggenburg, um 1875. Die Fahrzeit von hier nach Wien (78,7 km) betrug etwa drei Stunden.

Unten: Ausgangspunkt für Reisen nach Prag und Karlsbad: der alte Franz Josefs-Bahnhof nach dem Umbau von 1888. Ansichtskarte, 1899.

am explodierenden Wirtschaftsfaktor Tourismus partizipieren zu können. 1882/83 wurde der „Verein zur Förderung des Wiener Fremdenverkehrs" gegründet, ein Konsortium, das sich später in „Wiener Verein für Stadtinteressen und Fremdenverkehr" umbenannte; parallel dazu richtete der Gemeinderat eine „Fremdenkommission" ein, der jedoch nur eine kurze Lebensdauer beschieden sein sollte. Die erfolgreiche Kampagne in Berlin war jedoch noch zu wenig: Um Briten und Franzosen in regelmäßiger Abfolge nach Wien lotsen zu können, bedurfte es vor allem auch der Zusammenarbeit mit dem angesehensten und wichtigsten, weltweit operierenden Unternehmen der aufstrebenden Touristikbranche: mit dem Reisebüro Thomas Cook & Son.

Der Herr der Lokomotiven: Karl Gölsdorf

„Unser Vaterland stand wohl nicht in der ersten Linie jener Staaten, welche sich des neuen Verkehrsmittels bemächtigten", schrieb Karl Gölsdorf, der genialste und kreativste Lokomotivbauer des alten Österreich, in einem Beitrag zum großen Jubiläumswerk *Geschichte der Eisenbahnen der österreichisch-ungarischen Monarchie* (1898) und wies zu Recht darauf hin, dass die ersten Lokomotiven für die KFNB in England und den USA bestellt worden waren – sehr schnell jedoch bewiesen heimische Techniker auch auf diesem neuen Gebiet ihre Leistungsfähigkeit: Unter Leitung des englischen Ingenieurs Baillie – dem Erfinder der „Bailliesschen Schneckenfedern" – wurde 1840 in der Werkstätte der Kaiser Ferdinands-Nordbahn die erste Lokomotive in Österreich gebaut; sie erhielt den symbolträchtigen Namen „Patria" und lief bis 1861 auf den Gleisen der KFNB. Eine Abbildung der „Patria" hat sich leider nicht erhalten.

1841 konnte auch die Wien-Raaber Bahn eine erste Lokomotive aus ihrer am 21. April 1840 in Betrieb genommenen Werkstätte präsentieren: die „Wien", gebaut unter fachkundiger Aufsicht des aus Glasgow stammenden schottischen Ingenieurs John Haswell (1812–1897), der den Lokomotivbau

Unten: 2B-Schnellzuglok aus dem Jahre 1873: Die „Rittinger", erbaut in der Fabrik von Georg Sigl in Wiener Neustadt, erreichte 80 km/h und galt als zukunftsweisende Maschine.

Linke Seite: In der „Central-Werkstätte" Linz der k. k. Österreichischen Staatsbahnen: Montagehalle für Güterwaggons, im Bild unten Maschinen zur Eisenbearbeitung.

Oben: Die Werkstätte der Wien-Raaber Eisenbahn-Gesellschaft befand sich zwischen Süd- und Ostbahnhof und wurde 1840 in Betrieb genommen; Betriebsleiter wurde der Schotte John Haswell, der Begründer des österreichischen Lokomotivbaus. Kolorierte Radierung von Johann Vincenz Reim, 1841/42.

in Österreich durch neue Ideen und Konstruktionen in den nächsten Jahrzehnten maßgeblich beeinflussen sollte. Haswell war es z. B., der die ersten Schalengussräder anfertigen ließ, die Kesseltechnik wesentlich verbesserte und ein zweites Treibräderpaar (Achsanordnung 2B) einfügte, um die Leistung zu erhöhen. Bei der Lokomotive „Meidling", gebaut 1844 für die Wien-Gloggnitzer Bahn, u. a. aus den Resten der explodierten Lokomotive „Liesing", brachte er erstmals die unter der Bezeichnung „Stephenson'sche Coulissensteuerung" bekannte Umsteuerung zum Einsatz. 1846 gelang Haswell mit der „Fahrafeld" die Konstruktion der ersten dreifach gekuppelten Güterzuglokomotive – über Jahrzehnte hinweg blieb diese Maschine vielfach nachgebauter Standard.

Bald wurden nicht nur in Wien Lokomotiven gebaut: 1842 schlossen sich in Wiener Neustadt Karl von Prevenhuber, der Bevollmächtigte des Eisenwerksbesitzers Josef Sessler in Krieglach, Wenzel Günther, Ingenieur der Wien-Raaber Bahn, und die beiden Maschinenmeister der Wien-Raaber Bahn Heinrich Bühler und Fidelius Armbruster zu einem Konsortium zusammen,

Oben: B-Tenderlokomotive „Stadlhof" der Graz-Köflacher Bahn, gebaut bei Georg Sigl in Wiener Neustadt.

Mitte: Die 2B-n2-Lokomotive „Donau" wurde 1844 von der Firma Cockerill im belgischen Seraing für die Kaiser Ferdinands-Nordbahn gebaut. Bei einer Kesselexplosion am 26. Juni 1851 wurde sie schwer beschädigt, von der KFNB aber wiederaufgebaut.

Unten: Aus dem Prospekt der Lokomotivfabrik Sigl 1873: Tender mit 10 m^3 Wasservorrat.

Oben: Basierte noch immer auf der Entwicklung John Haswells: dreifach gekuppelte Güterzuglokomotive für die Witkowitzer Eisenhütte, gebaut in Floridsdorf 1897.

Mitte: Zugkraft 7,2 Tonnen: Lokomotive der Gaisbergbahn (System Riggenbach).

Unten: Lokomotive der Ostbahngesellschaft mit Flamankessel.

das die Errichtung einer Lokomotivfabrik in Wiener Neustadt in Angriff nahm. Mit einem Barkredit von 40.000 Gulden sorgte Josef Sessler für das notwendige Startkapital; die Werkstätten errichtete man auf dem Gelände einer ehemaligen Gewehrlauf-Schleiferei. 1842/43 konnte man die ersten sechs Lokomotiven für die nördliche Staatsbahn ausliefern, Maschinen mit einem Gewicht von 15 Tonnen und einem Dampfdruck von 5 ½ Atmosphären. Für die Konstruktion verantwortlich war Ingenieur Wenzel Günther; die Namen der ersten sechs Wiener Neustädter

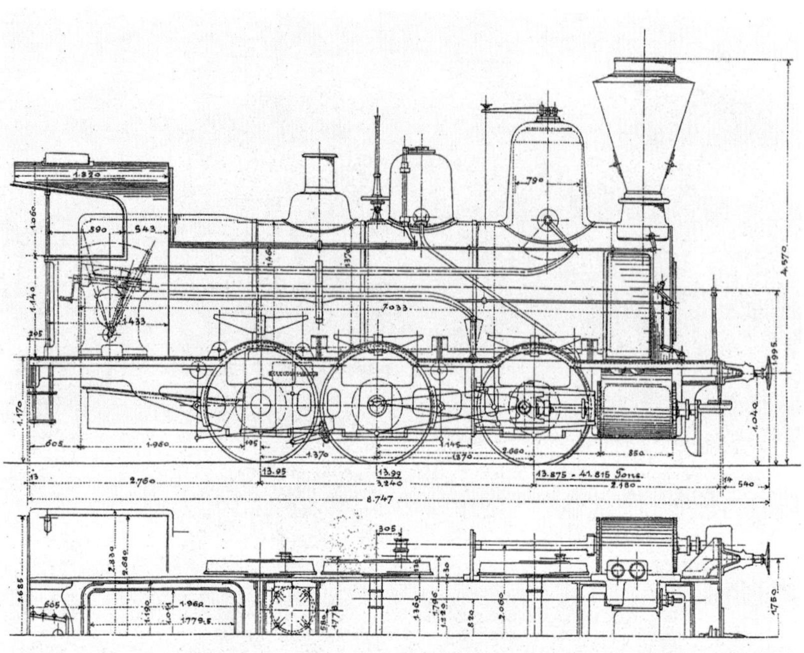

Links: Planzeichnung für einen Dreikuppler der österreichischen Südbahn, 1890.

Dampfrösser: „Sedletz“, „Florenz“, „Plass“, „Carolinenthal“, „Hohenstadt“ und „Hohenmauth“. 1845 wurde Wenzel Günther zum Alleininhaber des Unternehmens, der Gesellschaftsvertrag von 1842 aufgelöst. Mit der von ihm gebauten Lokomotive „Wiener Neustadt“ beteiligte er sich 1851 am legendären Wettbewerb der Gebirgslokomotiven auf der Semmeringbahn und belegte den 2. Platz. Die Wiener Neustädter Lokomotivfabrik, die 1861 an den Wiener Maschinenfabriksbesitzer Georg Sigl verkauft wurde, stieg in der Folge zur größten Lokomotiv- und Maschinenfabrik Österreich-Ungarns auf. 1870 verließ die 1000ste Lokomotive das Werk; 1897 konnte man den Bau des 4.000sten Dampfrosses feiern, 1910 die 5.000ste Lokomotive.

Große Verdienste um den Lokomotivbau Altösterreichs erwarb sich auch Wilhelm Freiherr von Engerth (1814–1884), der 1853 für den Einsatz auf der Semmeringbahn – basierend auf den Erfahrungen des berühmten Lokomotivenwettstreits von 1851 – die erste Gebirgslokomotive des Kontinents entwarf, die bei Cockerill und E. Kessler in Esslingen gebaut wurde.

Überstrahlt wurden diese Pioniere von Karl Gölsdorf, der Eisenbahnfreunden in aller Welt bis heute ein Begriff geblieben ist: Am 8. Juni 1861 in Wien als Sohn des Maschineninspektors der k. k. priv. Südbahn Louis A. Gölsdorf geboren, war er nach Abschluss seiner Studien an der Technischen Hochschule Wien zunächst in der Maschinenfabrik der StEG tätig und trat 1891 in das Konstruktionsbüro der k. k. österreichischen Staatsbahnen ein. Seine wegweisenden Entwicklungen trugen dazu bei, dass der österreichische Lokomotivbau auch internationale Anerkennung fand, insgesamt 47 Lokomo-

tivgattungen – von der leichten Schnellzug-Tenderlokomotive bis zur bulligen Gebirgslokomotive – wurden von ihm entworfen. „Lokomotivbaukünstler“ nannte ihn Johann Rihosek, sein Nachfolger als Chefkonstrukteur, und dies völlig zu Recht: Gölsdorfs Lokomotiven vereinigten in sich Funktionalität und elegantes Design, revolutionäre technische Neuerungen und enorme Leistung. „Nur dort liegen die Grenzen, wo der Wille sie hinstellt, und wirklich vorhanden sind sie nur in Bezug auf bestehende Objekte“, schrieb Gölsdorf in seinem Beitrag über den „Locomotivbau“ in der *Geschichte der Eisenbahnen der österreichisch-ungarischen Monarchie.*

Zu den Meilensteinen unter seinen Arbeiten zählen etwa die ab 1897 in Wiener Neustadt gebauten 1D-Zweizylinder-Verbund-Gebirgslokomotiven der Reihe 170, die durch seitenverschiebbare Achsen eine bis dahin nicht gekannte Kurvenbeweglichkeit aufwiesen, und die ab 1900 in der Floridsdorfer Lokomotivfabrik gebaute erste fünffach gekuppelte Gebirgslokomotive der Reihe 180. Ein Einzelstück blieb Gölsdorfs legendäre sechsfach gekuppelte Gebirgsschnellzuglok der Reihe 100, die, entworfen für die Anforderungen auf der Tauernbahn, die gewaltige Leistung von 2.200 PS erbrachte. Zur vielleicht berühmtesten Schöpfung dieses von einzigartiger Kreativität beflügelten Technikers wurde die ab 1911 gebaute 1C2-h4v-Heißdampf-Schnellzuglokomotive der Reihe 310 mit einer Leistung von 1.800 PS und einem Treibraddurchmesser von 2.140 mm. Am 18. Februar 1916 erlag Karl Gölsdorf einem schweren Halsleiden, seine großartigen Lokomotiven leisteten über den Zusammenbruch Österreich-Ungarns hinaus noch lange Jahre hindurch hervorragende Dienste.

Oben: Lokomotive der Baureihe 110, Achsfolge 1C1-n4v, der privaten nordungarischen Kaschau-Oderberger Bahn, gebaut in Floridsdorf 1905.

Unten: Der bedeutendste Lokomotivbauer des alten Österreich: Ing. Karl Gölsdorf.

1841
1851
1884

Cook & Son: Tours and Trips to Austria

Die mittelenglische Stadt Leicester 1841: Ein gewisser Thomas Cook (1809–1892), Besitzer eines nicht besonders florierenden Drechslergeschäfts, ein Mann aber mit Pioniergeist und einer hervorragenden Geschäftsidee, organisiert für den 5. Juli dieses Jahres erstmals einen billigen *excursion train*. Ziel der 570 Personen starken Reisegesellschaft im „Vergnügungszug“: die kleine, 18 Kilometer entfernte Universitätsstadt Loughborough in den East Midlands; der von Cook geforderte Preis für die Hin- und Rückfahrt: 1 Shilling pro Person. Der an sich wenig spektakuläre Eisenbahn-Ausflug wird zur Sensation, die Teilnehmer werden in Loughborough als „Pioniere einer neuen Einrichtung“ begrüßt, zurückgekehrt nach Leicester betrachtet man sie „wie Leute, die eine große That ausgeführt hatten“.

Tatsächlich sollte der *excursion train* nach Loughborough zu einem Schlüsselereignis in der Geschichte des internationalen Tourismus werden: Sein sensationeller Erfolg spornte Thomas Cook in den nächsten Jahren zu neuen Projekten an, Vergnügungszüge nach Rugby, Derby, Nottingham, Birmingham und Liverpool folgten – Letzterer im Sommer 1845 bereits mit einem anspruchsvollen, sorgfältig ausgearbeiteten Programm, das mehrere Aufenthalte und eine Fahrt entlang der Küste von Wales auf einem Dampfer vorsah. Geschlossene Bahnreisen dieser Art wurden zum Modell für Tausende von Eisenbahn-Ausflügen, ein Geschäft, das florierte und mit dem das Reisebüro Thomas Cook & Son seinen kometenhaften Aufstieg zum weltweit operierenden Touristikunternehmen begann. Sein Erfolg lag in der perfekten Vermarktung und Organisation touristischer Reisebewegungen zu Wasser und zu Lande; mit den neuen Eisenbahn- und Dampfschiffverbindungen wuchsen auch die Umsätze von Thomas Cook & Son. Nach dem Mutterland eroberte man sich Schritt für Schritt den europäischen Kontinent, wobei das Vorgehen der Firma Cook immer nach demselben Muster ablief: Man schloss Kooperationsverträge mit den Verwaltungen der jeweiligen Haupteisenbahnlinien und begann neben den Tickets für den regulären Bahnverkehr spezielle Ausflugs-Arrangements *(excursions)* und „combinirbare“ internationale Rundreise-Billets zu verkaufen, die ihrerseits dazu führten, dass die touristische Infrastruktur in den betroffenen Regionen nachzog und ausgebaut wurde – das galt etwa für die Riviera, für die

Unten: Der Gründer: Thomas Cook, 1864.

Vorherige Doppelseite: Meilensteine eines weltweit agierenden Tourismusunternehmens: Relief am *Thomas Cook Building* in Leicester.

Oben: „Cook's Party“ auf einer Italienreise 1868 – Österreich galt es für englische Touristen erst zu entdecken.

Schweiz und Süditalien. Erwarb man ein „Cook Touristenbillet“, so konnte man nicht nur mit einer Ermäßigung von 25 bis 45 Prozent im Vergleich zu den Normaltarifen rechnen, sondern hatte auch die Möglichkeit, Cooks „Hotel-Coupons“ zu kaufen, die weltweit in fast 1.000 Hotels (Stand 1905) Unterkunft und Verpflegung zu „fixen und regulären Preisen“ garantierten. Neben dem ausgezeichneten Service für Eisenbahnreisende auf dem Kontinent boten die Briten auch noch anderes: So brillierten Thomas Cook & Son auch mit ihrem perfekten Angebot für Schiffsreisen: „Passage-Billets“ in alle Häfen der Welt wurden garantiert, das galt auch für Reisen mit Dampfern des Österreichischen Lloyd. Anno 1891, zum 50. Jahrestag des denkwürdigen Zugs nach Loughborough, umfasste das Unternehmen 84 Filialen und 85 Agenturen in aller Welt mit 1.714 Mitarbeitern.

Anno 1863 hatte Thomas Cook die erste Reise in die Schweiz organisiert; für den Juli 1865 plante er im Rahmen einer seiner beliebten „Gesellschaftsreisen“ eine erste Gruppe englischer Touristen auch nach Wien zu führen; auf diesem *Approaching Trip* in die Schweiz, nach Norditalien, Venedig und

Links: „We are now in the land of Hofer, the modern Tell“: die Brennerbahn mit dem Wasserkanal der Eisack bei Gossensaß. Holzstich nach einer Zeichnung von Karl Heyn, 1867.

Wien musste er jedoch in Mailand zurückbleiben, ein Teil seiner Reisegäste fuhr allein nach Wien weiter. Im Vorbericht zu dieser Reise in *Cook's Excursionist* vom 24. Juni 1865 wird bemerkenswerterweise ein nicht beim Namen genannter österreichischer Gentleman zitiert, der kraft seiner Autorität dem Reisebüro angeblich im Namen der österreichischen Behörden und der k. k. Eisenbahnverwaltung zugesichert hätte, dass die Reisenden in Österreich „perfekte Freiheit“ *(perfect freedom)* genießen würden und nach dem Passie-

Oben: Der Bahnhof von Innsbruck. Aus: *Die österreichischen Eisenbahnen.* Technisch, historisch, malerisch. 1. Section: Die Nord- und Süd-Tiroler Eisenbahn. Wien 1863. Lithografie von A. Kaiser.

ren der Staatsgrenzen nie wieder nach ihren Pässen gefragt werden würden. Zwei Jahre später, 1867, ist Thomas Cook erstmals tatsächlich in Österreich: „Cook's Grand Autumnal Tour" führt diesmal von Verona nach Bozen und Innsbruck, im Vorbericht zur Reise schwärmt *Cook's Excursionist*: „We are now in the land of Hofer, the modern Tell, whose undeserved fate has caused his name to become enrolled among the foremost of the martyrs of freedom. At Botzen we begin a new and hitherto untried route, leading through some of the most picturesque and striking portions of Tyrolese scenery. Rocks crowned with ruins, lofty waterfalls, gloomy ravines, ancient castles, pleasant woods, fertile valleys, and towering mountains (...)"; als Höhepunkt der Tiroler Impressionen, so der *Excursionist,* würde in Innsbruck schließlich noch eine Begegnung mit den berühmten Kaiserjägern warten ...
In einem Brief an den Herausgeber des *Star,* verfasst in Salzburg am 7. Oktober 1867, schilderte Thomas Cook seine Eindrücke von der Eisenbahnfahrt Bozen–Innsbruck am 4. Oktober und hielt dabei mit Anerkennung und Begeisterung für die neu fertiggestellte Brennerstrecke – der erste fahrplanmäßige Personenzug von Innsbruck nach Bozen war am 24. August 1867 abgegangen – nicht zurück. Dazu trug vor allem bei, dass die Fahrt bei dichtem Schneefall stattgefunden hatte und die britische Reisegesellschaft von der Sicherheit, mit der der österreichische Lokomotivführer den „kühnen Schienenweg" (Rafael Hellbach) gemeistert hatte, besonders beeindruckt gewesen war: „Die Eisen-

bahn im Schweizer Jura, zwischen Neuchatel und Pontarlier, ist als eines der großen Wunder der Ingenieurskunst in den Alpen betrachtet worden – sie erscheint mir aber im Vergleich mit diesem großartigen Zeugnis der Technik durchaus unbedeutend. Bei normalem Schönwetter muss die Fahrt vom Brenner hinunter nach Innsbruck ein wunderbares Erlebnis sein – wir sahen sie so, wie man sie noch nie zuvor gesehen hatte: die Gipfel über uns, die Abgründe unter uns, alles gleichermaßen mit Schnee bedeckt. Noch nie waren uns diese tiefen Schluchten von feierlicherem Ernst erfüllt erschienen als an diesem Tag, und unmöglich ist es mir, einen Begriff von der Schönheit der umgebenden Landschaft zu geben." Voll des Lobes ist Thomas Cook auch für das Personal der Brennerbahn: „Auf jedem Bahnhof und von jedem Bahnbeamten sind wir mit ausgesuchter Höflichkeit behandelt worden; das Wort ‚Pass' wurde niemals ausgesprochen und die Gepäckkontrolle mit äußerster Nachsicht durchgeführt." (Übersetzung J. S.) Angenehm überrascht zeigte sich Thomas Cook nicht zuletzt vom Frieden und dem guten Einvernehmen zwischen österreichischen und italienischen Bahnbeamten, da doch noch ein Jahr zuvor der Krieg in Norditalien getobt hatte und aus diesem Grund auf Wunsch des Tiroler Landsturms etwa 14.000 italienische Bauarbeiter an der Strecke kurzerhand in ihre Heimat zurückgeschickt worden waren.

Oben: Ihm war zu verdanken, dass Reisen nach Österreich in das Angebot der Agentur aufgenommen wurden: John M. Cook, 1895.

Auch „Cook's Great Midsummer European Tour" von 1868 führte wieder in die Donaumonarchie – auf dem Programm standen neben der Schweiz und Norditalien Triest, Wien, eine Dampferfahrt nach Budapest, Salzburg, Innsbruck und Bozen. In seinen *Way-Side Notes* über die 3.000-Meilen-Reise im *Excursionist* erwähnt Thomas Cook nicht nur die wunderbaren Eindrücke der Reisegesellschaft bei ihrer Eisenbahnfahrt über den Semmering, sondern zieht auch ein kritisches Resümee, was Reisen in Österreich betrifft: Noch würden vielfach, so die Erkenntnis des Tourismus-Fachmanns, jene Standards fehlen, die in der Schweiz oder in Frankreich schon selbstverständlich seien – besonders ärgerlich hätte er die mühsamen Verhandlungen mit den Hoteliers empfunden, die sein Coupon-System nicht akzeptierten, aber auch das Fehlen einer *table d'hôte,* die hoch besteuerten Tickets für Expresszüge, das verwirrende Verhältnis von Münz- zu Papiergeld und die allgemein schlechten Englischkenntnisse der Österreicher. Alles zusammen hätte für ihn und seine Reisegäste *some hard work* bedeutet.

Im Vorfeld der Weltausstellung von 1873 kam es erstmals zu intensiven Gesprächen in der habsburgischen Metropole, und zwar mit Vertretern der kaiserlichen Kommission, die – insgesamt 215 Mitglieder stark – mit der Organisation dieses Großereignisses vertraut waren: 1871 reiste John Mason

16 COOK'S EXCURSIONIST AND TOURIST ADVERTISER, JULY 1, 1884.

THE TYROL, ENGADINE, SWITZERLAND, &c.

SELECT PERSONALLY CONDUCTED PARTY

TO

BELGIUM, THE RHINE, MUNICH,

VIENNA,

THE DANUBE, SALZKAMMERGUT DISTRICT, TYROL,

SALZBURG, BERCHTESGADEN,

AND

THE CELEBRATED SALT MINE, THE KÖNIGS SEE

(THE MOST BEAUTIFUL LAKE IN GERMANY),

INNSBRUCK,

THE STELVIO AND BERNINA PASSES,

THE ENGADINE, SWITZERLAND, &c., &c.,

LEAVING LONDON, SATURDAY, JULY 26th.

INCLUSIVE FARES FOR THE ENTIRE TOUR:—

1st Class ... ... £58 15s. 0d.
2nd Class ... ... £54 2s. 0d.

Also a Section leaving London TUESDAY, AUGUST 5th, direct for Vienna, via Calais, Chalons, and Orient Sleeping Car Express.

Inclusive Fare, First Class, £53 5s. 0d.

PASSENGERS CAN BE BOOKED TO START FROM PARIS, BRUSSELS, COLOGNE, OR OTHER CONTINENTAL CITIES AT PROPORTIONATE FARES.

COOK'S TOURS

IN

PORTUGAL AND SOUTH OF SPAIN.

THOMAS COOK & SON

Have pleasure in announcing their appointment as Sole Passenger Agents in Great Britain and the United States of America of the Royal Portugal Railways, the Minho and Douro Railways, and the Madrid Caceres Railways,

AND IN SUCH CAPACITY ISSUE TICKETS FOR

SINGLE JOURNEYS OR CIRCULAR TOURS

OVER THE WHOLE SYSTEM OF RAILWAYS IN PORTUGAL.

This Programme is issued to give a brief summary of the facilities now offered to the English-speaking public for visiting the

ROMANTIC SCENERY OF PORTUGAL,

Abounding in localities and objects of interest to the Tourist, the Antiquarian, the Artist, and the Historian.

ROUTES from ENGLAND to LISBON and the SOUTH of SPAIN.

	Single. 1st Cl.	Single. 2nd Cl.	Return. 1st Cl.
1. London to Lisbon, *via* Dover, Calais, Paris, Bordeaux, and Madrid... ...	13 17 6 ...	10 7 0 ...	—
2. London to Lisbon, *via* Dieppe, Paris, Bordeaux, and Madrid	12 10 6 ...	9 6 0 ...	—
3. London to Lisbon, by Donald Currie and Co.'s steamer every four weeks ...	8 8 0 ...	5 5 0 ...	—
4. Southampton to Lisbon, by Royal Mail Line fortnightly...	8 0 0 ...	5 0 0 ...	12 0
5. Liverpool to Lisbon, by Pacific Steam Navigation Co. fortnightly	8 0 0 ...	5 0 0 ...	12 0
6. London to Oporto, *via* Dover, Calais, Paris, Bordeaux, and Madrid ...	14 8 0 ...	10 15 6 ...	—
7. London to Oporto, *via* Dieppe, Paris, Bordeaux, and Madrid	13 1 0 ...	9 14 6 ...	—
8. Gravesend to Gibraltar, by P. & O. steamer weekly	9 0 0 ...	5 10 0 ...	15 0
From London by Jno. Hall Line of Steamers:—			
9. London to Lisbon	7 0 0 ...	—	... 12 0
10. London to Lisbon and Gibraltar ...	8 0 0 ...	—	... 15 0
11. London to Lisbon, Gibraltar, and Malaga	9 0 0 ...	—	... 16 0
12. London to Lisbon, Gibraltar, Malaga, and Cadiz	10 0 0 ...	—	... 16 0
13. London to Lisbon, Gibraltar, Malaga,			

Oben: Im Programm für die Sommerreise 1884 war bereits von einer Direktverbindung nach Wien im „Orient Sleeping Car Express" die Rede.

Cook (1834–1899), Sohn des Firmengründers und seit 1865 Chef der Zentrale am Ludgate Circus in London, auf Wunsch von Dr. Wilhelm Freiherr von Schwarz-Senborn, dem Generaldirektor der Weltausstellung, nach Wien, um hier alle notwendigen Schritte für die Unterbringung der internationalen Gäste zu besprechen. Man beschloss, für die Bewältigung dieser Aufgabe eine eigene Institution zu schaffen, das „Weltausstellungs-Central-Bureau für Reise und Wohnung", wobei sich Cook für seine Agentur das Recht zusicherte, exklusiv die britischen und amerikanischen Gäste betreuen zu dürfen; als Vertragshotel wählte man einen der teuersten Herbergspaläste Wiens, das zu diesem Zeitpunkt noch im Bau befindliche Grandhotel Métropole am Franz-Josefs-Kai. Im Oktober 1871 legte Thomas Cook den Direktionen der österreichischen Eisenbahnlinien seine Vorschläge für neue „Circular Tours" vor, wobei diese vorsahen, neben Wien und der Weltausstellung jeweils auch andere Sehenswürdigkeiten Mitteleuropas in das Angebot miteinzubinden. Das Pro-Argument des Reisebüros: Nur wenige englische Touristen würden allein wegen der Weltausstellung nach Wien kommen. Wie

Cook's Excursionist vom April 1873 berichtete, hätten sich einige unbewegliche Eisenbahnmanager gegen diese Pläne ausgesprochen, da sie in Cook & Son so etwas wie einen gefährlichen Mitbewerber gesehen hätten, schlussendlich wären von ihnen die Angebote aber doch zur Gänze akzeptiert worden. Dass es nun – knapp vor Ausstellungseröffnung – überhaupt Tickets zu ermäßigten Preisen für Besucher aus England und Amerika gäbe, wäre einzig und allein dem Verhandlungsgeschick von John Mason Cook zu verdanken. Mit insgesamt sieben Millionen Besuchern der Exposition sollten die hoch gesteckten Erwartungen jedoch nicht erfüllt werden – für die k. k. Eisenbahnlinien zeichnete sich immerhin die erfreuliche Erkenntnis ab, dass man mit der klaglosen Bewältigung der gestellten Aufgaben ein großes Stück weiter in Richtung moderner und effizienter Transportunternehmen gelangt war.

Auch von der britischen „Royal Commission" waren Cook & Son in die Vorbereitungen für die Wiener Weltausstellung eingebunden worden – als „Sole General Passenger Agents for Exhibitors to the Vienna Exhibition" sah sich das Reisebüro mit der Aufgabe betraut, die für den Aufbau der Ausstellungshallen notwendigen Fachkräfte billig nach Wien zu transportieren. Der Tarif für die einfache Fahrt London–Wien betrug in der dritten Klasse 5 Pfund 1 Schilling und 9 Pence, für Hin- und Rückfahrt 9 Pfund 17 Schilling. Wer so viel für die Gäste tat, wollte selbstverständlich auch selbst präsent sein: Auf dem Ausstellungsgelände im Wiener Prater, zwischen dem Pavillon des Prinzen von Wales und der berühmten Maschinenhalle, ließen sich Cook & Son in einer teuren Stahlkonstruktion nieder und verkauften hier allen, die aus Wien wieder flüchten wollten, ihre Tickets *to all parts of the world, by any route.*

Nach längeren Bemühungen von Seiten des Magistrats, insbesondere von Bürgermeister Eduard Uhl, eröffnete die Firma Cook & Son im April 1888 schließlich auch in Wien, Stefansplatz 2, ein Büro – neben dem eleganten *booking office* bot man seinen Kunden großzügig ausgestattete Warte- bzw. Lese- und Schreibräume, getrennt nach Damen und Herren, versehen mit den wichtigsten Zeitungen und Journalen aus England und den USA. Der Andrang war groß: Mitglieder der kaiserlichen Familie und des Hochadels, Erzherzöge und Fürsten, zählten zu den ersten Kunden der Agentur, die ein Jahr später auch eine Filiale in Budapest, Dorottya utca 3, einrichtete. Kurz zuvor hatte John Mason Cook auf Einladung ungarischer Eisenbahnmanager hin persönlich eine ausgedehnte Tour durch die Länder des Königreichs unternommen, als Resultat dieser „Inspektionsreise" des smarten Touristik-Experten konnte das Angebot an Arrangements weiter ausgebaut und vervollständigt werden. Besonderes Interesse zeigte er an der neuen Bahnverbindung nach Konstantinopel, dem legendären *Express d'Orient,* der 1883 seine Jungfernfahrt absolviert und damit das Zeitalter der internationalen Luxuszug-Relationen eingeläutet hatte.

Thomas Cook & Son, „Urheber, Unternehmer und Förderer der hervorra-

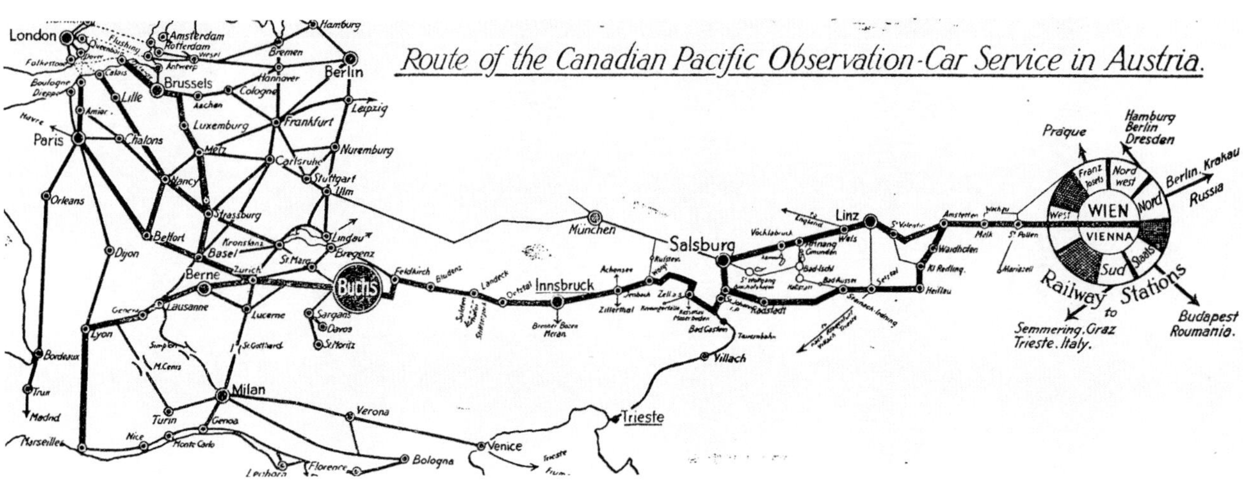

Oben: Der luxuriöse Panoramawaggon der Canadian Pacific Railway mit verglaster Plattform, gebaut bei Ringhoffer in Prag-Smíchov.
Unten: Eingesetzt wurde der Waggon ab August 1912 auf den Verbindungen Wien–Innsbruck und Innsbruck–Buchs.

gendsten Reisesysteme", waren stolz darauf, ihrer exklusiven Kundschaft nur den besten Service zu bieten, und so trug man auch im Reich Franz Josephs dafür entsprechend Sorge: Die Tickets („Reisecoupons") für Cisleithanien waren in Englisch und Deutsch, für Ungarn in Englisch und Ungarisch gehalten, auf den Hauptbahnhöfen Wiens und Budapests warteten „Cooks uniformirte Dolmetscher" auf Reisende im Besitze der Cook'schen Reisecoupons, um ihnen gratis Beistand zu leisten, in den Hotels Imperial und Métropole richtete man kleine Außenstellen der Wiener Filiale ein, „Unteragenturen" in Ischl, Innsbruck, Karlsbad und Meran – die beiden Letzteren

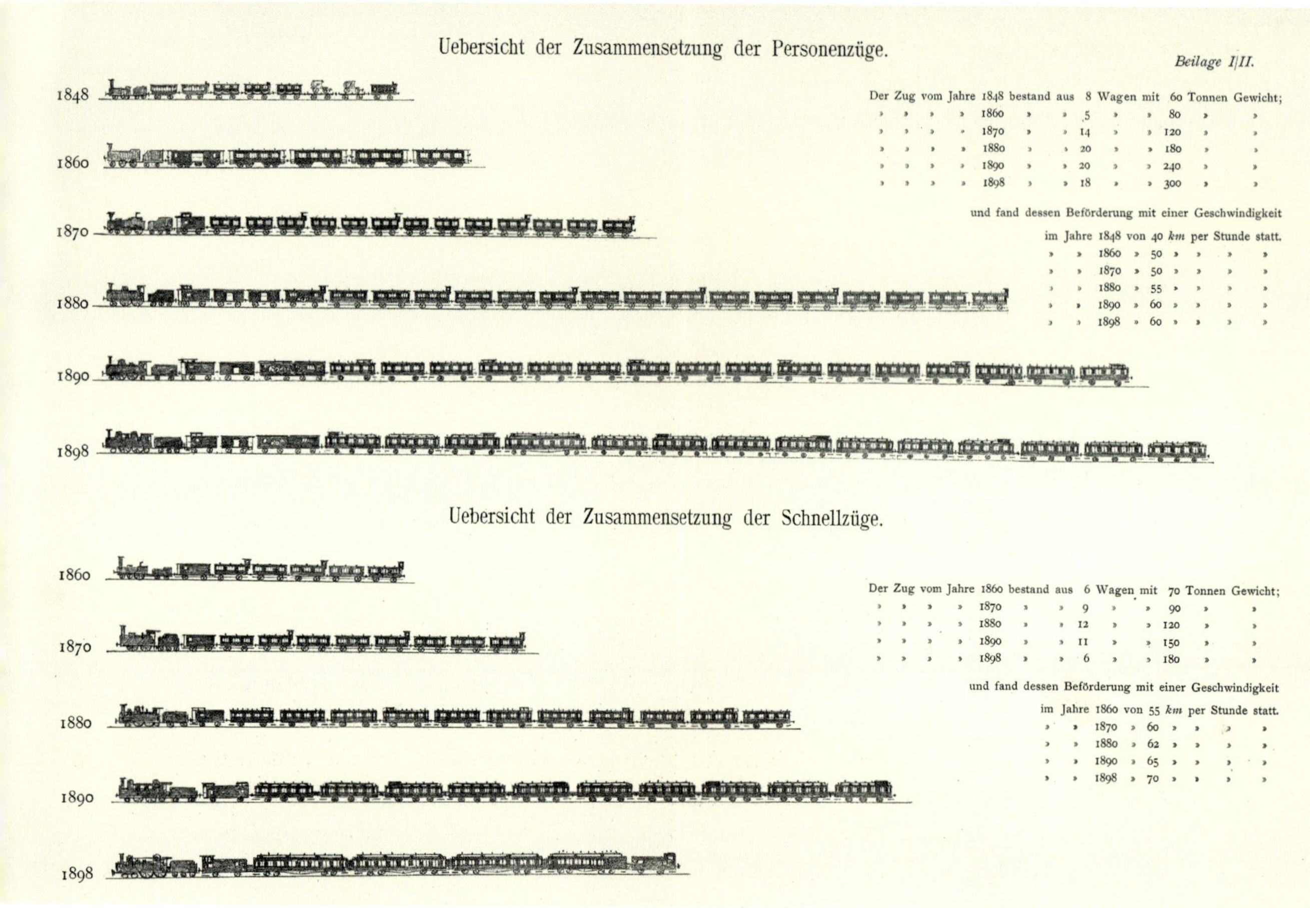

geleitet von der Firma D. & J. Biedermann – betreuten Lords und Ladys, Grafen und Barone, Hofräte und Exzellenzen während ihrer Kur- und Badeaufenthalte, verkauften Tickets und Hotel-Coupons. Wer wollte, konnte „entweder nach selbstentworfenem Plane oder gemäss dem von der Firma normirten Programm für Gesellschaftsreisen“ gleich eine Anschlussreise buchen – und dies beinahe zu jedem beliebigen Punkt der Erde. Programme und Listen, Preise und Routen von „beiläufig tausend Mustertouren“ konnte man in „Cooks Excursions- und Touristenzeitung“ *(Cook's Excursionist)* bequem auch in deutscher Sprache nachlesen.

Thomas Cook & Son setzten natürlich ihren ganzen Ehrgeiz dafür ein, das Publikum immer wieder mit neu zusammengestellten, attraktiven Routen zu überraschen; für die Sommersaison 1899 gelang dies z. B. mit einer originellen „Tour de Luxe“ in die Karpaten, die Wien, das mit einem *Train de luxe,* ausgestattet mit Schlaf- und Speisewagen, direkt erreicht wurde, bzw. Budapest zum Ausgangspunkt hatte und die u. a. nach Kassa *(Kaschau, Kosice)*, Torna, Poprád, Tatrafüred und Bratislava führte und die Begegnung mit einer Welt er-

Oben: Die „Übersicht der Zusammensetzung“ der Personenzüge bzw. Schnellzüge, abgedruckt im 2. Band der *Geschichte der Eisenbahnen der österreichisch-ungarischen Monarchie,* dokumentiert die rasante Entwicklung: Anno 1848 bestand ein Personenzug aus 8 Waggons mit 60 Tonnen Gewicht, im Jahre 1898 aus 18 Waggons mit 300 Tonnen Gewicht; die Durchschnittsgeschwindigkeit stieg von 40 km/h auf 60 km/h, bei Schnellzügen auf 70 km/h.

lauben sollte, von der man bis dahin nur romantische verbrämte Vorstellungen, beruhend auf Lektüre-Erlebnissen wie Bram Stokers *Dracula,* gehabt hatte. Besonders hoch als Reiseziel schätzte man im Londoner Büro das Salzkammergut, das immer wieder zum Ziel von geführten Ausflügen *(Conducted Tours)* wurde. Im Juni 1908 sah das Cook'sche Itinerarium für eine Salzkammergut-Reise etwa folgendermaßen aus: Abfahrt um 8 Uhr 35 mit dem Queenboro'-Flushing-Boat-Express vom Londoner Holborn Viaduct nach Köln, von dort mit dem Expresszug über München nach Gmunden. Während des eintägigen Aufenthalts in Gmunden Besuch der Traunfälle oder eine Wanderung zum Ebenzweier. Am nächsten Tag ging's mit dem Dampfer nach Ebensee, von dort mit dem Zug entlang der Traun nach Ischl, *the rendezvous of the fashionable tourist world, situated in one of the loveliest valleys in Europe.* Von Ischl aus unternahm die Reisegesellschaft Ausflüge nach St. Wolfgang, an den Abersee und mit der Zahnradbahn auf den Schafberg. Nächste Stationen waren Hallstatt, Gosau mit dem Vorderen Gosausee, Golling, die Selzach-Öfen, der Paß Lueg und die Stadt Salzburg. Ein Besuch des Königsees, von Berchtesgaden, Reichenhall und Schloss Herrenchiemsee sowie ein eintägiger Aufenthalt in München rundeten dieses Programm ab.

Im September 1912 wartete *Cook's Traveller's Gazette* unter der Schlagzeile *The Latest Thing in Austrian Travel* mit einer besonderen Neuigkeit für alle britischen Österreich-Touristen auf: In Zusammenarbeit mit der Canadian Pacific Railway (CPR) hätten die k. k. Staatsbahnen, so las man da, ab August 1912 auf der Strecke Wien–Innsbruck spezielle Panoramawaggons *(observation cars)* in Betrieb genommen, auch an einen Einsatz auf der Verbindung Innsbruck–Buchs sei gedacht. Für 5 Kronen Aufpreis könne man sich einen Sitzplatz in diesen elegant ausgestatteten Waggons reservieren lassen und bis zu einem Tag lang durch extrabreite Panoramafenster die großartige Landschaft *(wild and thrilling regions; over gorges cut by foaming mountain torrents)* bewundern. Geplant wäre weiters, die mit 31 Sitzplätzen versehenen Panoramawaggons an die großen Expresszüge aus den Hauptstädten des Nordens anzuhängen – eine Premiere auf dem europäischen Kontinent, die von den Reiseprofis aus London, die diesen Luxus schon von der Canadian Pacific Railway kannten, mit Nachdruck willkommen geheißen wurde.

Tatsächlich hatte diese Idee Samuel Altman, der Repräsentant der CPR in Wien, lanciert, ein Vertrag zwischen den Staatsbahnen und der CPR war geschlossen worden und insgesamt acht Waggons wurden bei österreichischen Firmen in Auftrag gegeben. Die ersten drei *observation cars* – „Canada", „Europa" und „America" – wurden noch 1912 ausgeliefert; 1913 folgten „Austria", „Africa", „Britannia", „Australia" und „Asia". Bei der Ausstattung hatte man nur die besten Materialien verwendet: Die Außenwände waren aus Teakholz, innen beeindruckten die Waggons mit exquisiten Vertäfelungen, japanischen Seidentapeten und teuren Teppichen; es gab

Links: Die „Canadian Pacific Eisenbahn- und Dampfschiffahrts-Gesellschaft" bewarb ihren „Aussichtswagendienst" mit einer eigenen Broschüre.

drehbare Lederfauteuils und Schreibtische. Die erste Fahrt der „Kanadier" fand am 19. August 1912 von Wien nach Salzburg statt; die Marketingstrategen der Staatsbahnen hatten sich dazu etwas Besonderes einfallen lassen: In Attnang-Pucheim verteilte man an die Ehrengäste eine im Zug hergestellte Zeitung.

Oben: „Größter Luxus und Komfort“: Die CPR offerierte ihren Fahrgästen sogar einen „sprachkundigen Führer“ in den Waggons.

Die Aussichtswaggons der CPR wurden schließlich auch auf der Tauernstrecke nach Triest eingesetzt; die Canadian Pacific Railway eröffnete daraufhin einen Express-Dampferdienst Triest–Kanada – eine Entscheidung, die so manchen verbohrten Gesetzeshütern in Wien nicht gefallen wollte: Eine Pressekampagne gegen die angebliche „Auswanderungspropaganda“ der CPR wurde gestartet; man warf den Kanadiern vor, Zweck der eingesetzten Waggons und Dampfer wäre es nur, wehrpflichtige junge Österreicher ohne Reisepässe über den Atlantik zu „entführen“ und ihnen auf diese perfide Weise zu helfen, dem Militärdienst zu entgehen. Vorwürfe, die durch das mysteriöse Verschwinden von stellungspflichtigen 17- bis 20-Jährigen in Galizien genährt wurden und dazu führten, dass in Wien und Lemberg umfangreiche gerichtliche Ermittlungen gegen die CPR begonnen wurden – angeblich war es sogar eine Anzeige der CPR gegen ihren Lemberger Repräsentanten, die die Affäre ins Rollen brachte. Im Oktober 1913 mussten die CPR-Büros in Österreich-Ungarn geschlossen werden; Samuel Altman und die Wiener „Auswanderungsagenten“ Pinkas Kapeller, David Kapeller und David Fischer sowie der Lemberger Filialleiter wurden wegen des Verdachts des Verstoßes gegen das Wehrgesetz und das Auswanderungsgesetz in Haft genommen. Der skandalöse Vorfall erregte in amerikanischen und kanadischen Blättern großes Aufsehen; schließlich setzte sich sogar der amerikanische Botschafter in Wien für die Freilassung Samuel Altmans ein. Die „Amerikanischen Aussichtswagen“ fuhren allerdings weiter.

Ein knappes Jahr später gab es auf österreichischem Gebiet keine Reisegruppen aus Großbritannien mehr und keine jungen Männer, die nach Kanada „auswanderten“ – der große Krieg, leichtfertig vom Zaun gebrochen, wurde zum Albtraum, zum Mahlstrom, der die alte Ordnung Europas mit sich riss und damit auch einen düsteren Schlusspunkt hinter die goldene Zeit des mondänen Reisens setzte. Die luxuriösen Aussichtswagen der CPR landeten auf einem Abstellgleis und mussten 1920 von der jungen Republik als Reparationsleistung an Italien ausgeliefert werden. Als „Carrozze Belvedere“ kamen sie eine Zeitlang auf der Strecke Mailand–Ventimiglia zum Einsatz; 1928 gliederte man sie in drei Regierungssonderzüge für Benito Mussolini ein, der damit u. a. 1935 zusammen mit seinen französischen und britischen Gästen zur Konferenz von Stresa anreiste. Im Zweiten Weltkrieg fanden die eleganten „Kanadier“ in Lazarettzügen Verwendung; nach 1945 quartierte man in ihnen Ausgebombte ein, dann verliert sich ihre Spur …

Kaiserl. königl. privilegirte

KAISER-FRANZ-JOSEF-BAHN

concessionirt am 11. November 1866 auf 90 Jahre vom Tage der Betriebseröffnung auf sämmtlichen concess. Strecken.

Actien-Capital 32,016,600 Gulden ö. W.

in 160,083 Actien zu 200 Gulden österr. Währung in Silber.

fl. 200 ö. W. Silber. **ACTIE** № 79,195.

über

Zweihundert Gulden 200 österr. Währ. in Silber

durch welche dem Inhaber die Theilnahme an allen Rechten gewährt wird, welche den Actionären der k. k. priv. Kaiser-Franz-Josef-Bahn vermöge a. h. genehmigter Gesellschafts-Statuten zustehen.

Die k. k. österr. Staatsverwaltung hat laut Concessions-Urkunde vom 11. November 1866 und den Uebereinkommen vom 25. October und 5. November 1866 dem gesammten Anlage-Capita[l] [di]eser Bahn nach Massgabe der Vollendung der concessionirten Bahnstrecken ein jährliches fünfprocentiges Reinerträgniss nebst der zur Tilgung d[es] Capitales während der Concessionsdauer erforderlichen Tilgungsquote gewährleistet.

Wien, am 30. September 1867.

K. k. priv. Kaiser-Franz-Josef-Bahn.

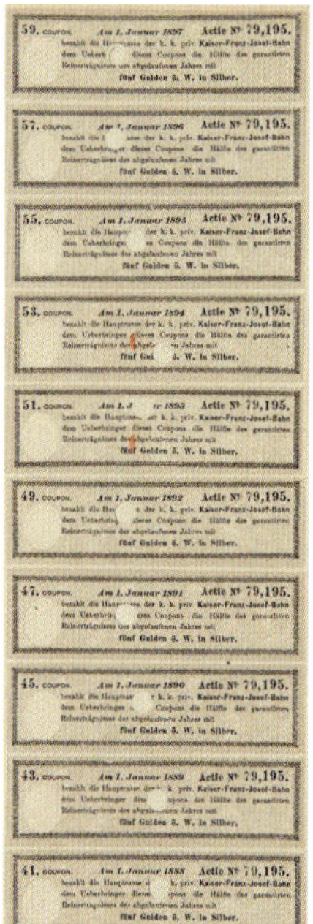

Oben: Geriet nach einer Reihe von Unfällen als Eisenbahnunternehmer ins Zwielicht: Viktor Ofenheim von Ponteuxin (1820–1886), Generaldirektor der Lemberg-Czernowitz-Jassyer Eisenbahn. Foto von Xaver Massak.

Linke Seite oben und links unten: Aktie der k. k. priv. Kaiser Franz Josef-Bahn über 200 Gulden österreichischer Währung in Silber, 30. September 1867, flankiert von den allegorischen Figuren „Niederösterreich“ (links) und „Böhmen“ (Bohemia).

Rechts unten: Montagearbeiten in der Lokomotivfabrik von Georg Sigl in Wiener Neustadt.

Schienenstrang und Aktienband

Nachdem das „Versagen“ der staatlichen Verkehrspolitik in der Ära Metternich (Helmut Rumpler) den Beginn des Eisenbahnbaus zumindest um einige Jahre verzögert hatte, „brach“ das Dampfross mit Erteilung des Privilegiums für die Nordbahn mit umso größerer Heftigkeit über die Donaumonarchie herein. Die großen Bankhäuser – Rothschild, Sina, Geymüller, Arnstein und Eskeles – drängten geschlossen in die neu gegründeten Aktiengesellschaften, das Überzeichnen der ausgegebenen Werte wurde zum Normalfall.

Moritz Gottlieb Saphir, ebenso renommierter wie spöttisch-kritischer Kommentator des Vormärz-Zeitgeschehens, gefürchtet für seine Schlagfertigkeit, notierte in einer seiner „humoristischen Vorlesungen“ mit dem Titel *Die Laufbahn unseres Jahrhunderts auf der Eisenbahn* auch einige Gedanken über jene Leute, die die neue Technologie finanzierten und daraus Gewinn ziehen wollten: „Die Eisenbahnen werden nicht nur das äußerst Ersprießliche haben, Länder und Städte in nähere Berührung zu bringen, sondern sie verbinden auch die Menschen, sie schlingen ein neues Band, wenn auch kein Familienband, doch ein Aktienband um viele Individuen, und Aktienverwandte halten besser zusammen wie Blutsverwandte. Die Aktionäre der Eisenbahn werden zu Hause sitzen, und doch gut fahren; man wird die Aktionäre der Eisenbahn nicht fragen: ‚Wie geht es Ihnen?‘ sondern: ‚Wie fährt es Ihnen?‘ und sie werden mit Fug und Recht antworten können: ‚Es passiert!‘ denn die große Passage macht alles aus.“

Nach den ersten fetten Boomjahren trat allerdings um 1845 bei den Anlegern Ernüchterung ein – nach einem allgemeinen Konjunkturrückgang und einer Baissespekulation fielen die Bahnaktien im Wert, die Regierung sah sich gezwungen, die Aktienpakete defizitärer Linien wie der ungarischen Zentralbahn und der Wien-Gloggnitzer Bahn zu übernehmen.

Der große Aufschwung im Eisenbahnbau erfolgte erst in den Jahren 1866 bis 1873, als die Regierung mit einem straffen Konzept endlich daranging, die strategisch-wirtschaftlichen Zielsetzungen zu realisieren. Die in Aussicht gestellten hohen Renditen lockten zahlreiche Kleinanleger, das „Eisenbahngeschäft“ wurde zur Domäne dubioser Spekulanten, der Aktienmarkt der Wiener Börse drohte jeder Kontrolle zu entgleiten. Der Börsenkrach vom 9. Mai 1873, dem „Schwarzen Freitag“, traf schließlich auch die Eisenbahngesellschaften und die Zulieferindustrie, vor allem die Waggon- und Lokomotivfabriken, schwer.

K.u.k. Reiseluxus

Der erste Schienenweg nach dem Norden wurde am 6. Jänner 1838 in Betrieb genommen, doch wie sah die Realität des Reisens mit dem „dampfausspeienden Ungeheuer" – so Friedrich Nietzsche in seinen autobiografischen Aufzeichnungen – tatsächlich aus? Vergeblich hätte man z. B. nach einem Kassenschalter gesucht – Karten mussten von den Reisewilligen zwei Tage vor Antritt der Fahrt im Verkaufsbüro der Wiener Innenstadt abgeholt werden, noch unangenehmer war eine bürokratische Schikane: Für die Fahrt benötigte man zwei Pässe: einen für die Überquerung der „Linie" („Linien-Pass"), einen für die Fortsetzung der Reise nach der Stadtgrenze.

Vorherige Doppelseite:
Luxus im „rollenden" Hotel: der Salonwagen Kaiserin Elisabeths.

Die Fahrt mit der Eisenbahn wurde von Beginn an als erfreulicher Fortschritt an Bequemlichkeit empfunden: Vorbei war es mit dem ewigen Durchgeschütteltwerden auf holprigen Straßen, mit zeitraubendem Pferdewechsel, fluchenden Postillonen und unliebsamen Zwischenfällen wie einem Rad- oder Achsbruch. Gleichwohl verteilte die als „demokratisch" gefeierte Bahn ihre Gaben nicht an alle Fahrgäste im selben Ausmaß. Komfort wurde zu einer Frage des Tarifs und der „Klasse", das zu erwartende Reisevergnügen auch hier zu einer Funktion der investierten Guldenbeträge. Wie oben geschildert, waren bereits die allerersten Züge der österreichischen Eisenbahngeschichte mit insgesamt vier Klassen versehen, wobei man sich hier an internationalen Vorbildern orientierte. Die bürgerliche Gesellschaft schätzte diese Trennung auch, man hatte sich daran gewöhnt, dass die „Klasse" und der „Stand", dem man sich zugehörig fühlte, in entsprechend teure oder billige Sitzplätze umzumünzen waren. Die „erste Klasse" der ersten Personenzüge bot zwar ein elegantes Wageninneres und liebevolle Verarbeitung aller Details, allerdings mangelte es an einigen wichtigen Dingen, die heute als selbstverständlich gelten: Es gab keine Toiletten, kein Licht und auch keine Heizung. Fahrten in der Nacht wurden deshalb zu Beginn des Eisenbahnzeitalters vermieden; vor große Probleme konnte die Betreiber auch ein strenger, schneereicher Winter stellen.

Allmählich ging man doch dazu über, auch in der Nacht zu fahren, wenngleich diese Fahrten nicht zu den beliebtesten zählten: Man konnte entlang der Strecke tatsächlich nichts sehen, im Wageninneren war es stockdunkel. Adalbert Stifter gibt in einem Brief aus dem Jahre 1841, gerichtet an seine Frau Amalie, eine eindrucksvolle Beschreibung von diesen ersten, gespenstisch im Dunklen dahinstampfenden „Nachtzügen": „Bei der Nacht ist so ein Eisenbahnzug eine wahrhaft erhabene Erscheinung. Zwischen den Wagen sind immer zwei Lampen angezündet, die ihr Licht auf die Personen hereinwerfen, gegen die Seiten der Bahn aber nach auswärts haben sie rotes Glas, so dass es für die Beschauer aussieht, als flögen lauter Karfunkel vorüber; die Rauchsäule ist in der Nacht auch feuerrot, und ein Strom unzähliger Funken wallt durch die Luft, was besonders schön und schauerlich war, da uns

Oben: Komfortables Großraumabteil mit Lederarmsesseln – die Innenausstattung des „Aussichtswagens“ der Canadian Pacific Railway.

gerade im Tunnel bei Baden ein Train begegnete, so dass, als beide aneinander vorüberflogen, die ganze Höhle mit Flammen und Donner angefüllt war.“ Für Amalie Stifter, geborene Mohaupt, die sehnsüchtig auf höhere Einkünfte ihres Gatten wartete, mochten diese Schilderungen nur „konfuhses zeig“ sein – tatsächlich illustrieren sie, wie spartanisch die Bedingungen für die Reisenden bei Nacht waren.

Oben: Im Vergleich zur Postkutsche wird die Eisenbahn als durchaus angenehm empfunden: „Die Reisegefährtinnen". Gemälde von Augustus Leopold Egg (1816–1863), um 1860, Birmingham Museum and Art Gallery.

Davon zeugt auch die Erinnerung von Hans Christian Andersen, der als wahrer Vielreisender den Aufstieg des „Dampfdrachen" begeistert begrüßt hatte. Im März 1846 bestieg der dänische Märchenerzähler, von Dresden kommend, in Prag den Nachtzug nach Wien: „Die Waggons sehen aus wie lange Häuser. Ich wählte mir einen Eckplatz. Eine Lokomotive hätte beinahe einen Menschen überfahren. Mehrere tausend Soldaten sollten eine halbe Stunde nach uns abfahren – Truppen, die einige Jahre hier einquartiert waren. Die Straßen und der Platz waren voller Menschen. Die Taschentücher wehten. Es war ein großartiger Anblick, als wir losfuhren: die ganze Böschung war von Menschen besetzt. So etwas habe ich noch nie gesehen. Derlei lässt sich nicht arrangieren. Was imponierte waren die Massen. Es sah aus wie der reichste, türkische Teppich, die Farben aber waren Menschen, Kleider, Köpfe; wie ein aus Menschen geformter Berg. Überall, meilenweit, sahen wir Leute ... Diese böhmischen Gesichter, die Fackelbeleuchtung, die zerlumpten Kleider, die unverständliche Sprache, die überall erklang – wir fuhren durch die finstere Nacht, der Mond war untergegangen, über Viadukte, durch Tunnel, die

Fenster ratterten, die Signalpfeife schrillte, das Dampfroß schnaubte, und ich lehnte zuletzt den Kopf an die Wand und schlief unter Gottes Schutz" – angekleidet, ohne Heizung und Beleuchtung, ohne Armlehne und verstellbare Kopfstütze. Im Vergleich zu einer durchrüttelten Nacht in der Postkutsche mag Andersen diese Reise tatsächlich als angenehm empfunden haben. Interessant ist übrigens sein Hinweis auf den Truppentransport, dessen Augen-

Oben und Mitte: Anno 1870 erschien eine neubearbeitete „Vorschrift für den Militär-Transporte auf Eisenbahnen"; genau geregelt wurde auch der Verwundetentransport: „Ambulanz-Wagen" bzw. „Zugs-Commandanten- und Ärzte-Wagen" der Sanitätszüge des Malteser-Ritterordens.

Unten: Der erste Truppentransport der österreichischen Eisenbahngeschichte: Über die Linie Prag–Olmütz wurde ein Infanterieregiment an die polnische Grenze verlegt. Aus: *Illustrirte Zeitung*, Leipzig, 30. Mai 1846.

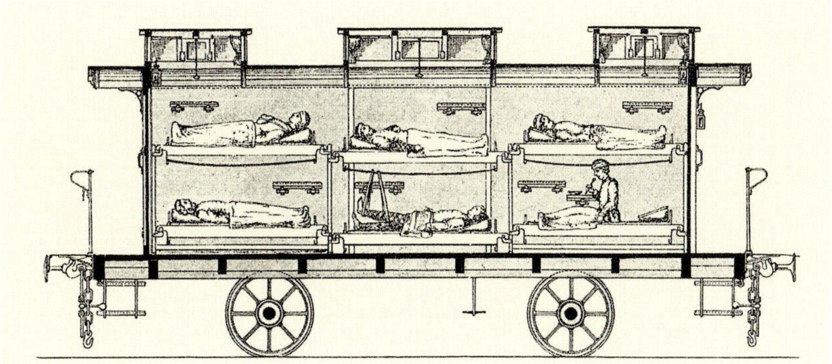

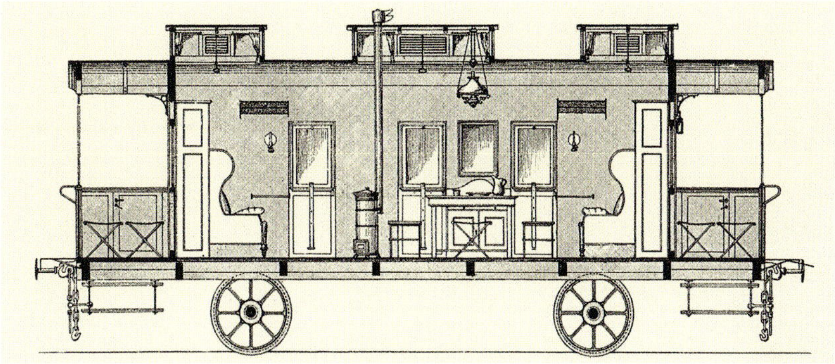

Oben: Für das leibliche Wohl der Reisenden in den Fernzügen der k. k. Staatsbahnen war gesorgt: Während des Aufenthalts in der Kärntner „Frühstücksstation“ Glandorf werden warme Getränke und ein kleiner Imbiss serviert. Ansichtskarte, um 1899.

zeuge er wurde: Die Einheiten wurden damals nach Galizien verlegt, wo der Krakauer „Diktator“ Jan Tyssowski zum Aufstand gegen die Teilungsmächte aufgerufen und ein radikales revolutionäres Programm verkündet hatte, das alle Privilegien, den Adel, Frondienst und Grundzins für abgeschafft erklärte sowie die Emanzipation der Juden forderte – ein polnisches „Vorspiel“ zur Revolution von 1848, das von Ludwig August Ritter von Benedek, 1866 der große Verlierer von Königgrätz, energisch niedergeschlagen wurde. Erstmals bewährte sich die Eisenbahn in einem bewaffneten Konflikt beim Zusammenziehen der Truppenteile.

Verpflegung

Der Eisenbahnreisende der Pionierzeit war, was die Versorgung mit Essen und Trinken betraf, auf sich allein gestellt; der Speisewagen wurde erst in den großen Luxuszügen nach 1880 allgemein üblich. Elegante Speiseräume und gut ausgestattete Küchenabteile waren allerdings in den Hofzügen und Salonwagen der Reichen und Mächtigen durchaus üblich. Wer über diesen fürstlichen Waggonluxus nicht verfügte, musste das Knurren seines Magens bis zum nächsten längeren Aufenthalt zähmen: Die Bahnhofbüfetts boten dafür vom deftigen Gulasch bis zu den obligaten Würsteln alles, was des hungrigen Reisenden Herz begehrte. Die klassische Lösung dieses Problems lag jedoch in einer umfangreichen kräftigen Jause, die man einfach in die Reisetasche packte. Daniel Spitzer, ein häufiger Gast auf den k. k. Linien, hat uns diese kulinarische Praxis in einer hübschen Anekdote überliefert: „Von Graz fuhr ich über Marburg nach Klagenfurt. In Marburg, wo die Kärntnerische Bahn von der Südbahn sich abzweigt, wartet man eine Stunde auf die Abfahrt des Zugs nach Klagenfurt. Ich war schon daran, mir die Langeweile

Rechts: Gleich fährt der Zug ab: hektisches Gedränge an einer „Würstelstation". Xylografie nach einer Zeichnung von Franz Kollarz, 1874.

Eine kulinarische Enttäuschung für Daniel Spitzer

Im September 1867 reiste Daniel Spitzer, legendärer Satiriker und Spötter der *Neuen Freien Presse*, als „Feuilleton-Detective" im Gefolge von Außenminister und „Reichskanzler" Friedrich Ferdinand Graf Beust mit der Eisenbahn nach Reichenberg. Wie gewohnt, wollte er einen längeren Aufenthalt für einen kräftigen Imbiss aus dem Bahnhofsbüffet nützen:

In Böhmisch-Trübau hielt der Zug eine halbe Stunde, hier machte ich Mittagsrast, und fand bald, dass auch in diesem Städtchen die Ministerreise die Gemüther tief bewegt hatte, denn der Kellner brachte mir, nachdem ich Cotelettes bestellt hatte – Golatschen! Ich appellierte an meine österreichische Opferwilligkeit, freute mich des Dargebotenen und fuhr dann guten Muthes weiter.

Oben: Im Speisewagen eines Expresszuges, um 1890.

des Wartens mit der ‚Grazer Tagespost', die ich in Graz für den Fall der Noth eingesteckt hatte, zu vertreiben, als glücklicherweise ein sehr hübsches Mädchen mit einer älteren Dame, die auf den würdigen Namen Mutter hörte, in den Wartesaal eintrat. Die Damen nahmen Platz, und während die jüngere sich daran machte, ein kleines Stilleben von Pfirsichen und Marillen, das sie in einem Tüchlein mit sich führte, zu lichten, versenkte die erfahrene Mutter all ihr Fühlen, all ihr Denken in einen Kalbsschlegel. Ich habe gefunden, dass Gespräche über das Essen sich auf Reisen sehr bewähren, und namentlich jungen Damen gegenüber, die mit Müttern reisen, aufs Beste empfohlen werden können. (…) Durch ein culinarisches Gespräch zeigt man sich der Mutter in dem schönen Lichte eines gesetzten Mannes mit ernsten Absichten, und durch die Kennerschaft, die man hiebei an den Tag legt, beruhigt man sie darüber, dass man kein romantischer Hungerleider ist, der von Primeln, Rosmarin und anderen Gemüsen zu leben gezwungen ist. Der Mensch von Gefühl weiß aber dieses auch in eine gastronomische Plauderei zu legen, und so durch die Küche den Weg in das Herz der Tochter zu finden. So habe ich auch diesmal, indem ich den Kalbsschlegel der Mutter zu dem Ausgangspunkte eines Gesprächs machte, die angenehme Gesellschaft eines jungen, hübschen Mädchens genossen, und während ich (...) der Mutter die Vorzüge der Wiener Mehlspeisen mit erhobener Stimme pries, war ich so glücklich, den Zeigefinger der Tochter an meine Lippen zu führen."

Beleuchtung

Mit dem Beginn der Nachtfahrten wurde auch das Problem der Beleuchtung akut – sowohl aus Sicherheitsgründen als auch im Bemühen, den Reisekomfort für die Fahrgäste zu erhöhen. Die ersten Lampen, die in Eisenbahnwaggons zur Verwendung kamen, waren Öllampen – Peter Rosegger erwähnt eine solche etwa in seiner bekannten Erzählung *Als ich das erstemal auf dem Dampfwagen saß*. Die Öllampen waren an so genannten „Schiffsaufhängungen" an der Wand befestigt, als Deckenleuchten wurden einfache „Kranzleuchten", so benannt nach ihrem kranzförmigen Ölbehälter, verwendet. Der Lampenkörper ragte dabei über das Dach hinaus und die Lampe konnte auch nur vom Dach aus bedient werden – ein ziemlicher Aufwand, der nur bei Wagen erster und zweiter Klasse sowie bei den Salonwagen des Herrscherhauses und des Hochadels getrieben wurde. Als Öl wurde meist Rapsöl verwendet, Petroleumlampen waren auf den Bahnen Österreich-Ungarns verboten (Losos/Mahel).

Die Gasbeleuchtung wurde auf k. k. Linien erst nach 1880 eingeführt, wobei der berühmte Salonwagen Nr. 10 des Freiherrn von Rothschild der erste mit Gas beleuchtete Eisenbahnwagen war. Verwendet wurde so genanntes „Ölgas", das aus Schmierfettresten und Öl gewonnen wurde, auf der Kaiser Ferdinands-Nordbahn kam auch „Mischgas", eine Mischung aus Ölgas und Azetylen, zum Einsatz – typisch dafür waren auf den Waggons der KFNB die zylinderförmigen Gasbehälter am Dach.

Der erste elektrisch beleuchtete Zug war 1891 der Hofzug des Kaisers, als Stromquelle diente eine Dampfmaschine im Dienstwagen des Zugs, die eine Leistung von 18 PS entwickelte und den kaiserlichen Train mit einer Spannung von 50 Volt versorgte (Losos/Mahel). Bei einzelnen Salonwagen verwendete man in der Folge auch Akkus, die in den Heimatbahnhöfen immer wieder aufgeladen wurden. Das reisende Publikum der Habsburgermonarchie kam erstmals 1895 in den Genuss elektrischer Beleuchtung – damals stattete die Kaiser Ferdinands-Nordbahn ihre Schnellzüge nach Krakau mit Glühlampen aus.

Als erster Bahnhof der Monarchie wurde der Wiener Kopfbahnhof der Kaiserin Elisabeth-Bahn elektrisch beleuchtet, 1890 folgte der Bahnhof im Freihafen von Triest, 1893 Königshof/Prag, 1895 Weiz in der Steiermark, 1896 Laun, Przemysl, Marienbad und Scheibbs sowie 1897 Hallein, Gottschee, Salzburg, Schladming, Prag-Smíchov und Stanislau (Stanisławów). Im Jahre 1900 flammten die Glühlampen auch in den Bahnhöfen von Wörgl,

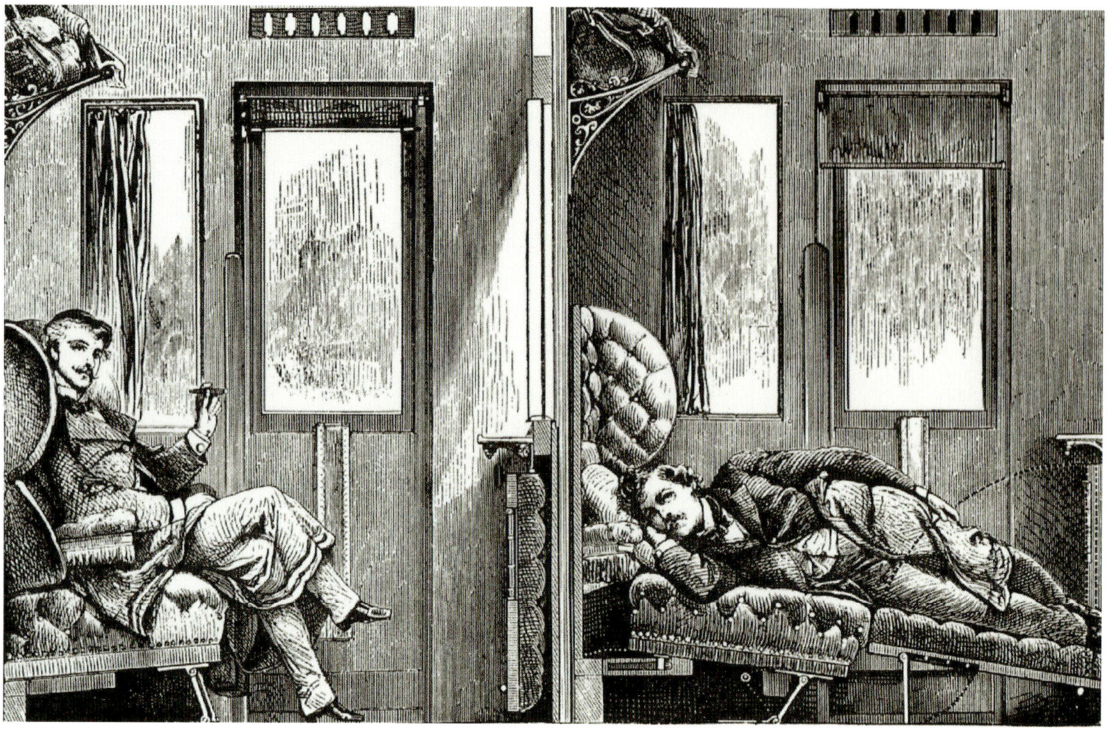

Cervignano und Wieselburg an der Erlauf auf, ein Jahr später, anno 1901, konnten sich auch die Fahrgäste in den Bahnhöfen Amstetten, Dornbirn und Purkersdorf an der wunderbaren neuen Lichtquelle erfreuen.

Oben: Im Schlaf-Coupé eines Wagens der Kaiserin Elisabeth-Bahn: links die Tages-, rechts die Nachtstellung. Um 1871.

Heizung

Im Februar 1865 beschwerte sich ein eifriger Leser der *Illustrirten Eisenbahn-Zeitung* in einem geharnischten Brief an die Redaktion des Journals über die „Übelstände" in den Zügen der Kaiser Ferdinands-Nordbahn: „Ich reiste jüngst bei einem ziemlich starken Schneewetter von Wien nach Prag; die strenge Witterung bewog mich, einen Platz erster Klasse zu nehmen, wo doch, nach den selbst für Oesterreich ziemlich hoch gespannten Preisen etwas Komfort zu hoffen sein sollte. Ich will damit nur vorübergehend bemerken, dass die Fahrpreise hier so hoch sind, wie dies, ausser in Holland, nirgends der Fall ist; dass aber, vermuthlich eben deswegen, nirgends der Reisende weniger Beachtung findet, als eben hier. Man geht ja doch von der Ansicht aus, dass die Bahn nicht des Publikums wegen da sei, sondern dieses als Melkkuh der Bahnen betrachtet und entsprechend behandelt werden müsse. Beim Einsitzen in das Coupé sah ich, ungeachtet des darin herrschenden traurigen Halbdunkels, dass das mitgenommene zweite Sacktuch mir wesentlich dienen werde – denn ohne Risiko wäre ein Anlehnen an die stark befetteten Seitentheile nicht gut ausführbar, und da die perpendikuläre Bauart der Sitze stark an die gothischen Rittersessel mahnt, so ist denn doch das Anlehnen, besonders während des Schlafes, nicht leicht zu vermeiden. Nach den gewöhnlichen Formalitäten, das ganz besetzte Coupé 6–8mal aufzumachen, damit sich der Kondukteur überzeugt, dass noch alle Passagiere d'rin sind, fahren wir endlich ab. In Lundenburg werden die Thüren aufgerissen und müssen offen bleiben, damit allenfalls aussteigende Reisende wieder ihr Coupé finden können. Sichtbar die Nummern an die Waggons zu schreiben, ist ja überflüssig; jedenfalls ist es für den Kondukteur bequemer, einen Schnaps in der Restauration zu nehmen, als auf die aus- und einsteigenden Passagiere zu achten. Endlich steigt alles ein; die Thüre wird wieder aufgerissen und nachgesehen. In Brünn dasselbe Manöver, nur mit dem Unterschiede, dass es statt zweimal jetzt dreimal geschieht und die Thüren länger offen bleiben. So werden die Coupés eben nicht auf die angenehmste Weise gelüftet, und das wiederholt sich ziemlich oft. Die Insassen der ersten Klassen-Coupés geniessen aber von der Verwaltung die ausserordentliche Begünstigung, dass man unter die fadenscheinigen Teppiche mit siedendem Wasser gefüllte Blechkisten anbringt, die eines der probatesten Mittel sind, um geschwollene Füsse, eventuell auch ein gutes Podagra sich zu verschaffen. Es sind doch auf auswärtigen Bahnen so sinnreiche Vorrichtungen, um die Waggons zu erwärmen; (...) warum muss gerade die verwerflichste Art von Wärme-Apparaten bei uns in Gebrauch sein? Mein Vis-à-vis, ein wohlbeleibter Mann, konnte seine Füsse auf diesen heissen Rost nicht setzen, sondern war eine Stunde lang genöthigt, die Knie bis zur Nase zu ziehen, was jedoch für die Länge der Zeit ermüdend wird. Um jedoch die Hitze, die die Blechkisten in die Füße treiben, gesundheitsgemäss zu paralisiren, schließen weder Thüren noch Fenster, und ein leiser, aber dafür konstanter Zug fächelt die Wangen des Reisenden."

Oben: Ein Vorschlag für sicheres Reisen und zur Vermeidung von „Eisenbahnangst". Karikatur aus dem *Kikeriki*, 1874.

„Wärme-Apparate" wie der in diesem Augenzeugenbericht so heftig kritisierte waren keinesfalls ungewöhnlich, sondern auf den österreichischen Eisenbahnlinien seit 1856 allgemein in Anwendung – ein „Handelsministerial-Erlass" vom 30. Dezember 1854 hatte erstmals die Bereitstellung derartiger Heizbehelfe vorgesehen: Die „Blechkisten" waren etwa 70 cm lang, 20 cm

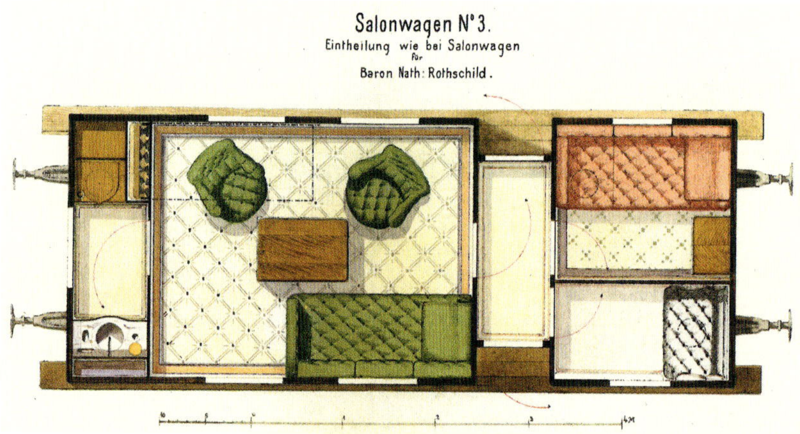

Links: Der berühmte zweiachsige Salonwagen Nr. 10 des Freiherrn Nathaniel von Rothschild, erbaut 1880 von Ringhoffer.
Unten: Der Salonwagen Nr. 3 im Grundriss, 1882.

breit und 9 cm hoch und fassten ca. 10 Liter heißes Wasser, das durch eine verschließbare Öffnung eingefüllt wurde. Da diese „Wärmeflaschen", die – falls möglich – tatsächlich unter die Fußteppiche oder -decken im Abteil geschoben wurden, alle drei bis vier Stunden gewechselt werden mussten, was mit erheblichem Zeitaufwand verbunden war, verzichtete man bald auf das Erhitzen von Wasser und nützte an den Auswechslungsstationen den heißen Dampf einer Lokomotive, der mittels Gummischlauch in die „Wärmeflasche" geleitet wurde. Daneben experimentierte man beim Füllen der Wärmeflaschen auch mit heißem Sand und diversen Chemikalien – etwa mit einem Kupferwärmer, der mit einer Mischung aus Salpeter und Holzkohle gefüllt war –, erst ab ca. 1875/76 wurden die unbequemen „Kisten" durch moderne Heizsysteme wie Warmluft- oder Dampfheizungen verdrängt. Über eine erste Warmluftheizung konnte sich Kaiserin Elisabeth freuen: Im Wagenuntergestell ihrer beiden Salonwagen, die sie 1872 als Geschenk des „Vereins österreichischer Eisenbahnverwaltungen" erhielt, wurden dabei horizontale Eisentrommeln eingeschoben, die mit glühendem Koks gefüllt waren; die warme Luft wurde durch Heizkanäle und Gitteröffnungen in den Böden in die Abteile geführt. Drastische Beschwerden führten inzwischen dazu, dass die Forderungen nach mehr Komfort auf den österreichischen Linien immer lauter und konkreter wurden, ein anonymer „Reisender des Jahres 1865“ umriss in der *Illustrirten Eisenbahn-Zeitung* seine Vision von einem „Personenwagen“ der Zukunft: „Der Reisende – besonders bei größeren Reisen – möchte gerne in der gewohnten Weise schlafen, also mögen ihm Betten um ein geringes Entgelt geboten werden; der Reisende will sein Coupé hell erleuchtet haben, um eine Stunde langer Weile mit Lektüre vertreiben zu können; der Reisende wünscht im Winter nicht von der Kälte zu leiden, im Sommer nicht von Staub und Hitze belästigt zu werden, also möge für eine gute Beleuchtung, für eine zweckmäßige Beheizung und aktive Ventilation gesorgt werden. Der Reisende will endlich vor Durst nicht verschmachten, und will nöthigen Falls der Natur wieder zurück erstatten, was für das Gedeihen seines Organismus nicht mehr dienen kann. Wie leicht kann kühles Wasser mitgeführt, wie leicht kann in jedem Wagen ein von dem Passagier-Raume getrennter Abort mit Toilette etc. angebracht werden. Vielleicht würde zu diesem Zwecke ein an der Längsseite des Wagens fortlaufender gedeckter Gang führen, der sogar dem Reisenden gestattet, von Zeit zu Zeit das Innere des Wagens zu verlassen, um die schöne Gegend besser geniessen zu können, durch welche eben der Zug dahinbraust. Dieser Gang würde auch dem Kondukteur dienen und ihm gestatten, ohne Gefahr zu den Reisenden zu gelangen, welche – und das ist die letzte Forderung, welche ich zu stellen mir erlaube – im Nothfalle direkt sich mit dem Kondukteur in's Einvernehmen setzen zu können in der Lage sein sollen.“ Zur Unterstützung dieser Forderungen argumentierte der Anonymus, dass bei besserer Ausstattung der Waggons und weniger „Fatiquen der Reise“ die Zahl der „reiselustigen Personen“, also jener, die nur aus Vergnügen eine Bahnfahrt auf sich nähmen, beträchtlich steigen würde – eine Prognose, die sich punktgenau bewahrheitete. Der entscheidende Fortschritt im Bereich der Wagenheizung gelang erst, als es möglich wurde, den Dampf der Lokomotive in Heizrohren zu den Abteilen zu führen.

Unten: Sorgfältige Ausstattung bis ins kleinste Detail zeichnete die neuen Schlafwagen aus: das Toilette-Kabinett, um 1876. In den ersten Jahren des Eisenbahnreisens gab es in den Waggons noch keine Aborte.

Toiletten und Aborte

Auch im Bereich der Toiletten setzte die Kaiser Ferdinands-Nordbahn Maßstäbe: 1869 erfolgte in den Waggons der ersten und zweiten Klasse erstmals der Einbau von Aborten; bis dahin hatten nur die Hofzüge und Salonwagen des Adels Aborte aufgewiesen, allerdings nicht mit Wasserspülung, sondern „trockene", die meist unter der abklappbaren Polsterung eines Lehnstuhls im Toilettenraum versteckt waren. Das Wasser zum Händewaschen befand sich in einem kleinen Wasserbehälter oberhalb des Waschbeckens, der immer wieder nachgefüllt wurde (Losos/Mahel).

Schlaf-Coupés – Salonwagen

Der Wunsch des p. t. Reisepublikums nach mehr Bequemlichkeit bei langen Nachtfahrten führte in den Eisenbahndirektionen und bei den Waggon-Konstrukteuren zu Überlegungen, wie man den Fahrgästen eine möglichst erholsame Schlafmöglichkeit bieten könnte. In Österreich kam die Pionierrolle auf diesem Gebiet der StEG zu, die erstmals 1858 zweiachsige Waggons mit zwei eigenen Schlafräumen in der Mitte der 7,85 m langen Gefährte, umgeben von zwei Abteilen mit Sitzen 1. und 2. Klasse, in Betrieb nahm. Die Idee, die dieser Anordnung zugrunde lag, bestand darin, einen Waggon für Tag und Nacht zu schaffen – wollte man sich zur Ruhe begeben, so betrat man durch eine Tür das in Längsrichtung des Wagens sich erstreckende Schlafabteil.

Unten: Empfang von Kaiser Franz Joseph am „alten" Bahnhof in Lemberg, rechts im Bild der Hofzug. Gemälde von Antoni Kozakiewicz, 1881.

Oben: Zur Millenniumsfeier 1896 ließen die Königlich Ungarischen Staatsbahnen bei Ganz & Comp. einen neuen Hofzug für das Kaiserpaar bauen: hier der luxuriös im italienischen Renaissancestil ausgestattete Salon Franz Josephs. Die Waggons waren mit Dampfheizung, Westinghouse- und Hardy-Bremsen, elektrischer Beleuchtung und „elektrischem Intercommunications-Signal System Kohn, Rayl und Prudhomme" versehen.

Zur großen Leistungsschau in Sachen Schlafwagenkomfort wurde die Wiener Weltausstellung 1873: So präsentierte die Kaiser Ferdinands-Nordbahn einen so genannten, von Klett in Nürnberg gebauten „Interkommunikationswagen" mit geschlossenen Plattformen (Länge: 8,90 m), der 10 Sitzplätze aufwies, „verteilt auf drei Abteile und den Seitengang, in dem zweimal je zwei Sitze miteinander ebenfalls zu je einem Bett verbunden werden konnten; innerhalb der Abteile war an der einen Querwand ein Diwan, auf der anderen Seite aber eine kürzere Sitzgelegenheit; durch Zusammenschieben entstand ein Bett"; aus der Wand oberhalb des Diwans konnte ein weiteres Bett herausgeklappt werden. (Zit. nach Fritz Stöckl.)
Einen „Personenwagen I. Klasse mit Schlaf-Coupé, eigentlich Salonwagen" zeigte die Grazer Waggonfabrik im Wiener Prater. Neben einem Salon mit „zwei mechanischen Schlafstühlen, Toilette und WC" wartete dieser Wagen mit je „einem Abteil I. Klasse mit fünf und mit drei Sitzen" auf, wobei die Sitze „herauszuschieben" waren und die untere Rücklehne sich nach vorwärts umlegen ließ. Salonwagen werden erstmals zwar schon in einer Reisetarifübersicht der Wien-Raaber Eisenbahn aus dem Jahre 1841 erwähnt – so

kostete ein Salonwagenplatz von Wien nach Mödling einen Gulden zwölf Kreuzer –, die Ausgestaltung zum komfortablen Reisewaggon erfolgte jedoch erst später. So wurde 1873 ein Salonwagen mit „Schlaf-Abteilung" auch von der Waggonfabrik Bubna ausgestellt – das Nonplusultra im Bereich moderner Reiseluxus stellte jedoch auf der Wiener Weltausstellung der Schlafwagen Nr. 3 der „Compagnie Internationale des Wagons-Lits" dar, mit dem der belgische Bahnpionier Georges Nagelmackers seinen Aufstieg zum führenden Schlafwagenunternehmer begründete.

Oben: Kostbare Tuch- und Seidenstoffe und edle Hölzer: der Schlafsalon Kaiser Franz Josephs.

Eine Ahnung von diesem neuen Luxus auf den k. k. Eisenbahnen vermittelt uns der Kritiker und Schriftsteller Ludwig Hevesi (1843–1910), Redaktionsmitglied des Wiener *Fremden-Blattes*, in seiner Humoreske *Herrn Meyers Heimkehr* aus dem Jahre 1885 – hier schreibt er über die „rollenden Landhäuschen", die Coupés der Kaiserin Elisabeth-Bahn: „Die Nähe des verrotteten Österreich kündigt sich durch sogenannte Bequemlichkeit an. Man sitzt im kleinen Coupé, wie in seinem eigenen Zimmer. Man erstickt vor lauter rotem Samt. Sogar eine Toilette ist vorhanden. Welche Verweichlichung! (...) Das erste Westbahncoupé! Das erste Stück Vaterland, mit seinem ganzen,

Oben: Der Schlafsalon Kaiserin Elisabeths. Die Salonwagen des Kaiserpaars hatten eine Länge von 17,5 m und waren durch geschlossene Souffletübergänge miteinander verbunden.

teils berühmten, teils berüchtigten Phäakentum. Ein Halbcoupé zu ungestörtem Schlafen. Die Sitze in Betten zu verwandeln. Sogar ein weicher Teppich am Boden. Ein Korridor den ganzen Wagen entlang. Aussichtsfenster nach allen Seiten. Ventilationsschnüre, so viel man will. Heizvorrichtung. Sogar ein Thermometer. Herr Meyer empfindet plötzlich ein Behagen, über das er erröten muß. Und er sieht dieses Erröten, denn ein vorzüglicher Wandspiegel glänzt ihm gegenüber. Wie weit sind wir noch hinter dem gebildeten Westen zurück; welche allgemeine Bevormundung; man zwingt uns, bequem zu reisen, wie ein Fürst ..."

Vom Arlberg zur Tauernbahn

Mit der verheerenden Wirtschaftskrise des Jahres 1873 schlitterten auch zahlreiche Eisenbahnlinien in eine missliche Lage: Die Arbeiten an den in Bau begriffenen Strecken stockten, da privates Kapital nun kaum noch zur Verfügung stand bzw. nicht mehr investiert wurde, was wiederum bedeutete, dass so manche Eisenbahnkonzession wegen Nichtausführung des geplanten Baus überhaupt erlosch. Notmaßnahmen des Staats waren unumgänglich: Um die hohe Arbeitslosigkeit zu senken, begann man wieder Bahnlinien auf Staatskosten zu errichten: 1874 zunächst in Galizien (Tarnów-Leluchówer Bahn), Istrien (Istrianer Bahn), Dalmatien (Dalmatiner Bahn) und Böhmen (Rakonitz-Protiviner Bahn), 1875 wurde dann dem Reichsrat ein großes Eisenbahnbauprogramm vorgelegt, das nun ausdrücklich von gesamtstaatlichen Interessen der cisleithanischen Reichshälfte geprägt war: Vorgesehen waren neue Linien wie die Donau-Uferbahn, die Arlbergbahn, die Predilbahn, die böhmische Transversalbahn und die Linie Tarvis–Pontafel; einige notleidende Linien wie jene der niederösterreichischen Südwestbahnen (Leobersdorf–St. Pölten, Wittmannsdorf–Gutenstein, Pöchlarn–Kienberg-Gaming) wurden in den Betrieb der k. k. Staatsbahnen übernommen.

Vorherige Doppelseite: Schnellzug auf der Trisannabrücke bei Wiesberg am Arlberg. Aquarell von Alexander Niklitschek.

Die „bosnische Spur“ der Lokalbahnen

Für den weiteren Ausbau der Nebenbahnen gewann plötzlich auch die außenpolitische Entwicklung Bedeutung: Auf dem Berliner Kongress im Sommer 1878, einberufen zur Beilegung der „Orientalischen Krise“, sicherte Österreich-Ungarns Außenminister Julius Graf Andrássy in geschickten Verhandlungen der Monarchie das Recht zu, die nunmehr autonom werdenden ehemaligen türkischen Gebiete Bosnien, Herzegowina und den Bezirk Novi Pazar (Sandschak) zu besetzen. Am 29. Juli 1878 überschritten 75.000 Mann unter dem Befehl von Feldzeugmeister Josef Freiherr von Philippovic die Grenze, stießen aber auf heftigen Widerstand bosnischer Freischärler und

Links: Kam bei den bosnisch-herzegowinischen Schmalspurbahnen zum Einsatz: Die dreifach gekuppelte Lokomotive System Klose hatte eine Leistung von 200 PS.

Rechts: Doppelte Bespannung ist notwendig: Schneeräumung auf der Arlbergbahn. Zeichnung von M. Zeno Diener.

179

Oben: Eine landschaftlich und bautechnisch faszinierende Strecke von internationaler Bedeutung: die Arlbergbahn. Korrespondenzkarte, um 1900.

regulärer türkischer Truppen – Verstärkungen mussten angefordert werden, die als Spaziergang gedachte „Okkupation" geriet zum blutigen, von der Wiener Presse heftig kritisierten Eroberungsfeldzug. Ein besonderes Problem im unwegsamen Bergland war der Nachschub: Die Straßenverbindungen waren schlecht und vor allem: Es gab keine Bahnlinie. So wurde in aller Eile die „General-Bauunternehmung Hügel & Sager" damit beauftragt, das rollende Material einer ungarischen Kleinbahn mit der seltenen Spurweite von 760 Millimetern heranzuschaffen – beim Verlegen der Gleise von Bosnisch-Brod nach Žepče musste darauf Rücksicht genommen werden. Immerhin: Die k. u. k. Militärs waren mit der Leistungsfähigkeit dieser ersten Eisenbahnlinie Bosnien-Herzegowinas zufrieden und regten an, auch beim Bau weiterer Lokalbahnen auf diese „bosnische Spur" zurückzugreifen, um im Kriegsfall Lokomotiven und Waggons auf den Heeresfeldbahnen einsetzen zu können. So kam es, dass die österreichischen Lokalbahnen ein um 10 mm breiteres Spurmaß verwendeten als die Kleinbahnen im übrigen Mitteleuropa – aus der „bosnischen Spur" wurde bald die legendäre „österreichische Schmalspur".

Der Eisenbahnbau hatte sich allerdings bis zu diesem Zeitpunkt auf die „großen Linien" des Reichs konzentriert, abseits der bedeutenden Verkehrsströme gelegene Regionen waren meist stiefmütterlich behandelt und übergangen worden. Das sollte sich nach dem Wunsch des Reichrats und der Regierung von Ministerpräsident Eduard Graf Taaffe jedoch ändern: Am 25. Mai 1880

unterzeichnete Franz Joseph das ihm vorgelegte „Lokalbahngesetz“, das umfassende „Zugeständnisse und Begünstigungen“ für den Bau von „Bahnen niederer Ordnung“ festschrieb. So wurden den Bauwerbern Zuschüsse aus öffentlichen Geldern zugesagt sowie eine Ausfallshaftung bei eventuellen Defiziten, man lockerte die strengen Bauvorschriften sowie die Sicherheitsbestimmungen und überließ es den Investoren, ob sie die geplante Strecke normal- oder schmalspurig – mit 760 mm Spurweite – ausbauten. Die großzügige neue Regelung bewährte sich rasch: In allen Kronländern wurden Proponentenkomitees gebildet, neue Bahnprojekte – gefördert von den jeweiligen Landtagen – aus dem Boden gestampft: Nebenbahnen, Sekundärbahnen, Vicinalbahnen, Dampftramways und elektrische Kleinbahnen wollte man bauen; bis zum Jahre 1896 waren es erstaunliche 172 Konzessionsansuchen, die eingereicht wurden, darunter waren u. a. auch folgende Bauvorhaben auf heutigem Staatsgebiet: die Linien Vöcklabruck–Kammer (1881), Liesing–Kaltenleutgeben (1882), St. Pölten–Tulln (1884), Wels–Aschach an der Donau, Steyr–Klaus (1888), Innsbruck–Hall in Tirol (1889), Schwarzenau–Waidhofen an der Thaya (1890), Arnoldstein–Hermagor (1893), Schwarzenau–Zwettl (1894), Wiener Neustadt–Puchberg am Schneeberg–Hochschneeberg (1895) und St. Pölten–Kirchberg an der Pielach (1896).
Die lockeren Bauvorschriften im „Lokalbahngesetz“ ermöglichten zwar die rasche Realisierung so mancher Projekte, zeitigten manchmal jedoch auch etwas seltsame Resultate. So etwa im Falle der Mühlkreisbahn von Linz-Urfahr nach Aigen-Schlägl, die am 17. Oktober 1888 eröffnet wurde. Die anfangs immer überfüllten Züge der Bahn benötigten für die 58 km lange Strecke stolze drei Stunden und 50 Minuten – Grund dafür war, dass aus Ersparnisgründen ein Abschnitt der Schienen auf der Straße (!) verlegt worden war und hier die Fahrgeschwindigkeit 10 km/h nicht überschreiten durfte. Prompt fanden sich ein paar Spaßvögel – die Mitglieder eines Linzer Turnvereins –, die anno 1908 die Mühlkreisbahn zu einem öffentlichen Wettrennen herausforderten. Der Kampf Mensch gegen Maschine endete tasächlich mit einem Sieg der Athleten, die nach einer Distanz von 9 Kilometern als Erste die Station Ottensheim erreichten …

Der Tunnel: die Arlberg-Magistrale

Das denkwürdige „Eisenbahnjahr“ 1880 brachte neben dem „Lokalbahngesetz“ eine weitere wichtige Entscheidung: Am 13. März 1880 beschloss der Reichsrat das Gesetz über den Bau der Arlbergbahn – allein die Nachricht darüber löste in der westlichsten Provinz des Habsburgerreiches ungeheuren Jubel aus; endlich sollte verwirklicht werden, was seit vormärzlichen Tagen immer wieder diskutiert worden war: die direkte Eisenbahnverbindung zwischen Tirol und Vorarlberg mit ihrem beeindruckenden Herzstück, dem großen Tunnel durch den Arlberg, 10.249 m lang, eine gewaltige Herausforderung an Ingenieure und Arbeiter. Und es wurde keine Zeit verloren: Bereits am 20. Juni 1880 begannen die Bohrarbeiten am Tunnel, im Herbst 1881 schritt man zum Bau der Verbindung Innsbruck–Landeck. So wie schon seinerzeit beim Bau der Brennerbahn waren auch am Arlberg vorwiegend italienische Arbeiter beschäftigt, insgesamt „kämpften" an die 17.000 Menschen in unwirtlichem Gelände gegen Fels und Eis, gegen Steinschläge, Muren und Lawinen.

Rechts: Mit „Direct express train service" warben die Staatsbahnen für den Arlberg und Kitzbühel. Plakat von Gustav Jahn, um 1910.

Trotz aller Schwierigkeiten gingen die Arbeiten – insbesondere im Tunnel, wo der Oberbaurat Julius Lott die technische Leitung innehatte – mit großer Präzision voran, ja, man war schließlich sogar früher fertig als geplant: Am 3. September 1884 konnte ein erster Probezug die Strecke Landeck–Bludenz befahren, zur feierlichen Eröffnung am 20. September kam der Kaiser persönlich im Hofzug, begleitet von den Erzherzögen Rainer und Heinrich und dem Ministerpräsidenten Eduard Graf Taaffe. Nachdem die hohen Ehrengäste im „geschmackvoll decorirten" Bahnhof Landeck „in ehrerbietigster Weise" *(Das Vaterland)* begrüßt worden waren, ging die Fahrt weiter, zunächst bis zum ersten mächtigen Kunstbau, der Trisannabrücke über das Paznauntal. Wie der mitreisende „Reporter" des *Illustrierten Wiener Extrablattes* berichtete, ließ es sich Franz Joseph nicht nehmen auszusteigen, das Brückenbauwerk zu besichtigen und einen Blick in den gähnenden Abgrund zu werfen. In St. Anton erwartete ihn dann der bei Eisenbahneröffnungen obligate Triumphbogen, vor dem die Honoratioren des Ortes zum Begrüßungsritual antraten.

Für das Durchfahren des Tunnels benötigte der Hofzug dann genau 23 Minuten – auf Vorarlberger Seite, im Bahnhof Langen, wurde der Empfang für den Herrscher zum Volksfest, das „Ländle" lag im Freudentaumel. Knapp vor fünf Uhr nachmittags traf der Hofzug in Bregenz ein; vor dem Hotel „Österreichischer Hof", in dem er „Hoflager" halten sollte, war die gesamte Prominenz Vorarlbergs zum Empfang des Kaisers angetreten. Landeshauptmann Karl Graf von Belrupt-Tissac hielt eine erhebende Ansprache, in der er u. a. ausführte: „Das Bollwerk, das die zusammengehörigen Länder bisher geschieden hat, es ist gefallen; zwei Stämme des großen Staates reichen sich nun ohne fremde Vermittlung die Bruderhand, und an dem bezwungenen Hindernisse steht der Sieger, Se. Majestät unser erhabener Kaiser."

Franz Joseph antwortete darauf: „Freudig bewegten Herzens empfange Ich heute die Huldigung Meines geliebten Landes Vorarlberg, denn Ich sehe hier ein Werk vollendet, an dem sich in überraschend kurzer Zeit die erfindungsreiche geistige Kraft und vaterländische Arbeit zum Ruhme und zur Wohlfahrt des ganzen Reiches in glänzender Weise bewährt hat. Was sich bei meinem letzten Besuche vor drei Jahren nur hoffen ließ, ist in Erfüllung

IMP. ROY. AUSTRIAN STATE RAILWAYS
ARLBERG
ARLBERGPASS
GUST·JAHN
WINTER-SPORT
IN THE AUSTRIAN ALPS
Renowned winter-sport grounds at St. Anton on the Arlberg, Bregenz, Innsbruck, Kitzbühel and Zell am See on the Buchs (Bregenz)—Arlberg—Vienna route. — Norwegian Skiing, Tobogganing, Sleighing, Skating, Curling, &c. from December to March. In January and February fêtes. — Direct express train service with all the principal towns of Europe.
ST ANTON
KITZBÜHEL
IMP·ROY·COURT AND STATE'S PRINTING OFFICE

gegangen, und die westliche Grenzmark tritt nun ein in die kürzeste und rascheste Verkehrsverbindung mit allen Theilen des Reiches, so wie mit ihnen seit Jahrhunderten durch Bande der Loyalität und Treue verbunden war und auch Meinem väterlichen Herzen jederzeit mit ihnen allen gleich nahe stand. Gott segne diesen Tag und das Land, in welchen wir ihn feiern, damit auch die spätesten Enkel denselben als epochemachend bezeichnen für das glückliche Gedeihen dieses Landes, dem Meine Sorgfalt und kaiserliche Gnade niemals fehlen wird." (zit. nach *Neue Freie Presse*)

Nach der Eröffnungsfeier zog sich der Kaiser in seine Appartements im „Österreichischen Hof" zurück, um hier diverse Gäste in Audienz zu empfangen; um 6 Uhr gab er ein großes Diner für 62 Personen; geladen waren u. a. neben Alois Czedik von Bründelsberg und Eysenberg, dem Generaldirektor der k. k. Staatsbahnen, auch der Präsident der Schweizer Eisenbahnen Wirth und der Schweizer Eisenbahn-Direktor Fornaro; eine Militär-Musikkapelle „executirte" die „Tafelmusik". Nach Einbruch der Dunkelheit flammten auf dem Pfänder, auf dem Gebhardsberg und anderen Höhen um Bregenz Leuchtfeuer auf; die großartigen Eisenbahn-Impressionen des Tages kulminierten schließlich im kulinarischen Exzess: einem Festbankett für 500 Personen, das nach 10 Uhr in der „reich drapirten" Turnhalle von Bregenz begann. Die Presse der Monarchie jubelte und würdigte die „neue Verkehrsader" einstimmig „als einen Sieg des menschlichen Geistes und ein Werk des

Oben: Die Eisenbahnbrücke über die Salzach bei Salzburg. Zeichnung nach einer Skizze von Blumauer.

Friedens“, das der wirtschaftlichen Entwicklung des Reiches „neue Quellen“ erschließen würde.
Am nächsten Morgen begann für das Dienstpersonal entlang der 138 km langen Strecke und in den Zügen der Alltag. Für die 63 km lange Verbindung von Landeck nach Bludenz war eine Fahrzeit von dreieinhalb Stunden im Personenzug vorgesehen, Eilzüge mussten sie in drei Stunden bewältigen.

Rechts: Ein dichtes Schienennetz auch im Westen: Plakat der k. k. Österreichischen Staatsbahnen, um 1900.

Um den Fahrgästen die lange Fahrt durch den Tunnel möglichst erträglich zu gestalten, warteten die Restaurationsbetriebe in Langen bzw. St. Anton mit einem besonderen Service auf: Falls gewünscht, konnte man sich in einem Korb ein komplettes Diner reichen lassen, Korb und Geschirr gab man auf der jeweils anderen Seite des Arlbergs wieder ab. Für das Personal auf den Lokomotiven wurde das Passieren des Tunnels immer wieder zu einer gefürchteten Qual: Da sich in der Mitte des Tunnels häufig Rauchgase ansammelten, der so genannte „Pfropfen", hielt man ständig einen Kübel mit Wasser und zwei Schwämmen bereit, mit denen sich Lokomotivführer und Heizer gegen die beißend-dichten Rauchschwaden schützen konnten.
Für die k. k. Österreichischen Staatsbahnen bot die Fertigstellung der Arlberg-Magistrale faszinierende neue Perspektiven: den direkten Anschluss an das schweizerische und damit auch an das französische Eisenbahnnetz, Paris und in weiterer Folge auch London rückten näher. Der Zeitpunkt war ideal – hatte doch soeben die „goldene Zeit" des Eisenbahnreisens begonnen: Jahr für Jahr wurden nun die internationalen Luxuszug-Relationen weiter ausgebaut, die Arlbergstrecke wurde zu einem immer wieder gerne ausgespielten Trumpf-As im Angebot der k. k. Staatsbahnen, konnte man doch einer anspruchsvollen Klientel tatsächlich ein Eisenbahn-Reiseabenteuer offerieren, das nur wenig Konkurrenz zu scheuen hatte: So bot man im Sommerdienst 1901 täglich zwei Schnellzug-Verbindungen Wien–Paris über den Arlberg an, beide wurden über Linz–Gmunden–Ischl (!)–Aussee–Salzburg–Lend–Zell am See geführt; der Abendzug mit Abfahrt 21 Uhr am Wiener Westbahnhof bot mit Kurswagen Budapest–Wien–Paris und Wien–Calais sowie Schlafwagen Wien–Paris bzw. Wien–Basel bestes Service für eine internationale Klientel – der Fahrpreis für die Strecke Wien–Paris in der 1. Klasse betrug 157.70 Francs, in der 2. Klasse 103.65 Francs.
Ein Jahrzehnt später, im Sommer 1911, verzichteten die k. k. Staatsbahnen zwar bereits auf eine Einbindung des Salzkammerguts in die Route der Paris-Wien-Schnellzüge, dafür ergänzte man die Verbindung mit Kurswagen nach Marseille, die in Basel abgehängt wurden. Immer wieder wurden auch neue Projekte diskutiert, so hatte man auf der Europäischen Fahrplankonferenz 1896 bereits einen Schlafwagen Paris–Arlberg–Konstantinopel ins Auge gefasst, der allerdings nicht realisiert wurde. Knapp vor Ausbruch des Ersten Weltkrieges soll – wie Werner Sölch in seinem informativen Buch über den Orient-Express andeutet – sogar das Projekt eines Expresszuges Wien–Arlberg–Barcelona die Fantasie der k. k. Fahrplaner beflügelt haben. Die Monarchie verschwand nach dem November 1918 von den Landkarten, der Mythos Arlberg rettete sich jedoch in die Eisenbahnwelt der Nachkriegszeit: Mit dem „Arlberg-Orient-Express" und dem „Calais-Suisse-Arlberg-Express" konnte auch die Erste Republik im Geschäft mit den Luxuszügen wieder ein gewichtiges Wort mitsprechen.

Sequestration und die Folgen

Zum enormen Problem für die k. u. k. Finanzverwaltung war Ende der Siebzigerjahre auch die hohe Belastung durch die Garantiesummen für die privaten Linien geworden: Nicht weniger als 19 Bahnunternehmungen waren zu diesem Zeitpunkt „garantiert“, d. h., der Staat garantierte den Anlegern einen bestimmten Reinertrag vom Anlagekapital pro Meile Bahnlänge bzw. eine bestimmte Pauschalsumme. 1877 betrugen die Zahlungen des Staats aus diesem Titel 184 Millionen Kronen – eine erste Konsequenz aus dieser Situation bildete das so genannte „Sequestrationsgesetz“ vom 14. Dezember 1877, das dem Staat die Möglichkeit einräumte, jene Linien zu übernehmen, die durch fünf Jahre hindurch mehr als die Hälfte des garantierten Reinertrags als Zuschuss eingefordert hatten oder überhaupt ein vom Staat auszugleichendes Defizit aufwiesen. Im Jahre 1879 fand das Sequestrationsgesetz erstmals Anwendung:
Die Kronprinz Rudolf-Bahn wurde vom Staat übernommen; 1880 folgte die

Unten: Die West-Ost-Magistrale über den Arlberg bot neue Perspektiven im europäischen Eisenbahnverkehr: Böhmen und Galizien rückten näher an Westeuropa heran, Städte wie Prag, Krakau oder Lemberg wurden verstärkt als Reiseziele für Touristen beworben. Plakate aus einer Kampagne der k. k. Staatsbahnen, um 1905.

Übernahme der Erzherzog Albrecht-Bahn, ein Jahr später jene der Kaiserin Elisabeth-Bahn (Wien–Salzburg–Wörgl) und ihrer Seitenlinien. Mit der Übernahme der Vorarlberger Bahn 1882 war so bereits ein zusammenhängendes westliches Staatsbahnnetz entstanden, das durch eine „k. k. Direktion für Staatseisenbahnbetrieb" in Wien administriert und rasch weiter ergänzt wurde: 1883 übernahm man den Betrieb der Istrianerbahn, der Dalmatinerbahn, der Arlbergbahnstrecke Innsbruck–Landeck sowie den Mitbetrieb der Südbahnstrecke Wörgl–Innsbruck. Mit der Fertigstellung des Arlbergtunnels 1884 konnte das staatseigene Netz um die Strecke Landeck–Bludenz erweitert werden, im selben Jahr übernahm man die Kaiser Franz Josefs-Bahn, die Prag-Duxer und Dux-Bodenbacher Eisenbahn, die Strecke Pilsen–Priesen und die galizische Transversalbahn von Krakau bis Husiatyn. Die Länge des staatlichen Eisenbahnnetzes betrug damit Ende 1884 bereits 5.103 km.

Innerhalb weniger Jahre war damit ein effizientes staatliches Eisenbahnimperium herangewachsen, für das man mit der „k. k. Generaldirektion der Staatsbahnen" eine neue zentrale Verwaltungsinstanz installierte. Der enormen Sogwirkung der „kaiserlich-königlichen Staatsbahnen" (kkStB) konnte sich nunmehr kaum eine Linie entziehen, das Netz wuchs kontinuierlich, Strecke um Strecke wurde übernommen: so 1892 die traditionsreiche k. k. priv. Galizische Carl Ludwig-Bahn (Krakau–Lemberg–Podwołoczyska), die 1856 begonnen hatte, den Nordosten der Monarchie zu erschließen – 1861 hatte man die Verbindung Przemysl–Lemberg eröffnet; ein Jahrzehnt später, 1871, war mit der Fertigstellung der Linie nach Podwołoczyska die russische Grenze erreicht. Hermann Strach hat in seiner *Geschichte der Eisenbahnen der österreichisch-ungarischen Monarchie* die Kosten für den Bahnbau in Galizien dokumentiert: Für einen fertiggestellten Kilometer Bahn waren 114.670 Gulden zu veranschlagen, pro Meile 868.690 Gulden. Trotz dieser Baukosten kamen die Aktionäre in den ersten Jahren durchaus auf ihre Rechnung. Die „Verkehrs-Ergebnisse" waren, bedingt durch die steigenden Fleischtransporte nach Wien und die Erdölfunde im Gebiet um Drohobycz, günstig, die Gesellschaft zahlte bis 1865 „Superdividenden". Bereits 1864 war daher der Vorschlag aufgetaucht, die Carl Ludwig-Bahn aus der Reihe der garantierten Bahnen herauszulösen.

1894 konnten die Staatsbahnen die Friaulerbahn von Monfalcone nach Cervignano ihrem Streckennetz einverleiben, 1895 die mährisch-schlesische Zentralbahn (Olmütz–Jägerndorf–Reichsgrenze), 1897 die Strecke Marienbad–Karlsbad und 1901 die Wiener Stadtbahn. Eine nächste große Welle an Verstaatlichungen folgte in den Jahren 1906 und 1908; zu einer hochpolitischen Transaktion wurde vor allem die Übernahme der Kaiser Ferdinands-Nordbahn mit einem Streckennetz von 1.309 km, wodurch erstmals eine durchgehende Verbindung zwischen den nordöstlichen Linien in Galizien und den Linien im Zentralraum der Monarchie möglich wurde. Mit Wirkung

Die einzige Verbindung mit der Welt

Im Jahre 1924 besuchte Joseph Roth Ostgalizien, seine Heimat, diesmal als Reporter der *Frankfurter Zeitung.* Seine größere Heimat, die Habsburgermonarchie, war inzwischen untergegangen, das Land um Lemberg und Brody Teil des nunmehr unabhängigen polnischen Staates geworden. In den kleinen Städten und Ortschaften, so musste er auf seiner Reise feststellen, hatte sich jedoch kaum etwas geändert: „So war's, als der Kaiser Franz Joseph regierte, und so ist es heute. Es sind andere Uniformen, andere Adler, andere Abzeichen. Aber die wesentlichen Dinge ändern sich nicht." Noch immer nichts geändert hatte sich an der Bedeutung der kleinen Lokalbahnen, die seit k. k. Zeiten das Land erschlossen, und am Status der Bahnhöfe, die weiterhin den Kontakt mit der großen Welt ermöglichten. Joseph Roth berichtete seinen Lesern über diese Eindrücke:

Alle diese Stationen sind eng, schmal, sie bestehen aus einem Trottoir und ein paar Schienen davor, der Bahnsteig sieht aus wie das Fragment einer Straße mitten zwischen Feldern. Als wäre es just die Straßenecke vor der Börse, so stehen hier jüdische Händler, schwarze und rothaarige. Sie erwarten niemanden, sie begleiten keinen Freund, sie gehen zur Bahn, weil es zum Beruf eines kleinen Händlers gehört, zur Bahn zu gehen, den ankommenden Zug zu sehen, die aussteigenden Leute, diesen Zug einmal im Tage, die einzige Verbindung mit der Welt, die ihren Lärm mitbringt und etwas von den großen Geschäften, die rund um den Globus abgeschlossen werden. Der Zug bringt deutsche Zeitungen aus Wien, aus Prag und aus Mährisch-Ostrau. Einer liest vor. Währenddessen gehen die Händler, in Gruppen diskutierend nach Hause auf dem Feldweg, der den Marktflecken mit der Bahn verbindet, links sind Felder, rechts sind Felder, rechts ist das Christusbild, links ein Heiliger und zwischen beiden die Juden mit gesenkten Köpfen, die flatternden Röcke hebend, sorgsam bedacht, das Kreuz nicht zu berühren, dem Heiligenbild auszuweichen, zwischen Szylla und Charybdis des fremden, gewollt unverstandenen Glaubens. Es spritzt der Schlamm der Straße.

Rechts: Ein Trottoir und ein paar Schienen davor: die Station Drohobycz *(Drohobytsch)* in Galizien, heute Ukraine. Foto, 1873: Ende des 19. Jahrhunderts wurde in der Umgebung Öl gefunden, es setzte daraufhin ein wahrer Boom ein.

Nächste Doppelseite: Die Eisenbahnlinien wurden zu Lebensnerven des Kronlandes Galizien: *Section 69* aus dem Eisenbahn- und Verkehrsatlas von Europa, Leipzig 1905.

Staatsbahnen

1 Österreichische Staatsbahnen

Direktions-Bezirke:

i Krakau k Lemberg l Stanislau

ect. 73.

Privatbahn

49 Unvölgyer (Ungtaler) Lokalbahn

24 Russische Südwestbahnen

vom 1. Jänner 1908 wurden schließlich auch die österreichischen Linien der Staatseisenbahngesellschaft, der Nordwestbahn und südnorddeutschen Verbindungsbahn mit einer Gesamtlänge von 3.575 km erworben – damit befand sich das Eisenbahnnetz nördlich der Donau weitgehend unter Verwaltung der k. k. Staatsbahnen.

Der kurze Weg nach Triest: die Alpenbahnen

Der Errichtung einer neuen Nord-Süd-Magistrale, der so genannten „zweiten Eisenbahnverbindung“ mit Triest, kam in den Augen der k. k. Staatsbahndirektion besondere Bedeutung zu: Es kam darauf an, der klassischen Wien-Semmering-Graz-Laibach-Route der privaten Südbahn-Gesellschaft eine leistungsfähige Konkurrenzlinie entgegenzustellen – zusammenwachsen sollte diese wichtige neue Transitroute aus drei Teilstücken, den „Alpenbahnen“: aus der Tauernbahn (Schwarzach-St. Veit–Spittal–Millstättersee), der Karawankenbahn (Villach/Klagenfurt–Aßling, heute Jesenice) und der Wocheinerbahn (Aßling–Triest). Das schwierige alpine Gelände hatte insbesondere im Bereich der Tauernbahn zu einer jahrzehntelangen Diskussion – das Projekt war seit 1868 anhängig (!) – um die beste Trassenführung geführt, schließlich entschieden sich der Reichsrat und Ministerpräsident Ernst von Koerber 1901 für den Vorschlag von Dr. Ing. Carl Wurmb, seines Zeichens Baudirektor der k. k. Staatsbahnen. Am 6. Juni 1901 wurde das Gesetz zum Bau der Tauernbahn beschlossen, bereits einen Monat später, am 6. Juli 1901, begannen die Bohrmaschinen zu rattern – es begann der mühevolle Vortrieb im Tauerntunnel, dem schwierigen Herzstück der Strecke: 8.551 Meter durch das eisenharte Urgestein der Hohen Tauern wurden in 2.756 Arbeitstagen bewältigt; 580.000 kg Dynamit und 125.000 kg Sprenggelatine wurden bei den Sprengarbeiten im Berg verbraucht. Gleichzeitig wurde im Süden bereits am 7.976 Meter langen Karawankentunnel gearbeitet, ein Bauvorhaben, bei dem man nicht nur mit den Tücken des Gesteins und massiven Wassereinbrüchen zu kämpfen hatte, sondern das auch von einem tragischen Unglück überschattet war: Am 21. November 1904 verloren bei einer Schlagwetterexplosion 15 Arbeiter ihr Leben.

Am 20. September 1905 kam Kaiser Franz Joseph nach Bad Gastein, um die „Gasteiner Linie“, die Nordrampe der Tauernbahn (Schwarzach–St. Veit–Bad Gastein), zu eröffnen. Ehrensalven und Böllerschüsse krachten, als der Hofzug des Monarchen in den Bahnhof rollte. Unter den Schulkindern, die an diesem Ehrentag frei hatten und zur Begrüßung des Kaisers „angetreten“ waren, befand sich auch der damals knapp achtjährige Karl Heinrich Waggerl, der von seinem Lehrer auserkoren worden war, dem Herrscher ein Gedicht vorzutragen. In seiner autobiografischen Erzählung *Fröhliche Armut*

Oben: Auf der anderen Seite des Tauerntunnels: Lokomotive im Bahnhof Mallnitz mit auf Güterwaggon verladener Schmalspur-Tenderlok, dahinter die Gamskarspitze. Um 1912.

erinnerte er sich später an diesen denkwürdigen Tag, der damit endete, dass ihm Franz Joseph nach gelungenem Vortrag „sacht und freundlich“ auf die Schultern klopfte. Einige Wochen nach der Eröffnung wagten sich auch die Waggerls zu einer kurzen Probefahrt auf die neue Bahnlinie – ein recht zweifelhaftes Vergnügen für die biedere Gasteiner Handwerkerfamilie: „Mir war nicht wohl ums Herz. Gegenüber sah ich die Mutter sitzen, sie hielt sich zwar aufrecht wie immer, aber sie schloß die Augen, nur ihre Lippen bewegten sich lautlos. Und was sich vor den Fenstern zutrug, war nicht weniger unheimlich. Es schien, als bewegten wir uns gar nicht von der Stelle, als würden wir

MURTAL-BAHN
MURAU
GUST·JAHN
WINTERSPORTPLATZ
Murau, Obersteier,
809 Meter ü. d. M. Sehr günstiges Skigelände auf baumlosen Almen und wenig bewaldeten Hängen. Keine ausgefahrene Hohlwege, 16 markierte und zahlreiche unmarkierte Touren. Murauer-, Einacher-, Esebeck- und Rosenkranzhütte für Skifahrer gut eingerichtet. Skiroutenkarte und Beschreibung sämtlicher Touren. Bobsleigh- u. Rodelbahnen. Sprung- u. Übungsschanzen.
Verkehrsskizze.
Linz
WIEN
MURAU
Gute und billige Unterkunft:
F. BÜHN, HOTEL „ZUR SONNE".
KAFFEEHAUS ECKL
(auch Fremdenzimmer in schönster Lage).
C. RODLER, „HOTEL POST".
JOH. SACHER, BAHNHOFRESTAURATION.
AUSKÜNFTE JEDER ART erteilt der WINTERSPORTVEREIN „MURAU", Steiermark.
Druck von Christoph Reisser's Söhne Wien V.
Originallithographie Gust. Jahn.

Oben: Die Salcanobrücke der Wocheinerbahn über den Isonzo. Der Salcano-Viadukt war zur Zeit seiner Erbauung die größte Steinbogenbrücke der Welt. Der Personenzug in Richtung Görz wird von einer Lokomotive der k. k. Staatsbahnreihe 9 gezogen. Aquarell, 1910.

Linke Seite: Mit der Eröffnung der Murtal-Bahn 1894 begann der Aufstieg Muraus zum beliebten Wintersportort. Plakat von Gustav Jahn, um 1908.

nur von Geisterhand hin- und hergerüttelt, während draußen die Bäume und Stauden in wilder Flucht davonliefen. (...) Plötzlich wich die Erde unter uns und wir stürzten in eine tiefe Schlucht – nein wir stürzten nicht, sondern Gott ließ uns eben noch auf Haaresbreite die Brücke erhaschen. Einen Augenblick sah ich tief unten das Wasser blinken, ein Fahrzeug quer über der Straße, alles winzig klein, ein paar Gäule, die wie Käfer mit den Beinen strampelten. Aber so laut konnte nicht einmal ein Kutscher fluchen, dass man es bis zu uns herauf hörte."

Während von Badgastein aus die Züge schon nach Norden dampften, wurde im Tauerntunnel weiter gebohrt und gesprengt, der Zusammenschluss von Süd- und Nordstollen – bei einer Abweichung in der Vertikale von nur 56 Millimetern (!) – erfolgte schließlich am 21. Juli 1907. Indessen eilte der Süden bereits voraus: Die Karawankenbahn war am 30. September 1906 durch Eisenbahnminister Dr. Julius von Derschatta eröffnet worden, die

Wocheinerbahn am 19. Juli 1906 durch Thronfolger Franz Ferdinand, sodass nun alles auf den großen Augenblick wartete: die Freigabe der zweiten und „kurzen“ Eisenbahnverbindung in die Adriametropole Triest. Diesmal ließ es sich Franz Joseph nicht nehmen, persönlich an der neuen Strecke zu erscheinen – die Eröffnung der Tauernbahn in der Station Spittal-Millstättersee am 5. Juli 1909 wurde zum Volksfest, die Kommentare in der in- und ausländischen Presse waren voll des Lobes über diese gewaltige Leistung österreichischer Ingenieure. Das half allerdings dem Leiter der Bauarbeiten, Baudirektor Ing. Carl Wurmb, nicht mehr: Nach heftigen Angriffen gegen ihn – man hatte ihm „Fehlplanung“ und die Überschreitung der budgetierten Baukosten vorgeworfen – war der schwer gekränkte Wurmb zurückgetreten und nach kurzer Krankheit im Jänner 1907 gestorben. An seiner Seite hatte Wilhelm Ritter von Doderer die Planungen und Arbeiten geleitet, der Vater Heimito von Doderers und Chef der Baufirma „Doderer, Göhl & Sager“, die mit den Bau-

Oben: Auf dem Weg nach Süden: ein legendärer Fünfkuppler der Reihe 380.100 mit Kolbenschiebern vor einem Schnellzug im Bahnhof Badgastein. Karl Gölsdorf hatte diese leistungsfähigen Lokomotiven speziell für den Betrieb auf den „Alpenbahnen“ entwickelt. Um 1912.

losen Klagenfurt–Rosenbachtal und Obervellach–Pusarnitz betraut worden war. Heimito von Doderer, Jahrgang 1896 und damals noch ein Kind, erinnerte sich später an die aufregenden Tage des Tauernbahn-Baus: „Dort tobten seine (des Vaters – J. S.) Mineure in den vorgetriebenen Stollen des Tauerntunnels: da brach das Wasser ein, dort mußte der Fels durch Futtermauern gestützt, hier wieder gesprengt werden. Und so sprang er aus dem Wagen, voll Begier seinem Ziel und seinem Werk entgegen, die schönen Schultern aufwerfend, und wie ein edles Pferd voll nervöser Kraft und das Antlitz so gespannt von Gedanken, daß es zornig aussah: dieser Promethidensohn eines neuen österreichischen Zeitalters. Und er wollte leidenschaftlich, daß dort die Züge fahren sollten, dort unten, wie er es sich ausgedacht hatte, ein Knabentraum kältesten Feuers, aus dem Mund des Tunnels kühn hinausbrausend auf die schwindelnde Brücke und jenseits in dem grollenden rauchigen Schlund wieder verschwindend. Und sie fahren heute noch so. Aber wo ist das Auge, das sie so sähe?“

Rechts: Leitete an der Seite von Carl Wurmb die Planungen und Arbeiten zur Tauernbahn: k. k. Ober-Baurat Wilhelm von Doderer, der Vater Heimito von Doderers.

Wilhelm von Doderer (1854–1932), *k. k. Ober-Baurat,* war einer jener Männer, die an den großen Eisenbahnbauten vor dem Ersten Weltkrieg Millionen verdienten: nicht nur als Bauunternehmer und Architekt, sondern auch als einflussreicher Aktionär der Creditanstalt, die ihrerseits die Aufträge der k. k. Staatsbahnen und der Südbahn-Gesellschaft finanzierte und daraus beträchtliche Gewinne zog. Seine ersten Sporen als Eisenbahnbauer hatte sich der junge Doderer übrigens 1876/78 beim Bau der Strecke Temesvár–Orşova als Praktikant in der von seinem künftigen Schwiegervater Heinrich von Hügel geleiteten „General-Bauunternehmung Hügel & Sager“ verdient. Einige Jahre später sollte bereits der Orient-Express über diesen Schienenweg Richtung Konstantinopel rasen. Und das Unternehmen Hügel & Sager war es auch, das im September 1878 – wie oben geschildert – den Auftrag erhielt, eine „Schleppbahn“ für militärische Zwecke von Bosnisch-Brod nach Žepče – später verlängert bis Sarajevo – zu bauen, die, mit der Spurweite 760 mm ausgerüstet, zum Prototyp für die österreichischen Schmalspurbahnen werden sollte. Auch den Kauf der Lokomotiven für diese bosnische „Lokalbahn“ aus der Münchner Maschinenfabrik von Georg Krauß besorgten Hügel & Sager.

Oben: Zug der Tauernbahn auf dem Pyrkerhöhe-Viadukt, im Hintergrund der Tischkargletscher. Photochromiekarte, 1912

Über Tauern- und Karawankenbahn – zusammengefasst zur „Staatsbahnlinie Salzburg–Triest“ – rollten die ersten internationalen Züge Richtung Adria, und bald zeichnete sich ab, dass die Südbahn hier tatsächlich einen ernsten Konkurrenten erhalten hatte: Die neue Staatsbahnlinie bot Adria- und Balkanreisenden aus dem Deutschen Reich und dem nördlichen Westeuropa eine ideale Transitroute an – der „Tauern-Express“ mit Kurswagen von Berlin, Paris und Vlissingen nach Triest wurde geschaffen und erfolgreich eingesetzt. Die Anforderungen an Material und Lokomotiven auf den Steilrampen dieser Gebirgsbahn waren jedoch so enorm, dass k. k. Chefkonstrukteur Karl Gölsdorf daranging, für den Einsatz unter diesen Bedingungen ganz besondere Lokomotiven zu bauen: 1905 entwarf er die Dampflok-Serie 280, eine 1Et4v-Lok, 1909 folgte die Serie 380, eine 1Eh4v-Lok, noch mit Flachschiebern an den außen liegenden Niederdruck-Zylindern. 1911 krönte er diese Entwicklungsarbeit mit der Serie 380.100, einer 1Eh4v-Lok mit Kolbenschiebern an allen vier Zylindern, von der bis 1914 immerhin noch 26 Stück gebaut wurden.

Bei Versuchen auf der Tauernstrecke bewegten diese bulligen Giganten eine Last von bis zu 300 Tonnen auf 28 Promille Steigung mit 38 km/h. Als das Gesamtgewicht der Schnellzüge jedoch auf 330 bis 350 Tonnen anstieg und

deshalb immer wieder der Einsatz von Vorspannlokomotiven notwendig wurde, um den knapp kalkulierten Fahrplan einhalten zu können, sah sich Gölsdorf einer neuen Herausforderung gegenüber: dem Bau der ersten sechsfach gekuppelten Lokomotive der „Reihe 100", einer 1Fh-4v-Maschine, die durch eine neuartige Seitenverschiebbarkeit der Achsen eine hervorragende Kurvenläufigkeit besaß und gewaltige Zugkraft entwickelte: 360 Tonnen schwere Güterzüge konnten von ihr bei einer Dauergeschwindigkeit von 32 km/h über die Tauernbahn geschleppt werden. Gölsdorfs Prachtlokomotive, der „Schlussstein in der Größenentwicklung des österreichischen Lokomotivbaus" (Alexander Lehner), blieb allerdings ein Einzelstück und wurde 1928 von den Österreichischen Bundesbahnen ausgemustert.
Als in den ersten Augusttagen des Jahres 1914 die Truppentransporte an die Front in Galizien zu rollen begannen, entfielen von insgesamt 22.981 Kilometern Eisenbahn auf österreichischem (cisleithanischem) Staatsgebiet 18.859 oder 82,06 % auf Staatsbahnen oder Privatbahnen in Staatsbetrieb. Rechnete man das Eisenbahnnetz des Königreichs Ungarn dazu, so kam man auf eine Gesamtlänge von ca. 46.000 km, was bedeutete, dass die Donaumonarchie nach dem Deutschen Reich und Russland an dritter Stelle der „Eisenbahnnationen" Europas lag – in Anbetracht der Größe des Landes eine beachtliche Leistung. Mit dem Zerfall des Habsburgerreichs 1918 wurde ein historisch gewachsenes Verkehrsnetz „zerschnitten", das zur festen Klammer der kaiserlich-königlichen Länder geworden war: Innerhalb der schwarz-gelben Grenzschranken hatte das k. k. Flügelrad Identität geschaffen, war mehr als nur Verkehrsmittel: Indem es Podwołoczyska an der russischen Grenze mit Abbazia, das böhmische Bodenbach mit Bozen, Bregenz mit Czernowitz in der Bukowina verknüpfte, repräsentierte es als Symbol jene Möglichkeit, die eine von nationalistisch-kruden Ideologien verwirrte, von kurzsichtigen Macht- und Wirtschaftsinteressen getriebene Politik zur absoluten Unmöglichkeit erklärt hatte: die Möglichkeit eines friedlichen Zusammenwirkens und Zusammenlebens in Mitteleuropa.

NIEDERÖSTERR.-STEIRISCHE
ALPENBAHN
Fahrplan der Strecke St. Pölten-Mariazell-Gußwerk.
Fahrplan der Strecke Gußwerk-Mariazell-St. Pölten.
AUS DER K·K·HOF- UND STAATSDRUCKEREI IN WIEN

Linke Seite: 155 Brücken und 17 Tunnels: die 1907 fertiggestellte und ab 1911 elektrisch betriebene „Niederösterreichisch-steirische Alpenbahn“, bekannt als Mariazellerbahn. Sommerfahrplan 1911.

Von Fahrplänen, Fahr-Ordnungen und Tarifen

Von den ersten Pioniertagen des Eisenbahnverkehrs an war es das Bestreben der einzelnen Gesellschaften, ihre Fahrpläne – ursprünglich vielfach als „Fahr-Ordnungen“ bezeichnet – und die entsprechenden Tarife für ihre Züge möglichst „breit“ in der Bevölkerung bekannt zu machen. Neben den regelmäßig herausgegebenen Fahrplan-Broschüren waren vor allem „Fahrplan-Anzeigen“ in diversen Zeitungen und Fachblättern populär: Sie erinnerten Tag für Tag an die wichtigsten Verbindungen, kündigten Sonderfahrten und „Vergnügungszüge“ an – unentbehrlich für die Reiseplanung der Fahrgäste. Die Fahrplanerstellung selbst lag letztlich zwar bei den jeweiligen Direktionen, doch das Entstehen von Bahnknotenpunkten mit zahlreichen Umsteigemöglichkeiten auf andere Linien zwang bald zur sinnvollen Abgleichung der eigenen Fahrpläne mit jenen der Konkurrenz.

1846 konstituierte sich der „Verein Deutscher Eisenbahngesellschaften“, dem auch Österreich (mit Ungarn) und die Schweiz beitraten und von dem erstmals versucht wurde, über die Ländergrenzen hinweg wichtige Aspekte im Eisenbahnverkehr zu koordinieren – von den technischen Standards (Puffer, Spurweiten etc.) bis zur Abstimmung der Fahrpläne. Die starke Zunahme des internationalen Eisenbahnreiseverkehrs ließ schließlich den Wunsch der europäischen Eisenbahngesellschaften nach gemeinsamer Planung wach werden. Ab dem Jahr 1872 fanden deshalb zweimal jährlich die „Europäischen Fahrplankonferenzen“ statt, auf denen gemeinsame Projekte – wie etwa der Orient-Express oder der Einsatz von Luxuszügen nach Karlsbad – diskutiert wurden. Ab 1910 gab es dann nur mehr einmal pro Jahr eine „Vereinigte Fahrplan- und Wagenbeistellungskonferenz“. Auch die technischen Standards wurden schließlich 1882 und 1886 in Verträgen festgelegt – als „Technische Einheit“ gingen sie in die Eisenbahngeschichte ein ...

Schmökert man heute in vergilbten k. u. k. Fahrplänen, so fällt einem sofort auf, dass damals das 12-Stunden-System galt, wie es heute noch im angelsächsischen Raum üblich ist – eine Unterscheidung von Tag- und Nachtzügen ist oft erst auf den zweiten Blick möglich. Zwar wurde 1896 von den k. k. Staatsbahnen der Antrag gestellt, vom 12-Stunden-System abzurücken, tatsächlich erfolgte dies jedoch erst 1924. Dazu kam, dass erst 1891 mit der Einführung der Mitteleuropäischen Zeit (MEZ) eine für die ganze Monarchie einheitliche Zeit geschaffen wurde.

Bäder
an der k. k. südlichen Staats-Eisenbahn.

Meil.	Station	täglich Eilzug	täglich Tagtrain	täglich Nachttrain	Fahrpreis I. | II. | III. fl. kr | fl. kr | fl. kr
—	aus **Wien** . .	So. **6.10** Fr.	So. **8.40** Fr.	So. **8.40** Ab.	w. S. 82, 83, 90
3½	**Baden**	„ 6.48 „	„ 9.40 „	„ 10. 6 „	
23	in **Bruck** a/M . .	„ 10.56 Vm.	„ 3.27 Nm.	Mo. 3.54 Fr.	
—	aus *Bruck a/M*	—	„ 4.15 Nm.	—	w. S. 67
46¾	in ***Ischl***	—	Mo. 4.— „	—	
—	aus ***Ischl***	Sa. 5.45 Fr.			w. S. 66
23¾	in *Bruck a/M*	So. 6.15 „			
23	aus **Bruck** a/M . .	„ 11.— Vm.	So. 3.32 Nm.	Mo. 4.— Fr.	w. S. 82—90
30	in **Gratz**	„ 12.16 Nm.	„ 5.14 „	„ 5.46 „	
					Stellf.
—	aus *Gratz* . . .	—		„ 9.— Vm.	v. **Gratz**
1½	in ***Doblbad*** . .	—		„ 10.30 „	à 30 kr.
—	aus ***Doblbad*** . .	—		So. 7.— Ab.	v. **Gratz**
1½	in *Gratz* . . .	—		„ 7.30 „	à 30 kr.
30	aus **Gratz**	So. 12.36 Nm.	So. 5.26 Nm.	Mo. 6.— Fr.	w. S. 82—90
36	in **Spielfeld** . . .	„ 1.38 „	„ 6.52 Ab.	„ 5.45 „	
					Stellf.
—	aus *Spielfeld* .	„ 1.46 Nm.	„ 7.— Ab.	„ 7.— Fr.	v. **Spielfeld**
41	in ***Gleichbg*** . .	„ 6.45 Ab.	„ 12.— „	„ 12.— Vm.	à 40 kr.
—	aus ***Gleichbg*** . .	So. **8.**— Fr.	So. **1.**— Nm.	Mo. **1.**— Fr.	v. **Gleichbg**
5	in *Spielfeld* . . .	„ 1.— Nm.	„ 6.— Ab.	„ 6.— „	à 40 kr.
36	aus **Spielfeld** . .	„ 1.42 Nm.	„ 6.57 Ab.	„ 7.36 Fr.	w. S. 82—90
43	in **Pöltschach** .	„ 3.— „	„ 8.45 „	„ 9.26 „	
		Stellf.	Mallepost	Stellf.	MP. | Stellf.
—	aus *Pöltschach* .	„ 3.15 Nm.	„ 9.— Ab.	„ 10.— Vm.	v. **Pöltschach**
45	*Sauerbrunn* . .	„ 5.45 „	Mo. 12.15 Fr.	„ 12.30 Nm.	1. 4 | —
46	in ***Rohitsch*** . .	So. 6.15 Ab.	„ 12.30 „	„ 1.— „	1.36 | —.50
59¾	in ***Agram*** .	—	„ 11.45 Vm.	—	7.12 | —
—	aus ***Agram*** .	—	—	So. **11.**— Vm.	v. **Agram**
10½	aus ***Rohitsch*** . .	So. 11.— Vm.	So. 4.30 Nm.	„ 10.15 Ab.	5.36 | —
11½	*Sauerbrunn* . .	„ 11.30 „	„ 5.— „	„ 10.45 „	— | —
13½	in *Pöltschach* .	„ 2.— Nm.	„ 7.30 Ab.	Mo. 1.15 Fr.	7.12 | 1.50
43	aus **Pöltsch**. . . .	„ 3.5 Nm.	„ 8.49 Ab.	„ 9.30 Vm.	w. S. 82—90
50	in **Römerbad**. .	„ 4.22 „	„ 10.34 „	„ 11.14 „	
78½	in **Triest** . .	So. **11.**— Ab.	Mo. **7.10** Ab.	Mo. **8.**— Ab.	

Vademecum

per

Eisenbahn, Post, Dampfschiff und Telegraf,

in, aus und nach

Oesterreich

und alle

Hauptstädte Europa's nebst den berühmtesten Cur- und Badeorten

oder:

Der Verkehr wie er ist.

Ein Reisehandbuch für Jedermann.

Nach ämtlichen Quellen bearbeitet

von

Louis Denk,

Ingenieur.

Preis 40 kr. CM.

WIEN.

Im Selbst-Verlage des Verfassers.

Bei Leopold Grund, Stefansplatz, Zwettelhof.

1858.

Preise der Plätze in Conv. Münze.

Von Brünn bis	Raigern fl.	Raigern fr.	Branowitz fl.	Branowitz fr.	Lundenburg fl.	Lundenburg fr.	Hohenau fl.	Hohenau fr.	Dürnkrut fl.	Dürnkrut fr.	Anger fl.	Anger fr.	Gänserndorf fl.	Gänserndorf fr.	Wagram fl.	Wagram fr.	Wien fl.	Wien fr.
I. Classe .	—	36	1	12	2	40	3	20	3	54	4	30	4	48	5	15	6	—
II. » .	—	24	—	48	1	48	2	12	2	36	3	—	3	12	3	30	4	—
III. » .	—	18	—	36	1	20	1	40	2	—	2	15	2	24	2	40	3	—
IV. » .	—	12	—	24	—	54	1	6	1	18	1	30	1	36	1	45	2	—

Der Transport eines leichten Wagens kostet pr. Meile 1 Gulden Conv. Münze, — für schwere Wagen ist 1 fl. 30 kr. pr. Meile zu bezahlen.

Gedruckt bei Franz Gastl in Brünn.

Oben links: Das 12-Stunden-System bedingte auf den Fahrplänen ergänzende Angaben zur exakten Abfahrtszeit.
Rechts: Ein Wegbegleiter für erste Touristen: Um 40 Kreuzer konnte man 1858 dieses praktische „Reisehandbuch" erstehen.
Links unten: Konsequente Tarifpolitik: Wer um 1840 mit der Kaiser Ferdinands-Nordbahn in der 1. Klasse von Brünn nach Wien reiste, zahlte exakt das Dreifache des Fahrpreises für die 4. Klasse.
Rechte Seite: Sommerfahrplan 1901 der Verbindung Innsbruck–Igls bzw. der „Elektrischen Localbahn" Innsbruck–Hall.

INNSBRUCK-IGLS
FAHRPLAN
giltig vom 1. Juni bis 30. September 1901 mit Anschluss an die Züge der Localbahn Innsbruck—Hall i/Tirol.
Die Verkehrszeiten der Züge sind in mitteleuropäischer Zeit ausgedrückt.
Die Züge führen nur eine Wagenclasse.
IGLS—BERG ISEL—INNSBRUCK—HALL.
Stationen
vormittags
nachmittags
abends
Igls
Lanser-See
Lans-Sistrans
Aldrans
Tantegert
Ambras (Schloss)
Berg Isel
an
ab
Wilten
M. Theresien-Strasse
Innsteg
Dollinger-Mühlau
Rum
Thaur
Hall
HALL—INNSBRUCK—BERG ISEL—IGLS.
Stationen
vormittags
nachmittags
abends
Hall
Taur
Rum
Dollinger-Mühlau
Innsteg
M. Theresien-Strasse
Wilten
Berg Isel
an
ab
Ambras (Schloss)
Tantegert
Aldrans
Lans-Sistrans
Lanser-See
Igls
Die Nachtzeiten, d. i. die Zeit von 6 Uhr Abends bis 5 Uhr 59 Minuten Früh ist durch Unterstreichung der Minutenziffern kenntlich gemacht.
Die schwarz eingetragenen Ziffern verkehren täglich, die roth eingetragenen nur an Sonn- und Feiertagen.

203

204

Abb. 69.

Abb. 70.

Abb. 71.

Abb. 72.

Abb. 73.

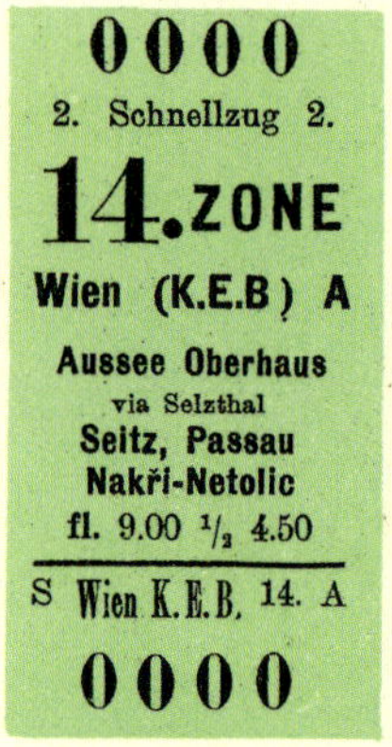

Abb. 74.

Abb. 75.

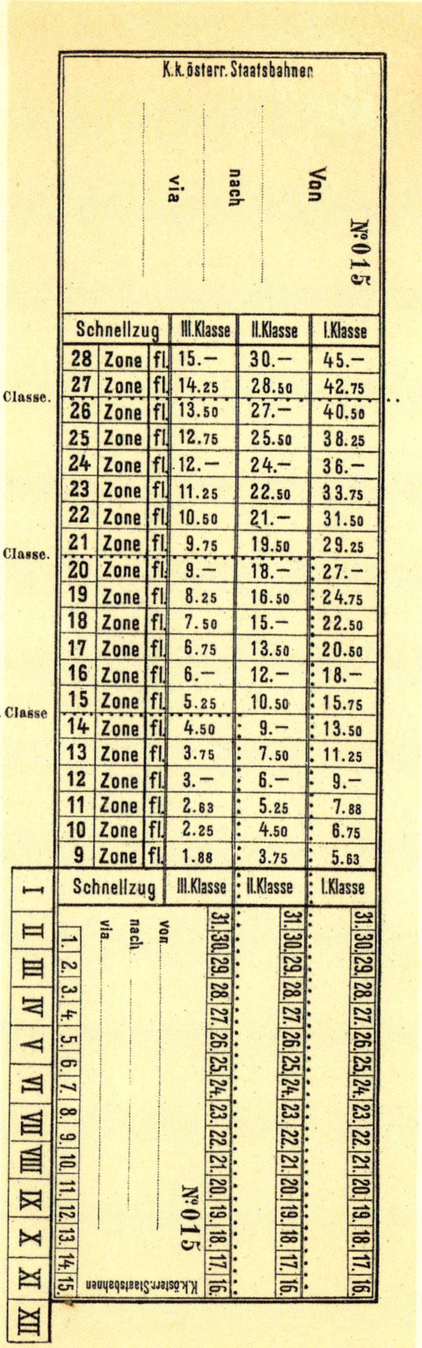

Schnellzug			III.Klasse	II.Klasse	I.Klasse
28	Zone	fl.	15.–	30.–	45.–
27	Zone	fl.	14.25	28.50	42.75
26	Zone	fl.	13.50	27.–	40.50
25	Zone	fl.	12.75	25.50	38.25
24	Zone	fl.	12.–	24.–	36.–
23	Zone	fl.	11.25	22.50	33.75
22	Zone	fl.	10.50	21.–	31.50
21	Zone	fl.	9.75	19.50	29.25
20	Zone	fl.	9.–	18.–	27.–
19	Zone	fl.	8.25	16.50	24.75
18	Zone	fl.	7.50	15.–	22.50
17	Zone	fl.	6.75	13.50	20.50
16	Zone	fl.	6.–	12.–	18.–
15	Zone	fl.	5.25	10.50	15.75
14	Zone	fl.	4.50	9.–	13.50
13	Zone	fl.	3.75	7.50	11.25
12	Zone	fl.	3.–	6.–	9.–
11	Zone	fl.	2.63	5.25	7.88
10	Zone	fl.	2.25	4.50	6.75
9	Zone	fl.	1.88	3.75	5.63
Schnellzug			III.Klasse	II.Klasse	I.Klasse

Abb. 76.

Rechts: Aus dem Tarif-Handbuch: Bestimmungen für den „Container-Verkehr“ 1861.

Linke Seite: Tarife, Fahrkarten und Wertmarken (oben rechts). Die Wertmarken-Abonnements wurden 1888 von den k. k. Österreichischen Staatsbahnen eingeführt und stellten eine frühe Form der Fahrpreisermäßigung dar: Die Abonnements wurden mit 20–40 % Preisnachlass erworben und dann zum Nominalwert gegen Fahrkarten eingelöst.

3. Tarif für

Lastwagen.

Es können ganze und halbe Wagen zur Verfrachtung von Gütern genommen werden.

Für einen ganzen oder halbgenommenen Wagen wird die Gebühr für das Maximum des Gewichtes, welches verladen werden darf, nach dem Tarifsatze für Güter I. Classe berechnet; entfällt jedoch nach den Tarifs-Bestimmungen eine höhere Frachtgebühr, so ist diese zu entrichten.

Maximum der Verladung								
auf	einen	ganzen	8räderigen	Wagen	224	Zoll	-	Centner
»	»	»	6	»	»	200	»	»
»	»	»	4	»	»	80	»	»
»	»	halben	8	»	»	112	»	»
»	»	»	6	»	»	100	»	»
»	»	»	4	»	»	40	»	»

In ein wahres Zauberreich lädt die bunte Vielfalt der Fahrpläne und „Fahr-Ordnungen“, in denen uns die versunkene Eisenbahnwelt Österreich-Ungarns in gleichsam „komprimierter“ Form begegnet – vom „Postroutenbuch“ des k. u. k. Handelsministeriums 1851 bis zum „Officiellen Coursbuch der österr. Eisenbahnen. Der Conducteur“, das erstmals 1873 erschien und 1904 zum „Österreichischen Kursbuch“ wurde, von den anspruchsvollen Almanachen der k. k. priv. Südbahn-Gesellschaft bis zu den prächtigen „Reise-Alben“ der k. k. Staatsbahnen.

F. WITT

Das Land der Luxuszüge

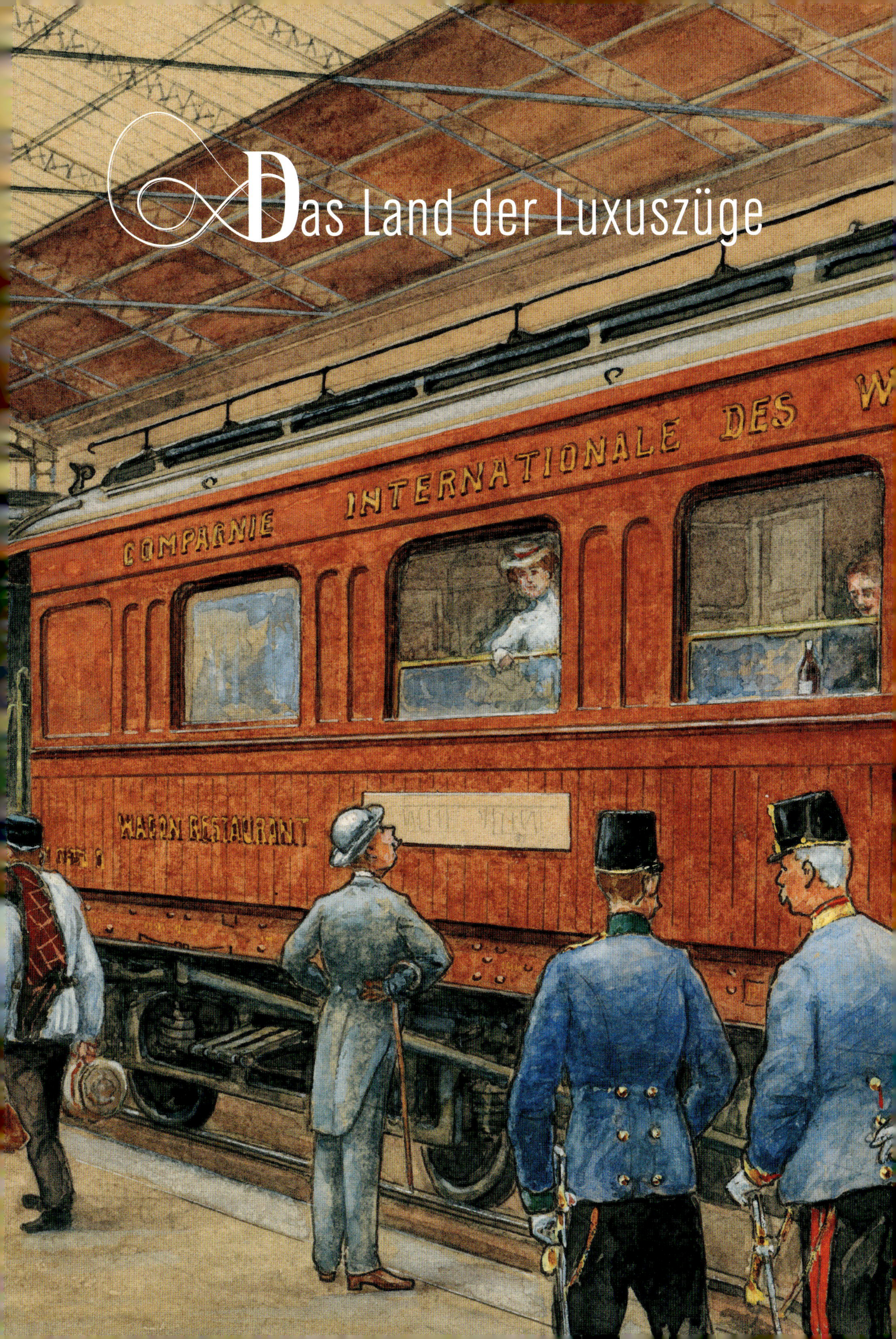

Zu Beginn der Achtzigerjahre des 19. Jahrhunderts hatten die Vergnügungszüge ihre frappante Attraktivität aus den Pioniertagen weitgehend eingebüßt; immer deutlicher trat der transkontinentale Eisenbahntourismus in den Vordergrund: Ein zahlungskräftiges weltgewandtes Publikum verlangte nach hervorragendem Service, nach Bequemlichkeit und sorgfältig inszeniertem Luxus – Bedürfnisse, die erstmals in England, dem Mutterland des Eisenbahnreisens, durch innovativ ausgestattete Züge bedient wurden: 1874 kam der amerikanische Bahnpionier George Mortimer Pullman, ein ehemaliger Möbeltischler, der 1865 den ersten Schlafwagen gebaut hatte, auf Wunsch der britischen „Midland Railway" nach England und baute für diese erstmals Waggons, die neueste Technik, Reisekomfort und luxuriöse Verarbeitung miteinander verbanden. Die ersten Schlaf- und Salonwagen Pullmans gingen in England am 21. März 1874 in Betrieb, der erste *all-Pullman train,* der „Pullman Limited Express", ein bereits durchgehend elektrisch beleuchteter Zug, wurde 1881 in den Dienst gestellt. Auf dem Kontinent war es der belgische Ingenieur und Verkehrsfachmann Georges Nagelmackers (1845–1905), der diese glänzende Geschäftsidee verfolgte und erfolgreich umsetzte: Nach dem Deutsch-Französischen Krieg von 1870/71 ging der junge Eisenbahn-Enthusiast, der auf einer USA-Reise 1869 die Ausstattung der Pullman-Waggons ausgiebig studiert hatte, daran, auch auf dem Kontinent Schlafwagenverbindungen zu installieren; am 10. Oktober 1872 erfolgte dazu in Lüttich die Gründung der ersten „Compagnie Internationale des Wagons-Lits", die sogleich auch in Geschäftsverbindung mit österreichischen Firmen trat – bereits zum Ende dieses Jahres wurden die ersten fünf Schlafwagen – zweiachsig, mit Dampfheizung und Beleuchtung durch Öllampen der englischen Marke „Silverlight" – von den Wiener Waggonfabriken in Simmering und Hernals geliefert. Sie kamen auf den Strecken Wien–München–Nürnberg, Paris–Köln und Berlin–Ostende „bis auf Widerruf" *(à titre d'essai)* zum Einsatz, man sprach daher auch vom *Train d'essai.*

Zunächst kooperierte Nagelmackers mit einem weiteren amerikanischen Schlafwagenunternehmer, dem aus Ohio stammenden Bürgerkriegsveteranen Colonel William d'Alton Mann (1839–1920), der *the Mann Boudoir Car* entwickelt und 1874/75 u. a. Schlafwagenkurse zwischen Paris und Köln sowie Paris und Brüssel eingerichtet hatte. Die Firmen der beiden wurden unter dem Namen „Mann Boudoir Sleeping Car Company" zusammengeführt, 1875 wurde Nagelmackers Direktor dieser Gesellschaft;

Rechte Seite: Titelbild des von der Internationalen Schlafwagengesellschaft herausgegebenen *Guide continental officiel,* 1896.

Vorherige Doppelseite: Salonwagen der Internationalen Schlafwagengesellschaft vor der Abfahrt am Wiener Südbahnhof. Aquarell von Franz Witt, um 1900.

Oben: Eisenbahn-Enthusiast und Visionär: Georges Nagelmackers, der Begründer der „Compagnie Internationale des Wagons-Lits".

Guide Continental
Officiel
de la Compie Internationale des Wagons-Lits
& des Grands Express Européens
Cie Internationale des Wagons-Lits
Orient-Express
Pour Paris Buda Pest Belgrade Vienne et Constantinople
Méditerranée-Express
de Londres à Nice
3 fois par semaine
Nice Monte-Carlo Menton
Sud Express
Biarritz
Madrid
Lisbonne
Peninsular-Express
Londres à Brindisi
Tous les Vendredis
Train spécial
Restaurant
Ghezireh-Palace Le Caire
Maloja Palace
Hotel International Brindisi
Avenida Palace Lisbonne
Therapia Palace
Pera Palace
Riviera Palace - Nice
Direction Générale
46. Rue des Mathurins, Paris
Le Guide Continental officiel est déposé dans toutes les voitures, sleeping-cars, voitures-salons et restaurants, agences et succursales de la Compagnie des Wagons-Lits et des Grands Express Européens.
Il est adressé chaque mois aux principaux hôtels, clubs, sociétés, kursaals et grands établissements publics du continent.
Il est mis à la disposition des voyageurs dans les agences et sur les bateaux des grandes Compagnies de navigation.
Publicité : à l'Office Général de Publicité des Voyages, 25, Rue de la Paix, Paris

Oben: Edles Interieur, höchster Komfort: die Welt der legendären Luxuszüge. Titelblatt eines Agenturenverzeichnisses der CIWL, 1898.

Rechts: Zweimal täglich eine Schnellzugverbindung Wien–Paris mit Direktwagen von Budapest nach Paris und von Wien nach Calais. Die attraktive Strecke über den Arlberg wurde von den k. k. Österr. Staatsbahnen massiv beworben.

sein Partner Mann zog sich 1876 aus dem Reisegeschäft zurück, sodass nun der Weg für Nagelmackers frei war: Am 4. Dezember 1876 gründete er die „Compagnie Internationale des Wagons-Lits“ (CIWL) neu und stellte sie als Aktiengesellschaft mit einem Stammkapital von vier Millionen Franken auf eine solide wirtschaftliche Basis; zu den Aktionären zählte u. a. auch der belgische König Leopold II. Da der Wagenpark und die Verträge der „Mann Boudoir Sleeping Car Company“ übernommen werden konnten, stand einem raschen Aufschwung des Unternehmens nichts mehr im Wege. Die Nachfrage von Seiten der Eisenbahngesellschaften war groß, immer mehr schlossen in der Folge Verträge mit der CIWL, im deutschsprachigen Bereich später auch „ISG“ („Internationale Schlafwagengesellschaft“) genannt, ab, um auch auf ihren Linien Luxuszüge ins Angebot übernehmen zu können.
Ein wichtiger Impuls für den internationalen Eisenbahnreiseverkehr war inzwischen von der Wiener Weltausstellung anno 1873 ausgegangen: So wurde die Schlafwagenverbindung Wien–München auf die weit attraktivere

Wien-Paris über den Arlberg.

Schnellzug-Verbindungen.

	✠			✠	
8^{00}	$9^{\underline{00}}$	ab **WIEN** West-bahnhof an		7^{50}	$8^{\underline{40}}$
11^{47}	$11^{\underline{55}}$	ab LINZ . . . . an		$3^{\underline{20}}$	5^{19}
$*11^{56}$	$*12^{\underline{42}}$	ab GMUNDEN . . . . an		$*2^{\underline{48}}$	$*4^{50}$
$†11^{59}$	$11^{\underline{25}}$	ab ISCHL . . . . . . an		$*4^{\underline{01}}$	$†4^{29}$
$†1^{15}$	$†10^{\underline{10}}$	ab AUSSEE . . . . . an		$*5^{\underline{35}}$	$†3^{25}$
3^{14}	$3^{\underline{15}}$	ab **SALZBURG** . . an		$12^{\underline{33}}$	1^{55}
5^{07}	$5^{\underline{18}}$	ab LEND-GASTEIN . an		$10^{\underline{45}}$	11^{53}
5^{44}	$5^{\underline{53}}$	ab ZELL AM SEE . . an		$10^{\underline{08}}$	11^{16}
$9^{\underline{35}}$	9^{32}	ab **INNSBRUCK** . . an		$6^{\underline{18}}$	6^{55}
$12^{\underline{02}}$	11^{11}	ab LANDECK . . . . an		4^{46}	$4^{\underline{16}}$
9^{42}	$6^{\underline{25}}$	ab ZÜRICH . . . . . an		9^{35}	3^{58}
$5^{\underline{00}}$	$6^{\underline{30}}$	an **PARIS** Pariser Zeit . . ab		$8^{\underline{35}}$	$9^{\underline{24}}$

* via Attnang. † via Stainach-Irdning.

Die Nachtzeiten von 6^{00} Abends bis 5^{59} Früh sind durch Unterstreichen der Minutenziffern bezeichnet.

✠ **Directe Wagen:** I. Cl. Budapest—Wien—Paris; I. und II. Cl. Budapest—Wien—Basel; Wien—Calais. Schlafwagen: I. Cl. Wien—Paris, I. und II. Classe Wien—Basel. Speisewagen: Wörgl—Zürich.

Wien—Paris. Einfache Fahrt: I. Cl. 157.70 Frs., II. Cl. 103.65 Frs. Rückfahrkarten 20 Tage giltig: I. Cl. 241.85 Frs., II. Cl. 168.80 Frs.

Stadtbureaux und Fahrkarten-Ausgabestellen der k. k. österreichischen Staatsbahnen in Wien, Salzburg und Innsbruck.

Trisanna-Viadukt
(Arlberg.)
fW.
K.K.Oesterr. Staatsbahnen.
Von WIEN nach PARIS
über den Arlberg.
SOMMERDIENST 1901.
Lith. art. Anst. v. ERNEST MATTHÉY, Graz.

Linke Seite: Der Sommerhit des Jahres 1901 der k. k. Österr. Staatsbahnen: die Verbindung Wien–Paris über den Arlberg.

Verbindung Wien–Paris ausgedehnt, nachdem bereits im Oktober 1872 versuchsweise ein Schlafwagen von Paris nach Wien eingesetzt worden war. Auf der Weltausstellung selbst zeigte Nagelmackers den Schlafwagen Nr. 3 und erntete dafür den Beifall des sachverständigen Publikums – seine Idee vom „rollenden Hotel“ fasste Fuß.

Auf der „Conferenz zur Festlegung des Sommerfahrplans“ 1874 gelang es dem unermüdlichen belgischen Eisenbahnpionier schließlich, mit seinen französischen bzw. dem ersten österreichischen Partner – der Kaiserin Elisabeth-Bahn – einen Dreijahresvertrag auszuverhandeln, der vorsah, dass im Verband der beiden täglich verkehrenden Züge Wien–Paris jeweils ein Waggon von Wagons-Lits kostenlos mitlaufen würde – für den stolzen Aufpreis von 25 Francs konnten sich die Fahrgäste erstmals dem erholsamen Schlummer im bequemen Schlafwagenabteil hingeben. Nach der Kaiserin Elisabeth-Bahn war es die Kaiser Franz Josefs-Bahn, die als Pionier voranging und einen Vertrag mit der erstaunlichen Laufzeit von 20 Jahren mit der CIWL abschloss; 1876 liefen auf der wichtigen Verbindung Wien–Eger bereits zwei Schlafwagen – eine Attraktion für alle Wiener, die in die böhmischen Bäder reisten.

Im April 1881 fuhr der belgische König Leopold II. in einem Sonderzug von Brüssel nach Wien – im Verband des Sonderzugs liefen die modernsten Schlafwagen des Kontinents: der Dreiachser Nr. 74 und der Schlafwagen Nr. 75 der ISG. Der 75er, der erste Drehgestellwagen der Compagnie, sparte nicht mit Luxus: Er war für 20 Fahrgäste entworfen worden, wies einen jeweils nach zwei Abteilen hin offenen Seitengang auf, hatte geschlossene Endplattformen und erfreute den Reisenden mit sanfter Gasbeleuchtung. Einen weiteren Fortschritt in Sachen hochqualitativer Reisekultur brachte dann das Jahr 1882: Vom 10. bis zum 14. Oktober verkehrte zwischen Paris und Wien erstmals probeweise ein *Train Eclair* („Blitzzug“, auch als *Train de Luxe d'essai* bezeichnet), der aus vier Schlafwagen mit insgesamt 58 Betten, dem Speisewagen Nr. 107 und zwei Gepäckwagen bestand. Im *Restaurant coach* servierte man Austern, *chicken à la chasseur* und Steinbutt mit grüner Sauce. Der Zug verließ um 18 Uhr 31 den Pariser Ostbahnhof und fuhr am nächsten Tag um 23 Uhr 40 auf dem Wiener Westbahnhof ein, die durchschnittliche Reisegeschwindigkeit betrug zwischen 45 und 55 km/h. Das Konzept dieses ersten „wahren“ Luxuszuges, der den Beweis erbrachte, dass die planmäßige Inbetriebnahme eines solchen Zuges durchaus Sinn haben könnte, näherte sich bereits der Vision Nagelmackers'; ein Zug aus einem Guss für anspruchsvolle, reiche Passagiere, die schnell und komfortabel reisen wollten, ein „Hotel-Zug“ (Fritz Stöckl), der ihrem Bedürfnis nach Wohnen, Schlafen und Essen in gepflegter Reiseatmosphäre in vollkommener Weise genügte. Seinen ersten eigenen Speisewagen, den dreiachsigen Speisewagen Nr. 107, hatte Nagelmackers bereits 1880 dem internationalen Eisenbahnpublikum präsentiert.

Der Orient-Express

Ohne Umsteigen quer durch Europa in luxuriösem Ambiente – dieses Konzept verhalf dem Orient-Express zu legendärem Ruhm und lag um 1880 gleichsam „in der Luft". Die stetig steigende Zahl von Fahrgästen in Richtung Balkan/Türkei hatte bereits 1878 die Einrichtung einer Schlafwagenverbindung Wien–Orsova zur Folge gehabt, und nach zähen Verhandlungen konnten sich die betroffenen Eisenbahngesellschaften – insgesamt waren es acht – mit der CIWL 1883 auf die Inbetriebnahme der „Orient-Express-Züge", die zweimal wöchentlich in jeder Richtung die Strecke Paris–Giurgewo befahren sollten, einigen. Bestehen sollte der neue Luxuszug aus mindestens 2 Schlafwagen, einem „Salon-Restaurationswagen" und zwei Gepäckwagen, ein Gesamtgewicht von 100 Tonnen dürfe nicht überschritten werden; das „Innere", so hieß es im Vertragswerk, müsse „allen Anforderungen in Bezug auf Bequemlichkeit, Geräumigkeit und Komfort entsprechen". Die Fahrgäste hatten Schnellzugsbillets 1. Klasse zu bezahlen und 20 Prozent dieses Tarifs als Zuschlag an die CIWL zu entrichten.

Ab 5. Juni 1883 dampfte der legendäre *Train Express d'Orient* durch Österreich-Ungarn, wie geplant zweimal wöchentlich von München über Simbach–Wien–Pressburg–Budapest–Szeged–Orşova–Bukarest nach Giurgewo; hier, in der kleinen rumänischen Hafenstadt, hatten die Teilnehmer an diesem exklusiven Reiseabenteuer Anschluss an die Orientbahn Ruse–Varna, von Varna ging's mit dem Dampfer „Espero" des Österreichischen Lloyd nach

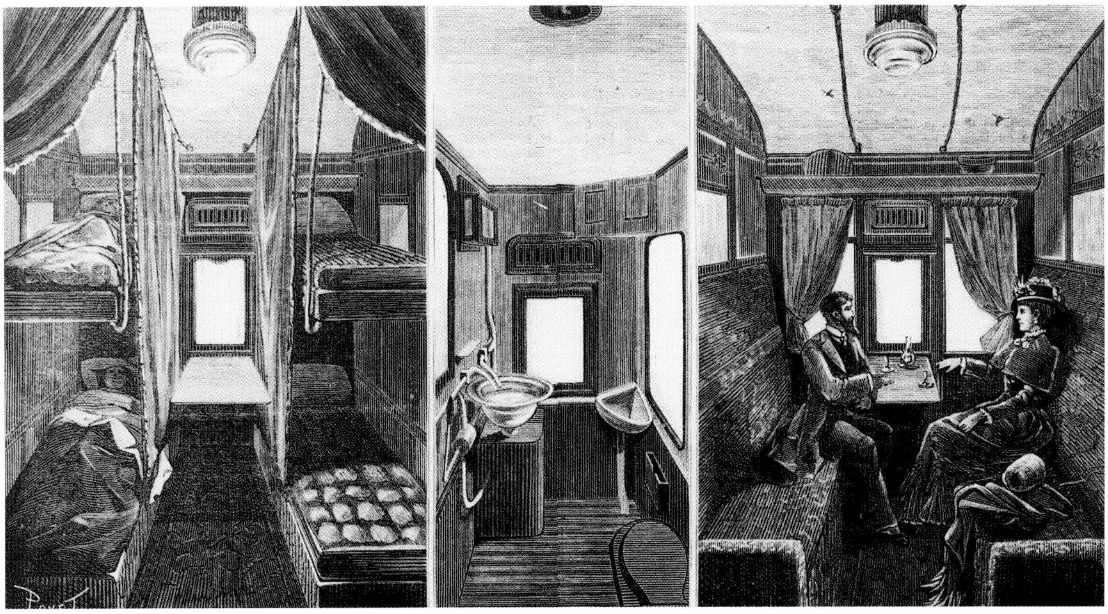

Linke Seite:
Der Orient-Express auf seiner Fahrt durch Österreich, 1913.

Oben:
Im Orient-Express: das Vierbett-Abteil des Schlafwagens in Nacht- und Tagstellung (rechts). In der Mitte der Toilettenraum. Um 1883/84.

Konstantinopel. Die nachträgliche Eröffnungsfahrt begann am 4. Oktober 1883, 7 Uhr 30, in Paris und wurde zum gut gemanagten marketing event, bei dem sich Nagelmackers, der einen elitären Kreis von 24 Herren – vor allem Schriftsteller und Journalisten – zur „Jungfernfahrt" eingeladen hatte, nicht scheute, alle nur möglichen Klischees zur Unterhaltung der Fahrgäste zum Einsatz zu bringen. So spielte etwa während der Fahrt durch die ungarische Steppe im Speisewagen eine Zigeunerkapelle auf, in Rumänien allerdings verwandelte sich die unbeschwerte Vergnügungsfahrt in ein Abenteuer: Nur mühsam konnte ein von Gewitterregen unterspülter Bahndamm bei Verciorova passiert werden. 1883 betrug die Reisezeit für die gesamte Strecke Paris–Konstantinopel 81 Stunden und 40 Minuten; nach Eröffnung der neuen Streckenvariante über Belgrad verkürzte sie sich um 14 Stunden, bis 1914 konnten weitere sechs Stunden eingespart werden. Die Höchstgeschwindigkeit des Zuges lag bei 100 km/h im bayerischen Streckenabschnitt. Ab 1. Juni 1884 wurde der Orient-Express bis Wien täglich geführt, ab 1. Juni 1885 bis Budapest täglich. Neben der Verbindung Paris–Giurgewo, die weiterhin zweimal wöchentlich gefahren wurde, gab es nun einmal wöchentlich auch die Möglichkeit, die kürzere Route über Budapest–Belgrad–Niš

Oben: Der Orient-Express auf der Wiener Verbindungsbahn.

Unten: Das älteste bekannte Foto des legendären Luxuszugs: der Orient-Express auf der Westbahnstrecke im Wienerwald, 1885

mit Anschluss an die Orientbahn Tatar Basardschik–Istanbul. Am 12. August 1888 wurde die durchgehende Strecke Paris–Istanbul eröffnet und einmal in der Woche gefahren, ab 1889 zweimal und einmal wöchentlich mit der Destination Bukarest bzw. Konstanza (ab 1895). Ab 1897 verkehrte der Orient-Express nicht mehr über Simbach, sondern über Salzburg. 1911 fuhr der Zug bereits viermal wöchentlich nach Konstantinopel und dreimal nach Konstanza – der Höhepunkt und zugleich Schlussakkord einer kontinuierli-

Oben: Den kurzen Aufenthalt des Wien-Nizza-Cannes-Express nützt man für ein Erinnerungsfoto, 1909. Für die 1.380 km lange Strecke benötigte der Luxuszug an die 30 Stunden.

chen Aufwärtsentwicklung in der Belle Epoque des Reisens: Schon ein Jahr später erzwang der erste Balkankrieg eine Verkürzung der Strecke: Belgrad wurde neue Endstation, ehe der Zerfall des alten Europa im Ersten Weltkrieg auch zur grundlegenden Neuordnung der mitteleuropäischen Schienenwelt führte.

Die in edlem Blau und elegantem Braun gehaltenen Waggons mit dem Orient-Express-Emblem in Messing wurden zum Symbol für mondänes Eisenbahnreisen im alten Europa; bis heute ist ihre nostalgisch-sentimentale Wirkkraft ungebrochen. Die Ausstattung der Wagen hielt das, was die Verträge gefordert hatten, und hätte kaum luxuriöser sein können: mit wertvollstem Holz getäfelte Wände, aufwändig gearbeitete Holzintarsien, Damasttischtücher und -servietten, feinstes Porzellan, vergoldete Wasserhähne etc. Auch die Küche des Speisewagens stand der Einrichtung in nichts nach: Man verwöhnte die Reisenden mit kulinarischen Spezialitäten aus aller Herren Ländern und mit den besten Weinen, die zuvorkommende und aufmerksame Betreuung der Fahrgäste durch das Zugpersonal war eine Selbstverständlichkeit. Maharadschas und gekrönte Häupter aus exotischen Ländern, Europas Hochadel, Diplomaten und Regierungsbeamte – sie alle benützten diesen Luxuszug. Der Orient-Express, der „König" unter den *Grands Express Européens*, wurde bereits in seiner Blütezeit zur Legende.

Der Ostende-Wien-Express

Oben: Eine erfolgreiche Luxuszug-Verbindung der „Welt von gestern“: der Ostende-Wien-Express, hier bei der Ausfahrt aus Ostende, um 1900.

1894 wurde ein neuer Luxuszug der „Compagnie Internationale des Wagons-Lits et des Grands Express Européens“ in Betrieb genommen: der via Köln, Frankfurt, Nürnberg und Passau verkehrende „Ostende-Wien-Express“. Wie der Orient-Express bestand auch er ausschließlich aus Schlaf-, Speise- und Gepäckwagen der CIWL; „Zielgruppe“ dieses neuen Zugsangebots waren alle Luxusreisenden der Relation Großbritannien–Österreich-Ungarn, die bis dahin den Umweg über Paris und den Orient-Express hatten nehmen müssen. Der solide Erfolg der Verbindung bestätigte die Investoren, allerdings mussten bald einige Korrekturen vorgenommen werden – so ergänzte man den Express ab dem Winter 1897/98 durch einen CIWL-Schlafwagen Calais–Wien, der bis 1906 Bestand hatte. Eine weitere Fahrplanänderung ab 1. Mai 1900 ermöglichte den Reisenden schließlich die Kombination mit dem Orient-Express östlich des Wiener Westbahnhofes: An zwei Tagen wöchentlich konnte man bis Konstanza weiterreisen, an drei Tagen bis Konstantinopel, täglich jedoch bis Budapest. Ab 1910 fand die Vereinigung beider Luxuszüge in Wels statt.

Die k. k. priv. Südbahn-Gesellschaft und der Österreichische Lloyd hatten an diesem Luxuszug beträchtliches Interesse – zu Recht, denn beide Unternehmen konnten durchaus günstige Alternativen für Reisende aus Großbritannien anbieten: Tatsächlich gelang es, einen Vertrag zu schließen, der ab 3. Dezember 1895 einmal in der Woche einen „Ostende-Wien-Triest-Express" als Verlängerung des „Ostende-Wien-Express" über den Semmering nach Triest vorsah; im Hafen der Adriametropole erwartete die Fahrgäste dann bereits ein Dampfer nach Alexandrien. Ein attraktives Angebot, das sich jedoch gegen die gängige Reiseroute England–Frankreich–Italien–Ägypten–Indien nicht richtig durchsetzen konnte, sodass mit 1. Mai 1900 diese Verbindung auf einen täglichen Schlafwagen reduziert wurde, der mit einem normalen Südbahnschnellzug nach Triest lief. Nach der Eröffnung der Tauernbahn 1909, die eine wesentlich kürzere Fahrzeit bot, wurde auch diese Schlafwagenverbindung eingestellt.

Nach Karlsbad mit dem Luxuszug

Karlsbad *(Karlovy Vary),* weltberühmter Gesundbrunnen der Monarchie und Treffpunkt des mondänen Europa, erlebte in den letzten Jahrzehnten des 19. Jahrhunderts einen Aufschwung sondergleichen. Die Zahl der Kurgäste erhöhte sich sprunghaft, der Anteil der ausländischen Gäste stieg auf etwa 50 Prozent. Die Anreise aus Westeuropa war jedoch relativ kompliziert und in jedem Fall mit mühsamem Umsteigen und unliebsamen Wartezeiten verbunden – nicht verwunderlich also, dass die britische „South Eastern Rail-

Rechts: Ein Luxuszug aus der Belle Epoque des Reisens: der Karlsbad-Ostende-Express mit Lokomotive Nr. 83 (Baujahr 1873, umgebaut 1884) der Buschtěhrader Eisenbahn.

Rendezvous im Schlafwagenabteil

Arthur Schnitzler hat in seinem 1908 erschienenen Schlüsselroman *Der Weg ins Freie* einige bunte Impressionen von den Reise-Usancen der damaligen Wiener Salongesellschaft wiedergegeben: Georg und Anna, das Liebespaar, begeben sich auf große Fahrt, man trifft sich wie zufällig auf dem Westbahnhof, um den Nachtschnellzug nach dem Süden zu nehmen:

Dann gingen sie auf dem Perron hin und her. Georg war sehr gut aufgelegt, und es freute ihn, dass Anna in ihrem englischen Kleid mit dem schmalkrempigen Reisehut und dem blauen Schleier aussah wie eine interessante Fremde. Sie schritten den ganzen Zug ab, bis zur Lokomotive, die außerhalb der Halle stand und in aufgeregten Stößen hellgrauen Dampf zum dunkeln Himmel sandte. Draußen auf der Strecke, im matten Schein, erglühten grüne und rote Laternen. Angstvolle Pfiffe kamen von irgendwoher aus der Weite, und langsam aus dem Dunkel hervor ringelte ein Zug sich in den Bahnhof. Ein rotes Licht schwankte zauberhaft auf der Erde hin und her, schien meilenweit zu sein, und wie es stille hielt, war es mit einem Mal ganz nah. Und draußen, schimmernd und im Unsichtbaren sich verlierend, zogen die Gleise ihren Weg, nach Nähen und Fernen, in die Nacht, in den Morgen, in den nächsten Tag, ins Unerforschliche. Anna stieg ins Kupee. Georg blieb noch eine Weile draußen stehen und amüsierte sich über die Reisenden, die eilig Aufgeregten, die vornehm Ruhigen und die, die die Ruhigen spielten, – und über die verschiedenen Abarten der Begleiter: die Wehmütigen, die Heiteren, die Gleichgültigen.

Anna beugte sich aus dem Fenster. Georg plauderte mit ihr, tat so, als dächte er gar nicht daran abzureisen, stieg im letzten Moment ein. Der Zug fuhr ab. Auf dem Bahnhof standen Leute – unbegreifliche Leute, die in Wien zurückblieben, und denen wieder all die andern unbegreiflich schienen, die nun ernstlich davonfuhren. Ein paar Taschentücher wehten, der Stationschef stand wichtig da und sandte dem Zug einen strengen Blick nach, ein Träger, in blau weiß gestreifter Leinenbluse hielt eine gelbe Tasche hoch und blickte gierig in jedes Fenster. Merkwürdig, dachte Georg beiläufig, es gibt Leute, die davonfahren und ihre gelben Taschen in Wien zurücklassen. Alles verschwand, Tücher, Tasche, Stationschef, Bahnhofsgebäude …

Rechts: Dunkle Holzfarbtöne, kostbare Stoffbezüge und reiche Ornamentik sorgten für Luxus pur: Schlafwagenabteil um die Jahrhundertwende.

way" auf der Europäischen Fahrplankonferenz des Jahres 1895 eine direkte Verbindung London–Karlsbad beantragte, wobei diese als integrierter Teil des seit 1894 verkehrenden Ostende-Wien-Expresses geführt werden sollte. Im Sommer 1895 war es dann so weit: Kurfreudige Briten konnten nun bequem in ihre Karlsbader Grandhotels anreisen; die aus London kommende Garnitur – ein Schlaf- und ein Gepäckwagen – wurde in Nürnberg vom Ostende-Wien-Express abgekoppelt, um einen Speisewagen sowie einen weiteren Gepäckwagen ergänzt und lief nun als eigener Luxuszug „Karlsbad-Ostende-Express“ über die bayerische Staatsbahn und die Buschtěhrader Eisenbahn nach Karlsbad.

Die Direktverbindung von der Themse zum Karlsbader Sprudel bewährte sich und bald zeigte sich, dass auch von französischer Seite die Nachfrage nach einer entsprechenden Verbesserung der Anreise-Möglichkeiten bestand: So kam es im Jahre 1900 zur Einführung des Saison-Luxuszuges Paris–Karlsbad, wobei die Europäische Fahrplankonferenz beschloss, dass in Eger *(Cheb)* ein Schlafwagen nach Marienbad *(Mariánské Lázne)* abzweigen sollte, „falls nicht die beiden von Paris kommenden Wagen mit Reisenden nach Karlsbad so besetzt sein sollten, dass der Durchlauf beider Wagen bis Karlsbad sich als nothwendig erweist“. Ein Jahr später konnte man bereits zufrieden bilanzieren: Der „Carlsbad-Express“ – er lief unter der Geschäftsführung der Kaiserlichen Generaldirektion der Eisenbahnen in Elsaß-Lothringen – zeigte sich allgemein gut besetzt und entlastete dadurch auch den Orient-Express. Kurzzeitig – in den Saisonen 1906 und 1907 – führte der Zug auch einen CIWL-Kurswagen Calais–Karlsbad.

Luxus-Bäderexpresszüge von Wien über Prag nach Karlsbad, Marienbad und Franzensbad wurden auf der Kaiser Franz Josefs-Bahn geführt; für diese schuf Karl Gölsdorf seine berühmten 2B1-Vierzylinder-Verbund-Schnellzuglokomotiven der Reihe 108, die ab 1901 in der „Ersten Böhmisch-Mährischen Maschinenfabrik“ in Prag gebaut wurden. Wie intensiv die „Vernetzung“ der böhmischen Badeorte mit Wien und Berlin in den letzten Jahren vor dem Ersten Weltkrieg war, zeigt uns etwa der Sommerfahrplan der k. k. österr. Staatsbahnen des Jahres 1911: Er bot täglich gleich drei Schnellzüge Wien–Marienbad–Karlsbad–Franzensbad–Berlin an, darunter auch einen Nachtzug mit Schlafwagen 1. und 2. Klasse Wien–Karlsbad und Wien–Franzensbad. Ergänzt wurden diese durch den „Berlin-Marienbad-Karlsbad-Express“, der von 1. Juni bis 31. August verkehrte und den Fahrgästen mit einem Salonwagen mondänes Flair offerierte. Damit jedoch nicht genug: Wen es von Berlin aus nach dem österreichischen Süden zog, der hatte weitere vier Schnellzüge zur Wahl, die über Franzensbad, Karlsbad, Marienbad, Prag, Pilsen, Linz nach Bad Ischl und Aussee gingen und von hier weiter nach Salzburg, Innsbruck, Bregenz und Lindau führten. Ein perfektes Service für die Genießer der k. u. k. Sommerfreuden eröffneten dabei die Kurswagen 1. und 2. Klasse Karlsbad–Aussee und Karlsbad–Salzburg: Vom pflichtbewusst absolvierten Kuraufenthalt rollte man bequem in die zauberhafte Welt der alpinen Sommerfrische.

Luxuszüge von Ost nach West, von Nord nach Süd

In dieser goldenen Zeit des Eisenbahnreisens wurden die nationalen und internationalen Luxuszug-Relationen Jahr für Jahr weiter ausgebaut. Hervorragendes Ziel der k. k. Staatsbahnverwaltung war es, das Zugangebot den touristischen Vorlieben und Bewegungen der Bevölkerung möglichst gut anzupassen. So kreierte man für den Winterfahrplan 1896 erstmals einen „Wien-Meran-Express" mit einer Fahrzeit von nur 15 Stunden über die Südbahn,Villach, Innichen, Franzensfeste und Bozen – der nur aus Salonwagen der CIWL und einem Speisewagen bestehende Zug konnte sich allerdings nur bis zum Frühjahr 1898 halten, offenbar hatte man die Nachfrage für Reisen in den Südtiroler Kurort doch überschätzt. Im Sommerfahrplan des gleichen Jahres präsentierte sich dafür erstmals ein Luxuszug Wien–Salzkammergut–Innsbruck, der ebenfalls nur mit Salon- und Speisewagen ausgestattet war, täglich um 10 Uhr vormittags von Wien-Westbahnhof abfuhr, um 16.39 Uhr in Aussee eintraf und um 21.20 Uhr Innsbruck erreichte.

Zum berühmtesten Schnellzug auf der Südbahnstrecke wurde der ab 1898 in den (Winter-)Fahrplan genommene „St. Petersburg-Nizza-Cannes-Express", dem man bald das vielsagende Attribut *Train de Grand-Ducs* verlieh – eine Anspielung auf den russischen Hochadel, der mit großer Dienerschaft an die Riviera reiste, um dort die Wintermonate zu verbringen. Das Wagenmaterial für diesen Zug, vier oder fünf Wagen, wurde so wie für den Orient-Express von der CIWL gestellt – wichtig waren jeweils zwei geräumige Gepäckwagen an den beiden Zugenden, da die russischen „Großfürsten" der Legende nach sogar ihre eigenen Kutschen mit an die Riviera nahmen; ein Speisewagen und ein oder zwei Schlafwagen ergänzten das Zugensemble.

Immer deutlicher traten um die Jahrhundertwende die exklusiven Nord-Süd-Verbindungen zwischen dem Deutschen Reich und Italien in den Vordergrund – ein erstes schwaches Vorzeichen auf die Transitproblematik einer späteren Zeit: Ab 1897 verkehrte der „Nord-Süd-Brenner-Express" von Berlin über München nach Mailand, und ab 1902 raste der „Berlin-Neapel-Express" mit direktem Schlafwagen Berlin–Palermo über österreichische Gleise. 1907 ergänzte man diese Relationen mit einem „Ägypten-Express", der allerdings nur bis Neapel fuhr und die Fahrgäste dann zur Weiterfahrt auf einem Dampfer ins Land der Pyramiden lud. Cisleithanien und Wien waren, wie oben geschildert, zur Adria und „österreichischen Riviera" hin orientiert, immerhin verband ab 1908 ein „Wien-Rom-Express" mit Kurswagen nach Taormina und Palermo die Donaumetropole mit der Ewigen Stadt und dem italienischen Süden. Knapp vor dem Ersten Weltkrieg, 1913, versuchte man mit dem „Tyrol-Riviera-Express", der von Wien über Villach, Franzensfeste, Bozen nach Nizza und Cannes fuhr, die exklusiven Urlaubswünsche eines begüterten Publikums abzudecken.

Nächste Doppelseite:
Der Wien-Rom-Express bei Mödling, befördert von einer 2B1-n4v-Lokomotive, Reihe 108. 4. April 1912.

Epilog

Im Jahre 1894 veröffentlichte Amand Freiherr von Schweiger-Lerchenfeld, ein ausgezeichneter Kenner der k. k. Eisenbahnwelt, unter dem Titel *Das Eiserne Jahrhundert* eine umfassende Darstellung der technischen Errungenschaften des *railway age*. In der einleitenden allgemeinen Auseinandersetzung mit dem Phänomen „Eisenbahn" kommt er zu der bemerkenswerten Feststellung: „Wenn wir das Eisenbahnwesen in seiner heutigen universellen Ausgestaltung überschauen, erkennen wir an demselben den ausgeprägten Zug der Individualisierung. Die Eisenbahnen sind der Natur der Sache nach der vollkommenste Ausdruck des Verkehrswesens, und da das letztere bezüglich seiner charakteristischen Formen aus den nationalen Bedürfnissen und Eigenthümlichkeiten hervorgeht, tragen auch die Einrichtungen der Transportmittel ein diesem Sachverhalte entsprechendes Gepräge, das von Volk zu

Links: Abschied am Bahnhof: Die Fahrt in den Krieg wurde für viele zur Reise in den Tod …

Volk, von Land zu Land zum Theile sehr tiefgehende Verschiedenheiten im Gefolge hat" – eine Beobachtung, die im Falle Österreich-Ungarns in besonderer Weise zutrifft: Im Bau der Eisenbahnen hatte dieser Staat, der sich laut Robert Musil ansonsten „selbst irgendwie nur noch mitmachte", tatsächlich eine seiner größten und unvergänglichen Leistungen erbracht – heute noch sind die Schienenwege aus jener Zeit – von Nord nach Süd, von Ost nach West – zentrale „Nervenstränge" des mitteleuropäischen Schienenverkehrs. Die Eisenbahn war jene Institution, die noch straffe Einheit exerzierte, als politisch das Abdriften der Habsburgermonarchie in den Zerfall kaum mehr aufzuhalten war. Das Flügelrad der k. k. Staatsbahnen war zum allgegenwärtigen Symbol geworden, Bahnhöfe, Züge und Lokomotiven prägten in einzigartiger Art und Weise das Bild des Eisenbahnstaats Österreich-Ungarn.

Es war daher nur konsequent, dass der bekannte polnische Schriftsteller Józef Wittlin (1896–1976), der in Wien maturierte und hier Joseph Roth kennen lernte, in seinem Werk *Das Salz der Erde* (1935, poln. *Sól ziemi*) über den Untergang des alten Österreich im Ersten Weltkrieg die Eisenbahn in den Mittelpunkt rückte: Am Beispiel eines einfachen huzulischen Bahnhilfsarbeiters, der auf der fiktiven ostgalizischen Bahnstation Topory-Czernielitza seit 20 Jahren seinen Dienst versieht, führt Józef Wittlin in eindrucksvoller Weise den Zerfall der k. u. k. Welt im Gefolge des Krieges vor. Die von ihm erdachte Bahnstation liegt an der erst 1895 zur Gänze befahrbaren, 185 km langen Bahnstrecke Stanislau–Mármarossziget, heute die Verbindung zwischen Iwano-Frankiwsk in der Ukraine und Sighetu Marmaţie in Rumänien. Das Projekt einer Eisenbahnverbindung durch die Ostkarpaten wurde von Kaiser Franz Joseph 1892 genehmigt; Bauleiter des galizischen Streckenabschnitts von Stanislau nach Woronienka durch das Tal des Pruth war Ingenieur Friedrich Bischof von Klammstein. Bis dahin hatte man das Massiv des Czarnahora, des Schwarzen Berges, nur auf einer rumpeligen Poststraße über den Körösmezöpass überqueren können.

Oben: Beförderte die Soldaten an die Front: Schnellzuglokomotive der Königlich Ungarischen Staatsbahnen der Baureihe 328.

Der Held des Buches, Peter *(Piotr)* Niewiadomski, der „Nichtwissende", ist Analphabet und kaisergläubig. Er kennt die Welt, soweit sie mit der Eisenbahn nach Topory-Czernielitza kommt: „Peter hatte schon solche Wagen gesehen, in denen man unter Decken schlafen durfte, bequem und weich wie in einem Bett, und auch andere Wagen, in denen Herren an weißgedeckten Tischen saßen, tranken und aßen und sehr zufrieden aussahen. Oftmals flitzte am betäubten Peter ein Salonzug wie ein Blitz vorbei, mit Gardinen an den

Fenstern und Blumentöpfen. (...) Und Wagen sah Peter, die aus der Türkei kamen, wo das Meer ist und die Heiden sind, die mehrere Frauen gleichzeitig haben dürfen. Und er sah Wagen, die aus Wien zurückkehrten, wo der Kaiser lebt. (...) Wenn er mit seinen Händen die Eisenbahnräder berührte, die in ferne, unbekannte Länder gingen, so war es, als berührte er das Geheimnis der Welt selbst, das er nie kennenlernen würde."

Diese einzigartige Bahnhofs-Idylle von Topory-Czernielitza wird plötzlich vom Krieg erfasst: Das Unheil beginnt mit einem wenig spektakulären, aber für Niewiadomski ganz und gar unerhörten Ereignis: dem Zusammenbruch des Fahrplans. Zerstörung und Verwüstung, Angst und Tod kündigen sich in diesem Vorfall an, die Apokalypse des alten Europa. *Pars pro toto* wird der Untergang der k. k. Eisenbahnwelt zum bewegenden Gleichnis für das große Sterben im Krieg. Peter muss zum Landsturm in Ungarn einrücken, seine Abfahrt zu den Soldaten wird ein Abschied für immer. Aus dem „Nichtwissenden" wird mit dem Tragen der Uniform ein gehorsamer Soldat – er ist gehorsam aus Angst vor dem Tod. Peter, der die Eisenbahn geliebt hat, empfindet sie nun als böse: „Was war die Bahn denn jetzt noch? Ein Diener des Krieges war sie, der nur eine Aufgabe hat: dem Krieg Menschenmaterial zuzuführen."

Józef Wittlins Roman gestaltet diese dramatische Metamorphose der k. u. k. Eisenbahn in eindrucksvoller Weise; zur mythisch überhöhten Schlüsselszene wird die Abfahrt des Zuges aus der Station Topory-Czernielitza mit den zum Kriegsdienst rekrutierten Landsturmmännern an Bord. Alles ist nun anders. Aus dem gewohnten Eisenbahnritual des Einfahren des Zuges in die Station, des Einsteigens und Abfahrens wird ein schicksalsschwerer Akt, der Zug selbst erhält menschliche Züge: „Man stieg ein. Und als alle schon verladen waren, gab der Vorsteher mit einem Pfiff das Abfahrtszeichen; da er jedoch nicht sicher war, ob ihn der Lokomotivführer bei dem großen Lärm hören würde, hob er die Hand. Aber der Zug rührte sich nicht. Er weigerte sich der Zivilbehörde zu gehorchen. Er stand wie verzaubert auf den Schienen oder als würde er noch auf jemanden warten. Da rief der Vorsteher mit donnernder Stimme: ‚Fertig!' Den Ruf wiederholten die Soldaten vom Stationsdienst. Das wirkte. Aus der Lokomotivbude lehnte sich eine Militärmütze heraus, und bald ließ sich das Zischen des Dampfes hören. Ein schriller Pfiff ertönte, und die Waggons erzitterten. Schweigen umfing die Station. Sogar die Hunde verstummten. Der in der Kuppel verdichtete Dampf drückte vermittels der inneren Röhren auf die Zylinder und belebte die Kolben. Aus den Schornsteinen schnaubten schwere und schwarze Rhythmen – und langsam, langsam, wie Leichenwagen vor Trauerhäusern, setzten sich die Wagen in Bewegung. Sie glitten vorbei, fortschiebend, fortstoßend, auseinanderreißend, wirklich losreißend die Leiber derjenigen, die in den Krieg fuhren, von denen, die in Topory zurückblieben."

Zum letzten Mal, so schreibt Józef Wittlin, erblickte sein Held Peter Niewiadomski in diesen Augenblicken, in denen sich der Zug „seinen Weg mitten durch den menschlichen Schmerz und die Verzweiflung hindurch wie im Winter durch die Schneeverwehungen“ bahnte, auf der roten Mütze des Bahnvorstehers, seines ehemaligen Vorgesetzten, das Flügelrad der k. k. Staatsbahnen, „wie es im Glanz der vergehenden Sonne glitzerte“ – das Symbol, das einst so großartig die Erlösung zur Freiheit verkündet, Fahrten in die Welt und ins Leben beschirmt hatte, ist endgültig desavouiert.

Das lebendige Ganze der Eisenbahnen Österreich-Ungarns – Bahnhöfe, Lokomotiven, Waggons, Schienen, Bahnpersonal – hat sich 1914 dem Krieg verschrieben. Darin liegt etwas Schuldhaftes. In seinem Schlussbild zu diesem Kapitel des Abschieds, das in seinem archaischen Duktus an die Göttersagen der Alten erinnert, spricht Józef Wittlin das deutlich an: „Aus der Schar schweigender Weiber tritt eine Greisin, sie geht hinkend in die Mitte des Bahndamms. Ihre Haare ohne Glanz und Farbe, wie gebleichter Hanf, schieben sich unter ihrem weißen Kopftuch hervor. Sie murmelt etwas mit zahnlosen Lippen. Aus den wimperlosen Augen tropft Flüssigkeit, wie Harz aus morscher Rinde. Die Greisin spricht etwas zu den Schienen, setzt den Schienen etwas auseinander, das niemand hört. Dann erhebt sie mit priesterlicher Geste ihre zitternden, knochigen Hände hoch empor und macht über den Schienen ein riesiges Kreuz. Ein dreifaches, griechisches.“

Unten: Um die Jahrhundertwende wurden neue Bahnreiseziele im Nordosten des Reiches propagiert: Krakau, Lemberg, die Hohe Tatra. Plakat, um 1905.

Als *Post Scriptum* darf nicht unerwähnt bleiben, dass der Übersetzer von *Salz der Erde* ins Deutsche, der Lemberger Germanist und Schriftsteller Izydor Berman, von den Nazis im Zwangsarbeitslager Lemberg-Janowska ermordet wurde. Izydor Berman, vermutlich Jahrgang 1898, hatte sich in der Zwischenkriegszeit unermüdlich um die Verbreitung österreichischer Literatur in Polen bemüht und u. a. einige Romane Joseph Roths ins Polnische übersetzt. Das genaue Datum und die Umstände seines Todes sind unbekannt …

Ich liebe gewissermaßen das Eisenbahnfahren;
obwohl man alle Bilder eben nur augenblicksweise kennenlernt,
so ist ja unser Leben überhaupt nur eine flüchtige Durchfahrt
ohne bleibenden Halt, und glücklich sind wir,
wenn es sich so darbietet, in seiner schönsten Blüte.

Friedrich Nietzsche
Autobiographisches aus den Jahren 1856 bis 1869

Franz Werfel

Auf den alten Stationen

Auf den kleinen alten Stationen,
Die mein eigner Zug schon längst verlassen,
Ahn ich das Gedränge von Personen,
Die am Bahntrakt auf die Abfahrt passen.

Und ich möchte fast mich überheben
Über sie, die warten am Geleise,
Daß ich schon so weit auf meiner Reise
Vorgedrungen bin im Rüttel-Leben,

Daß ich kenne Brücken und Tunnelle,
Meer- und See- und Fels- und Stadtkulissen,
daß mir gellen Aug und Ohr von Wissen,
Jenen unbekannt an ihrer Stelle,

Daß sie werden noch im Zeit-Zug sitzen.
Stumpf am Fenster schauend Funkenspiele
Und der tragischen Signale Blitzen,
Wenn ich ausgestiegen längst am Ziele.

Quellenverzeichnis

ZEITUNGEN

Der Eisenbahner. Zentralorgan des Österreichischen Eisenbahn-Personales. Wien Jg. 1898/99, 1912

Illustrirte Eisenbahn-Zeitung. Organ für den Eisenbahn-Beamtenstand des In- und Auslandes. Wien Jg. 1865

Österreichische Reise-, Hotel- & Gasthaus-Zeitung. Wien Jg. 1868

Österreichisch-ungarische Eisenbahn-Zeitung. Organ des gesammten Eisenbahn-, Handels- und Verkehrswesens. Wien Jg. 1870

BÜCHER

Max Ahorn, Reise eines Schwaben von Linz über Gmunden nach Ischl, Ebensee, Laufen, Goisern, Hallstatt u.s.w. im Jahre 1855.

Auszüge aus dem Tagebuche des Herrn Dr. Hilarius Schweppermann. Satyrische Federstriche. Wels 1857

Hans Christian Andersen, Eines Dichters Basar. Reiseerlebnisse in Deutschland, Italien, Griechenland und dem Orient. Hrsg. von Gisela Perlet. Weimar o. J.

Karl Baedeker, Österreich, Süd- und Westdeutschland. Handbuch für Reisende. [13] Koblenz 1868

Richard Beer-Hofmann, Der Tod Georgs. Paderborn: Igel Verlag 1994

Gustav Fobbe, Heimisches und Fremdes. Reiseskizzen. Linz 1853

Lina Gizycka, Ein Vergnügungszug. Kleine Skizze dieses Ausfluges, ihren Freunden gewidmet. Wien 1862

Ludwig Hevesi, Herrn Meyers Hochgebirgsfahrt bzw. Herrn Meyers Heimkehr. In: Ludwig Hevesi, Das bunte Buch. Humoresken aus Zeit und Leben, Litteratur und Kunst. Stuttgart 1898

Flora Horn, Abbazia. Reiseskizzen. Dresden–Leipzig–Wien 1897

F. L. Kobányi, Führer auf den Semmering und nach Mürzzuschlag. Insbesondere für Benützer des sonn- und feiertäglichen Vergnügungszuges. Wien 1881

August Mandl, Die Staatsbahn von Wien bis Triest, mit ihren Umgebungen geschildert. Eingeleitet und poetisch begleitet von J. G. Seidl.-Triest: Oesterr.Lloyd 1856

Theodor Mundt, Spaziergänge und Weltfahrten. 3 Bände. Altona 1838/39

Johann Nestroy, Briefe. Herausgegeben von *Walter Obermaier* im Rahmen der historisch-kritischen Ausgabe von Jürgen Hein und Johann Hüttner. Wien-München 1977

Heinrich Noé, Almanach der Südbahn. II. Brennerbahn und Etschland. Ein Kaleidoskop in Buchstaben. Wien o. J.

Peter Rosegger, Als ich das erste Mal mit dem Dampfwagen fuhr. In: Waldheimat. Erinnerungen aus der Jugendzeit. Pressburg-Leipzig 1877

Peter Rosegger, Am Strand von Abbazia bzw. Der Dorfbahnhof: In: Spaziergänge in der Heimat. Nebst einem Anhang: Ausflüge in die Fremde. Wien–Pest–Leipzig 1894
Joseph Roth, Die Kapuzinergruft. Köln 1967
Joseph Roth, Radetzkymarsch. München 1981
Joseph Roth, Reise durch Galizien. In: Joseph Roth, Werke, Bd. 3. Köln 1975
Moritz Gottlieb Saphir's humoristische Schriften in vier Bänden. Ausgewählt und herausgegeben von Dr. Karl Meyerstein. Berlin 1889
Arthur Schnitzler, Der Weg ins Freie. Berlin 1908. © S. Fischer Verlag Frankfurt/M. 1961 Abdruck mit freundl. Genehmigung des Verlages
Andreas Schumacher, Der Führer über den Semmering. Wien 1853
Amand Freiherr von Schweiger-Lerchenfeld, Abbazia. Idylle von der Adria. Wien-Pest-Leipzig 1883
Amand Freiherr von Schweiger-Lerchenfeld, Die Arlbergbahn. Wien-Pest-Leipzig o. J. (= A. Hartleben's Neue Reisebücher Nr. 8)
Daniel Spitzer, Wiener Spaziergänge. Bd. 2. Hrsg. v. Walter Obermaier. Mit einem Nachwort von Robert Löffler. Wien: Edition Wien 1987
Karl Heinrich Waggerl, Fröhliche Armut. In: *Karl Heinrich Waggerl,* Sämtliche Werke. II. Band. Salzburg 1970, S. 284–365
Sigmund Wallace, Der Führer über den Semmering. Vollständige Beschreibung der Natur- und Kunstwunder im Bereich der k. k. Staatsbahn von Wien bis Triest. Wien 1856
Józef Wittlin, Das Salz der Erde. Aus dem Polnischen übertragen von I. Bergmann. Frankfurt/M. 1969

Literaturverzeichnis *(Auswahl)*

Gerhard Artl, Gerhard H. Gürtlich und Hubert Zenz (Hrsg.), Mit Volldampf in den Süden. 150 Jahre Südbahn Wien–Triest. Wien 2007
Das Buch der Bahn. Herausgegeben von der Österreichischen Verkehrswerbung. Wien 1987
Egon Caesar Conte Corti, Die Rothschilds. Des Hauses Aufstieg, Blütezeit und Erbe. Frankfurt am Main 1971
Aloys Freiherr von Czedik, Der Weg von und zu den Österreichischen Staatsbahnen 1824–1854/58, 1882–1910. 3 Bde. Teschen–Wien–Leipzig 1913
Gerhard M. Dienes (Hrsg.), Die Südbahn. Vom Donauraum zur Adria. Graz–Wien 1987
Günter Dinhobl, Die Semmeringbahn. Der Bau der ersten Hochgebirgseisenbahn der Welt. Wien 2003
Günter Dinhobl (Hrsg.), Eisenbahn/Kultur – Railway/Culture. Innsbruck 2004 (= Mitteilungen des Österreichischen Staatsarchivs, Sonderband 7)
Günter Dinhobl, Bahnbrechend zum „Culturpflug unserer Zeit": kulturwissenschaftliche Zugänge zur Eisenbahngeschichte. Innsbruck 2009

Josef Dultinger, 150 Jahre Lokomotiv-Eisenbahnen in Österreich. Beiträge zur österreichischen Eisenbahngeschichte. Rum 1987
Hans Magnus Enzensberger, Eine Theorie des Tourismus. In: Ders., Einzelheiten I. Bewusstseins-Industrie. Frankfurt/M. 1962, S. 147–168
Karl Feiler, Aus dem Reich der Schiene. Was Geschichtsquellen von den Anfängen des Eisenbahnwesens offenbaren. Wien 1949
Jürgen Franzke (Hrsg.), Orient-Express – König der Züge. Begleitbuch zur gleichnamigen Ausstellung am DB Museum Nürnberg. Nürnberg 1998
Alain Frerejean, „ L'Orient-Express ", dans La Grande aventure des chemins de fer. Paris: Èditions Flammarion 2008
Kurt Frischler, Das große österr. Eisenbahnbuch. Wien–München–Zürich–Innsbruck 1979
Geschichte der Eisenbahnen der österreichisch-ungarischen Monarchie. 5 Bde. Redigiert von Hermann Strach. Wien–Teschen–Leipzig 1898–1908
Richard Heinersdorff, Die Kaiserlich-Königlichen Eisenbahnen Österreichs 1860–1914. Augsburg 1997
Richard Heinersdorff, Wiener Bahnhöfe. Wien 2004
Alfred Ch. Heinimann, Technische Innovation und literarische Aneignung. Die Eisenbahn in der deutschen und englischen Literatur des 19. Jahrhunderts. Bern 1992
Rafael Hellbach, Der Führer durch Tyrol, mit besonderer Berücksichtigung der Brennerbahn, der in ihrem Bereiche liegenden Gegenden und der Städte: Innsbruck, Bozen, Trient etc. Wien 1968
Markwart Herzog und Mario Leis (Hrsg.), Der Bahnhof: Basilika der Mobilität – Erlebniswelt der Moderne. München 2009
Alfred Horn, Die österreichische Nordwestbahn. Wien–Heidelberg 1967 (= Die Bahnen Österreich-Ungarns, Bd. 1)
Alfred Horn, Die Kaiser-Ferdinands-Nordbahn. Wien 1971 (= Die Bahnen Österreich-Ungarns, Bd. 2)
Alfred Horn und Friedrich Rollinger (Redaktion), Die Eisenbahnen in Österreich. Offizielles Jubiläumsbuch zum 150jährigen Bestehen. Wien 1986
Max Jüllig, Von der Anwendung der Elektrizität auf Beleuchtung und Kraftübertragung bei den österreichischen Staatsbahnen 1882 bis 1910. In: Aloys Freiherr von Czedik, Der Weg von und zu den Österreichischen Staatsbahnen 1824–1854/58, 1882–1910.
Bd. 2: Beiträge zur Organisation und zu den Verkehrsangelegenheiten der Österreichischen Staatsbahnen. Teschen–Wien–Leipzig 1913, S. 493 ff.
Martin Kofler, Volldampf. Die Pustertalbahn 1869–1918. Innsbruck 2013
Wolfgang Kos (Hrsg.), Die Eroberung der Landschaft. Semmering–Rax–Schneeberg.
Katalog zur Niederösterreichischen Landesausstellung Schloß Gloggnitz 1992. Wien 1992
Wolfgang Kos, Eine Bahnfahrt als Schauspiel. In: Das Buch der Bahn. Herausgegeben von der Österreichischen Verkehrswerbung. Wien 1987, S. 90–95
Wolfgang Kos und Günter Dinhobl, Großer Bahnhof. Wien und die weite Welt. Wien 2006 (Katalog zur 332. Sonderausstellung des Wien Museums)
Mihály Kubinszky, Alte Bahnhöfe in Ungarn. Budapest 1985
Mihály Kubinszky, Architektur am Schienenstrang. Stuttgart 1990
Mario Leis (Hrsg.), Bahnhöfe. Geschichten von Ankunft und Abschied. Frankfurt am Main 2003
Reinhard Linke und Hannes Schopf (Hrsg.), Zug um Zug. 1 x Marchfeld und retour. St. Pölten–Wien: Niederösterr. Pressehaus 1987

Ludvík Losos und Ivo Mahel, Salonní vozy Ringhoffer. Prag 1999

Gunther Martin, Zu Gast in Wien. Wien 1980

Gunther Martin und Alfred Niel, Du Dampfroß mit rauchendem Schlote oder Eisenbahnbrevier. Wien 1975

Alfred Niel, Vom Dampfroß zur E-Lok. Die Eisenbahn in Österreich. Graz–Wien–Köln: Styria 1987

Alfred Niel, Wiener Eisenbahnvergnügen. Wien–München 1982

Martin Pollack, Nach Galizien. Von Chassiden, Huzulen, Polen und Rumänen. Eine imaginäre Reise durch die verschwundene Welt Ostgaliziens und der Bukowina. Wien-München 1984

William Fraser Rae, Das Reise-Geschäft. Wien: Thomas Cook & Son 1891

Ralf Roth, Das Jahrhundert der Eisenbahn. Die Herrschaft über Raum und Zeit 1800–1914. Ostfildern 2005

Johannes Sachslehner, Auf Reisen im alten Österreich. Wien: Pichler 1997

Roman Sandgruber, Eisenbahnzeit. Das Jahrhundert der Bahn. In: Reinhard Linke und *Ulrich Schefold,* 150 Jahre Eisenbahn in Österreich. München 1986

Ulrich Schefold, 150 Jahre Eisenbahn in Österreich. Mit einem Geleitwort von Rolf Niederhuemer. München 1986

Wolfgang Schivelbusch, Geschichte der Eisenbahnreise. Zur Industrialisierung von Raum und Zeit im 19. Jahrhundert. München 1977

Hannes Schopf (Hrsg.), Zug um Zug. 1 x Marchfeld und retour. St. Pölten–Wien: Niederösterr. Pressehaus 1987, S. 132–139

Amand Freiherr von Schweiger-Lerchenfeld, Das Eiserne Jahrhundert. Wien–Pest–Leipzig: Hartleben 1884

Amand Freiherr von Schweiger-Lerchenfeld, Vom rollenden Flügelrad. Darstellung der Technik des heutigen Eisenbahnwesens. Wien-Pest-Leipzig: Hartleben 1894

Werner Sölch, Orient-Express. Glanzzeit, Niedergang und Wiedergeburt eines Luxuszuges. Düsseldorf: Alba 1998

Johann Stockklausner, Dampfbetrieb in Alt-Österreich 1837–1918. Wien 1979

Johann Stockklausner (Text), Schafbergbahn St. Wolfgang. Wien: Verlag Josef Otto Slezak 1978

Fritz Stöckl, Rollende Hotels. Teil 1. Die Internationale Schlafwagengesellschaft. Wien–Heidelberg 1967

Gerhard Trumler und Christoph Wagner, Stationen der Erinnerung. Kultur und Geschichte in Österreichs alten Bahnhöfen. Wien 1986

Stephan Vajda, Reisen anno 1900. Ein Führer durch die Länder der k. u. k. Monarchie. Wien 1981

Désiré Vasko-Juhasz, Die Südbahn. Ihre Kurorte und Hotels. Wien–Köln–Weimar 2006 (= Semmering-Architektur 1, herausgegeben von Mario Schwarzl)

Wulf Wülfing, Reiseliteratur. In: Deutsche Literatur. Eine Sozialgeschichte. Hrsg. von Horst *Albert Glaser.* Bd. 6: Vormärz: Biedermeier, Junges Deutschland, Demokraten 1815–1848. Hrsg. von Bernd Witte. Reinbek bei Hamburg 1980, S. 180–194

Georg Zwanowetz, Die Anfänge der Tiroler Eisenbahngeschichte. Ein Beitrag zur Verkehrs- und Wirtschaftsgeschichte Österreichs in den Jahren 1835–1859. Innsbruck 1962.

Danksagung

Für die tatkräftige Unterstützung dieser Arbeit möchte ich Herrn Andreas Dobslaw, Herrn Helmut Griebl, Frau Mag. Monika Griebl, Frau Dr. Ingrid Hänsel, Herrn Viktor Kabelka, Herrn Wolfgang Pawlik, Herrn Josef Wirth, Herrn Ing. Werner Sölch und Herrn Mag. Franz Herde meinen besonderen Dank aussprechen.

Bildnachweis

Landesmuseum Niederösterreich: Umschlagbild
Universitätsbibliothek Salzburg: Vor- und Nachsatz
IMAGNO/Austrian Archives: 2/3
Österreichisches Staatsarchiv: 68 (unten rechts)
Kunsthistorisches Museum Wien: 86/87, 156 (oben und links unten)
Wien Museum (Fotos: A. Dobslaw): 6/7, 10, 14, 27 (links), 31, 44/45, 51 (rechts), 53, 54, 56/57, 65 (unten), 72, 99, 102, 115, 131, 147, 154
Technisches Museum Wien: 32, 52, 89, 91, 108 (unten links), 138 (unten), 141 (unten), 158/159, 176/177, 206/207
Deutsches Museum, Bildstelle: 135, 138 (oben), 139 (Mitte), 140, 141 (oben)
Österreichisches Museum für angewandte Kunst (MAK), Wien: 48, 183, 185, 187, 194, 200
Bezirksmuseum Favoriten, Wien: 137
Birmingham Museums and Art Gallery: 1, 162
Verkehrsmuseum Nürnberg: 43 (unten)
k. A./Imagno/picturedesk.com: 4
akg-images/picturedesk.com: 36/37
ÖNB-Bildarchiv/picturedesk.com: 68 (oben links)
wuapaa/Wuapaa/picturedesk.com: 68 (unten links)
Anonym/Imagno/picturedesk.com: 71, 126
Österr. Volkshochschularchiv/Imagno/picturedesk.com: 108 (unten rechts)
Sammlung Rauch/Interfoto/picturedesk.com: 110 (oben Mitte)
Roger Viollet/picturedesk.com: 209
Compagnie de Wagon-Lits, © Wagon-Lits Diffusion 97: 214, 217
Gemeindearchiv Semmering (Fotos Willfried Gredler-Oxenbauer): 63
Akademische Druck- und Verlagsanstalt, Graz: 62/63
Verlag Josef Otto Slezak: 122
Sammlung Griebl: 164, 218

Sammlung August Zopf, Mondsee: 125
J. Stögermayr/Sammlung Griebl: 224/225
Sammlung Werner Sölch, München: 215, 216 (Foto oben: Wilhelm Urbanczik-Urbendorff), 221
Sammlung Gerhard Puchta, Hof/Saale: 219
Thomas Cook Archives, Peterborough: 144, 145, 148, 149, 151 (unten)
Tourismusmuseum Meran: 203
Akg-images, Berlin: 9, 146, 171
Bildarchiv Preußischer Kulturbesitz: 28, 65 (oben), 168
Graphische Sammlung Albertina: 40, 80
DB Museum Nürnberg: 210
Archiv der VÚKV (Vyzkumny ústav kolejovych vozidel), Prag: 150 (oben), 161, 170
Muzeum Narodowe, Krakau: 172
Bildarchiv der Österr. Nationalbibliothek: 30, 31 (links), 59, 110 (oben links), 157, 165
Flugblätter-, Plakate- und Exlibris-Sammlung der Österreichischen Nationalbibliothek: 229
Österreichische Nationalbibliothek: 21, 105, 114, 169, 202 (oben), 205
Österr. Staatsarchiv, Verkehrsarchiv (Fotos: W. Gredler-Oxenbauer): 64
Nordico – Museum der Stadt Linz: 22/23, 26
Oberösterreichisches Landesarchiv, Linz: 25, 27
Steiermärkische Landesbibliothek, Graz: 101 (Skizze)
Stadtarchiv Neunkirchen: 119
Sammlung Dr. Ingrid Hänsel: 58
Sammlung Josef Wirth, Wien: 20, 68 (oben rechts), 118, 129, 134 (unten), 180
Sammlung Viktor Kabelka: 19, 75, 106, 110 (oben rechts und unten), 111, 139 (oben und unten), 157 (rechts unten), 179, 184, 193, 196, 226
Österreichische Galerie Belvedere: 96/97
Krahuletz-Museum Eggenburg: 134 (oben)
Sammlung Hlavac, Wien: 46
Foto Hofer, Bad Ischl: 127
Sammlung Sachslehner: 66 (unten), 79, 116, 121, 155, 202 (unten)
Archiv Verlagsgruppe Styria: 50 (links), 61, 66 (oben), 67, 70, 73, 82/83, 94 (oben rechts), 108 (mit Ausnahme von unten links und unten rechts), 115, 128, 163 (unten), 190/191, 198, 211, 212, 227, 231
Amand Freiherr v. Schweiger-Lerchenfeld: Das Eiserne Jahrhundert (Wien-Pest-Leipzig 1884): 15
Alfred Horn, Die Kaiser-Ferdinands-Nordbahn (Wien 1971, Die Bahnen Österreich-Ungarns, Band 2): 42 (Typenskizzen: Johannes Novotny, Wien), 43 (oben, Typenskizzen: Johannes Novotny, Wien), 138 (Mitte)
Amand Frh. v. Schweiger-Lerchenfeld: Vom rollenden Flügelrad (Wien-Pest-Leipzig 1894): 168
Die ersten fünfzig Jahre der Kaiser Ferdinands-Nordbahn 1836–1886 (Wien 1886): 31 (rechts)
Josef Dultinger, 150 Jahre Lokomotiv-Eisenbahnen in Österreich (Rum 1987): 195
Südbahn u. Lloyd, Jg. 1913, Heft 8: 79 (kleines Bild)
Geschichte der österreichisch-ungarischen Eisenbahnen (Wien · Teschen · Leipzig 1898 ff.): 11 (Bd. 2), 133 (Bd. 1, II. Teil), 136 (Bd. 2), 152 (Bd. 2), 163 (oben und Mitte, Bd. 2), 173 (Bd. 3), 174 (Bd. 3), 175 (Bd. 3), 178 (Bd. 3), 189 (Bd. 1, II. Teil), 204 (Bd. 3)
www.parenzana.net: 94 (links, links Mitte u. unten)
www.culture24.org.uk: 142/143
Wikimedia commons: 197, 208
Franz Werfel, Auf den alten Stationen.
Aus: Das Lyrische Werk. Herausgegeben von Adolf D. Klarmann. © S. Fischer Verlag GmbH, Frankfurt am Main 1967, S. 500

Autor und Verlag bedanken sich für die freundlichen Abdruckgenehmigungen. Die Rechtslage bezüglich der reproduzierten Bildvorlagen wurde sorgfältig geprüft; eventuelle berechtigte Ansprüche werden bei Nachweis vom Verlag in angemessener Weise abgegolten.

IMPRESSUM

ISBN 978-3-222-13481-4

*Überarbeitete und ergänzte Neuausgabe
des 2001 erschienenen Bandes*

Umschlagbild vorne:
Anton Schiffer, Eröffnung der Wien-Gloggnitzer-Eisenbahn, 5. Mai 1842.
Landesmuseum Niederösterreich

Umschlag- und Buchgestaltung:
Bruno Wegscheider

Reproduktion: Pixelstorm, Wien
Druck und Bindung:
Druckerei Theiss GmbH,
St. Stefan im Lavanttal

7 6 5 4 3 2 1
Printed in Austria

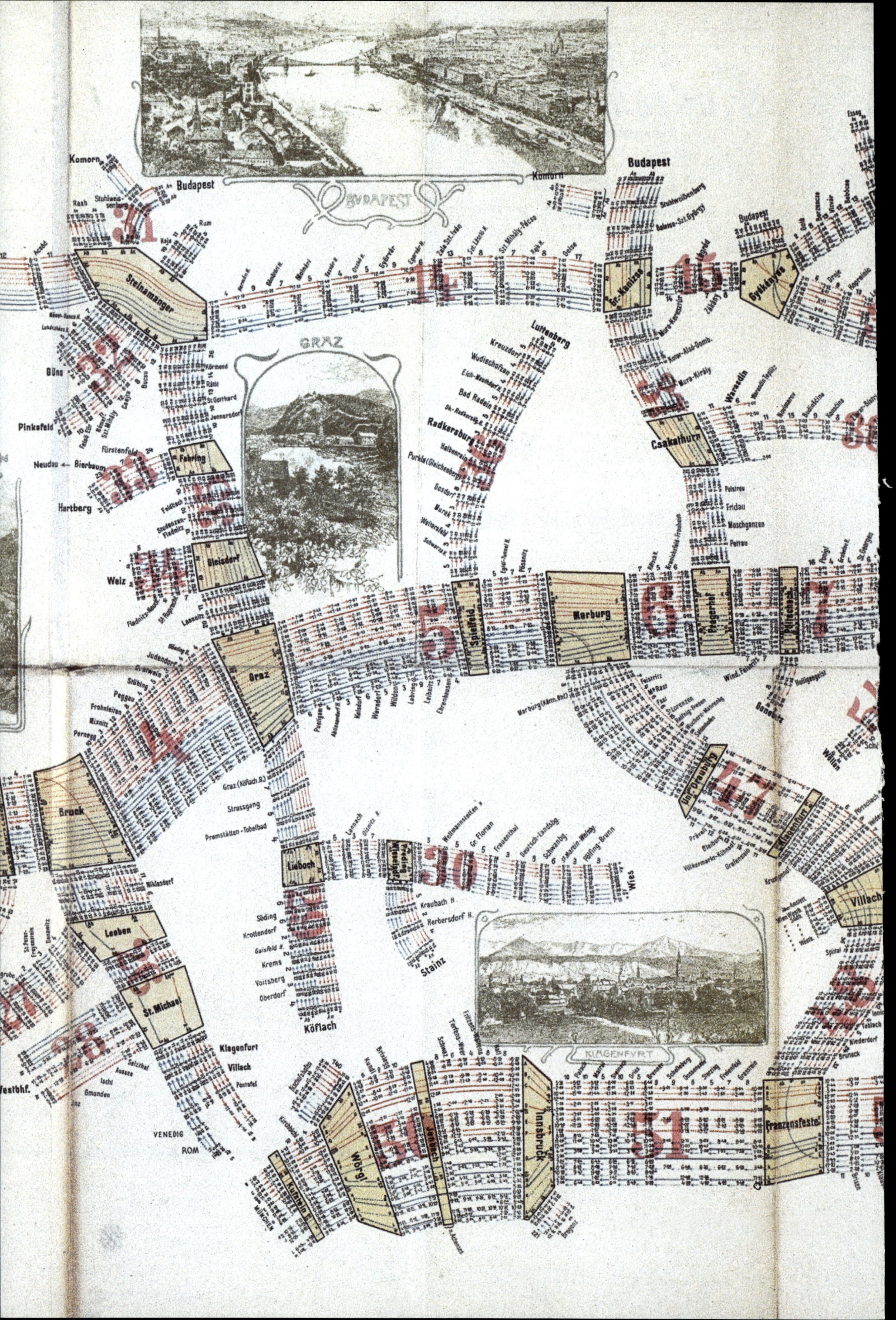

BUDAPEST
GRAZ
KLAGENFURT
Budapest
Komorn
Raab
Steinamanger
Gr.-Kanizsa
Gyékényes
Csakathurn
Luttenberg
Radkersburg
Pinkafeld
Güns
Fürstenfeld
Neudau
Bierbaum
Hartberg
Fehring
Gleisdorf
Weiz
Spielfeld
Marburg
Pragerhof
Pöltschach
Graz
Bruck
Lieboch
Köflach
Wies
Stainz
Leoben
St. Michael
Klagenfurt
Villach
VENEDIG
ROM
Kufstein
Wörgl
Jenbach
Innsbruck
Franzensfeste
Villach
Westbhf.
Unt.-Drauburg
Marburg (Kärnt. Bhf.)
Fridau
Pettau
Friedau
Moschganzen
Graz (Köflach. B.)
Strassgang
Premstätten - Tobelbad
Söding
Krottendorf
Voitsberg
Oberdorf
Krems
Lannach
Preding
Frauenthal
Deutsch-Landsbg.
Kraubath
Peggau
Frohnleiten
Mixnitz
Pernegg
Judendorf
Gratwein
Niklasdorf
Wildon
Leibnitz
Ehrenhausen
Wind. Feistritz
Bad Radein
Purkla (Gleichenberg)
Gosdorf
Mureck
Weitersfeld
St. Gotthard
Jennersdorf
Körmend
Feldbach
Studenzen-Fladnitz
Hz. Eggenberg
Lassnitz
Bucsu
Stuhlweissenburg
Ischl
Aussee
Gmunden
Selzthal
Pontafel